中药优质栽培
与化学成分分析研究

杨朝福　王凯强　王　昊／著

吉林大学出版社

·长　春·

图书在版编目（ＣＩＰ）数据

中药优质栽培与化学成分分析研究 / 杨朝福，王凯
强，王昊著 . — 长春 : 吉林大学出版社，2022.9

ISBN 978-7-5768-0696-0

Ⅰ . ①中… Ⅱ .①杨… ②王… ③王… Ⅲ .①药用植
物—栽培技术—研究②中药化学成分—研究 Ⅳ .
① S567 ② R284

中国版本图书馆 CIP 数据核字（2022）第 186819 号

书　　　名　中药优质栽培与化学成分分析研究
　　　　　　　ZHONGYAO YOUZHI ZAIPEI YU HUAXUE CHENGFEN FENXI YANJIU

作　　　者　杨朝福　王凯强　王　昊　著
策划编辑　樊俊恒
责任编辑　单海霞
责任校对　刘守秀
装帧设计　马静静
出版发行　吉林大学出版社
社　　　址　长春市人民大街 4059 号
邮政编码　130021
发行电话　0431-89580028/29/21
网　　　址　http://www.jlup.com.cn
电子邮箱　jldxcbs@sina.com
印　　　刷　北京亚吉飞数码科技有限公司
开　　　本　787mm×1092mm　1/16
印　　　张　22
字　　　数　380 千字
版　　　次　2023 年 4 月　第 1 版
印　　　次　2023 年 4 月　第 1 次
书　　　号　ISBN 978-7-5768-0696-0
定　　　价　98.00 元

前　言

中医药是中华民族几千年文明的结晶,对民族的生存和繁衍起着不可替代的作用,为保障人民的身体健康做出了巨大的贡献。中药应用历史悠久,资源十分丰富,形成了独特的理论和生产应用体系。进入 21 世纪以来,回归自然成为新的世界潮流,中医药再次焕发出强大的生命力,中药的现代化发展显示出广阔前景。我国幅员广阔,地形复杂,气候多样,中药资源十分丰富,应用中医中药防病治病的历史悠久。中华人民共和国成立以来,随着医药事业的发展,中草药栽培也有了很大的发展,并取得了大量可喜的新成果。但是,我国人口众多,中药需要量大,野生资源由于多年大量采挖和捕猎,有些品种已濒临灭绝。只靠野生资源远不能满足需求,因此,亟待人工栽培。

中药防病治病的物质基础就是其中所含的化学成分。由于中药大多来源于药用植物和动物,其化学成分十分复杂,具有种类繁多、结构和含量差别大及理化性质迥异等特点,既有各种有效成分,也有许多无效成分和杂质。因此,中药化学成分的提取、分离和精制,是中药研究的重要内容,是现代化生产的关键和中药产业化、现代化、国际化发展的基础,也是一项十分艰巨而细致的工作。

为了促进中药栽培事业的发展,大力推广先进技术方法,总结中药化学成分提取分离的方法,规范实验操作技术,介绍新技术的应用,特撰写了本书,希冀为提高我国中药优质栽培技术、推动中药化学成分提取分离技术的发展、促进中药的现代化尽绵薄之力。

本书共十七章。第一章中药优质栽培概论,主要阐述了中药栽培的意义、中药区划、中药栽培的发展方向、中药栽培与环境的关系、中药优良种质与繁殖、中药栽培的田间管理、中药病虫害及其防治、中药的采收和加工与贮运。第二章至第六章主要阐述了根和根茎类、全草类、果实和种子类、皮类和花类中药的优质栽培。第七章中药化学成分的一般研究方法,主要阐述了中药化学成分概述、提取方法、分离方法、鉴定和含量测定。第八章至第十六章主要对糖和苷类、苯丙素类、醌类、黄酮类、生物碱类、三萜类、挥发性、甾体类及其他成分进行了分析。第十七章中药化学成分分析方法现状,详细介绍了中药化学成分分析的常用方法。

本书选取了常见的中药品种,翔实介绍了各中药材品种种植的科学选址、田间管理、采收及加工等栽培技术。同时,本书较系统地介绍了目前实验室和工业生产中应用的中药化学成分提取和系统分离的经典方法和最新技术,也包括与中药化学成分提取和分离相关的内容,如中药中活性成分的含量测定方法。按化学成分的类别介绍了目前应用的天然来源的药物(化合物)和中药中一些典型的活性单体成分的实验室和工业生产中的多种提取分离制备方法,工艺路线,定性、定量分析方法。对化合物不同的提取分离方法尽可能地加以分析比较,并阐明其特点。本书内容翔实、新颖、重点突出,具有鲜明的时代性与广泛的实用性,对于中药材生产、管理、科研部门具有参考价值。

全书由杨朝福、王凯强、王昊撰写,具体分工如下:

第六章至第十一章,共 12.2 万字:杨朝福(长治医学院);

第五章第二节、第十二章至第十七章,共 12.43 万字:王凯强(长治医学院);

第一章至第四章、第五章第一节,共 12.76 万字:王昊(长治医学院)。

本书是结合作者多年的教学实践和相关科研成果而撰写的,凝聚了作者的智慧、经验和心血。在撰写过程中,作者参考了大量的书籍、专著和相关资料,在此向这些专家、编辑及文献原作者一并表示衷心的感谢。由于作者水平所限以及时间仓促,书中不足之处在所难免,敬请读者不吝赐教。

作　者

2022 年 3 月

目　录

第一章　中药优质栽培概论

中药是我国劳动人民自古至今同疾病作斗争的有力武器,是中医治疗疾病的物质基础。不栽培药用植物,中药的供应就是一句空话。随着我国医疗保健事业的发展,人们越来越推崇"食药兼用""绿色疗法",使中药的需求量不断增加,野生药用植物资源急剧减少,所以必须用栽培手段弥补药用植物资源的不足,以满足人民群众的用药需求,给中药制药工业提供充足的原材料。

第一节　中药栽培的意义

中医药具有几千年悠久的历史,是中华民族的宝贵财富,为中华民族的繁衍昌盛做出了巨大贡献,受生产力发展水平限制,古人的平均寿命较短,夏代 18 岁、清代 33 岁。由于人们的寿命较短,清代以前几千年的历史中人口的数量基本维持在 0.5 亿左右(仅为现在河南省人口的 1/2)。广阔的土地所生产的野生中药材基本会满足当时人口的需求。自 1660 年(清代)后人口数量开始快速增长。1933 年(民国时期)达到 4.4 亿,特别是 1960 年以后增长更为迅速,由当时的不到 7 亿增至目前的 14 亿。

人口增加及中医药的发展导致中药材的需求量不断增加,野生资源也遭到严重破坏,于是中药栽培成为一个新兴的产业。20 世纪 50 年代后,很多中药材种类走向了规模化栽培。环境和种质影响中药材的质量,栽培药材所采用的种质、所生长的环境与野生药材均不同,必然导致药材质量的差异。

一、中药栽培影响中药材的产量和质量

栽培技术的优劣不仅影响中药材的产量,还影响中药材的质量。为了适应经济和社会的发展,中药材栽培的主要目的是获得良好的经济效益,中药材产量与质量是衡量经济效益的直接指标。中药材质量越高,价值越高,中药材质量是生产者获得最高经济利益的最重要因素。因此,中药栽培必须同时解决增加产量和保证质量的双重问题。

二、中药栽培有利于道地药材资源的保护

丰富的野生植物资源以及现有的优良药用植物品种都是我国中医药事业发展的宝贵财富和物质基础。但是,中药材栽培技术是一个复杂的系统工程,它需要全社会的参与,需要强有力的技术支撑,对道地药材的种源鉴定和亲缘关系分析必须建立在先进的栽培技术水平之上。为此,需要不断总结传统可靠的技术方法,并重视栽培技术创新和发展,才能够更加有效地对道地药材资源进行栽培、保护,否则中药现代化将无从谈起。

第二节 中药区划

我国中药种植历史悠久,影响深远,中药材资源具有种类多、分布广和产量高等特点,我国也是世界上重要的中药材生产地之一。在国际上,中药材贸易年交易额高达 200 亿美元,需求量大,年均增速在 30% 以上,发展迅速;在国内,近年来中药材产业也得到了快速的发展,不断受到重视,年均需求量增长达 10% 以上。就目前而言,我国拥有各种野生中药材及人工种植中药材,根据药类物质要素可分为植物类中药、动物类中药和矿物类中药。

植物类中药材是生长在特定的生态环境和自然条件之下的一种植物药材资源,在全国空间范围内分布不均衡,分布广,跨度大,从我国的东北地区至我国的西南地区植物中药材资源种类由 1 000 多种增加到 5 000 多种,空间差异较大,地域差异规律明显,种类齐全。

一、中药区划的概念及研究意义

尽管学术界对中药区划的相关研究已形成了一定的理论基础，但对中药区划的定义未形成统一的认识，相关定义较多。

陈士林等（2020）将中药区划定义为：中药材区划就是以中药材资源的自然生长环境、中药材种植、中药材加工以及中药材生产基地为综合研究对象，具有复杂性、交叉性的特点，对中药材资源生长的地域环境、空间分布、时空演变及种植或生长历史进行全面的分析与把握的基础之上，从区域自然、经济、社会和生产技术等多角度出发，以区域中药材资源之间的相似性和差异性为导向，以合理生产、开发与综合保护中药材资源为基本原则进行中药材区域划分，以期扬长避短、突出区域特色地发展中药材种植、加工。

郭兰萍等（2021）指出，中药材区划的本质就是以一定环境下的中药材生长特性进行综合分析评价，合理、有效地发挥中药材资源潜力，并认为对中药材进行空间区划是中药材生产、加工的基本依据和策略。

近年来，国家相关部门高度重视中药事业以及中药材资源的发展和开发，并将中药产业的发展提升到了国家经济社会发展的战略性地位，经济社会地位突出。根据植物中药材资源空间分布状况及其发展状况，对中药材资源进行空间规划以及功能分区。把握中药材资源空间分布特点，以便因地制宜、因时制宜合理发展与规划，充分发挥植物中药资源潜力，提升中药材种植水平及其市场竞争力，为中药材生产、加工提供理论和实践基础。对植物中药材资源进行空间区划研究，一方面，有利于中药材综合实力的提升，对优化中药材空间结构具有重要意义；另一方面，有助于植物中药材资源的合理规划与利用，对实现中药材可持续发展具有十分重要的意义。

植物中药材资源的空间区划以及功能定位，对于合理引导和深化区域发展战略，促进农业产业结构调整以及区域经济协调发展具有重大价值和意义。

二、中药区划的研究综述

（一）国外研究综述

由于国内外中药材发展差异以及历史传统等方面的不同，国外有关中药材(生药)方面的相关研究较少,并未对生药的相关研究引起重视。尽管国外缺乏对生药的相关研究,但是有不少国外学者从粮食安全的角度出发,对农业空间区域划分以及农业功能定位等方面开展了相关研究工作。世界各国的农业生产条件以及农业生产发展水平不同,农业资源、农业景观具有差异性和多样性,对农业功能区划的相关研究主要是建立在农业资源基础之上。

研究农业生态系统生物多样性功能在热带地区的作用,认为生物多样性对维持热带地区的农业生态系统具有至关重要的作用,改变土地使用和农业集约化的结构是热带地区今后研究的重点。

研究人员运用 GIS(地理信息系统)空间分析方法,对美国东南部的农业灌溉区进行了深入研究,在进行空间区域划分的同时,指出农业区土壤的性质存在较大的区域差异,认为对微观地区的农业土壤敏感性研究并不适合用于宏观区域农作物研究。

研究人员以可持续发展理论为基础,运用地理信息技术和环境理论等方法,结合农业资源景观,对跨国边境地区的农业进行了功能分区和深入研究。

研究人员对澳大利亚农业土地利用政策进行深入研究,认为农业政策需要更大的重估财产权利、公共和私人利益在法律结构上的支持。

研究人员以瑞典南部农业区为例,对该区的农业土地利用强度以及农业景观区的复杂性进行了深入分析,指出土地的利用强度和结构复杂的农业景观区在较小的空间尺度上存在景观的独立性。

研究人员利用地理信息系统对区域内的农业污染进行预测,对农业污染进行了区域划分,指出农业生物量开发潜力和由此产生的能源潜力修复可以进行评估,认为农业区可以进行能源作物栽培。

（二）国内研究综述

近年来,我国对中医药事业的重视不断提高,中医药学的相关研究也不断受到重视,理论研究水平得到了快速发展,同时也促进了植物中药材资源的保护、利用与开发。我国东西、南北跨度大,植物中药材资源十分丰富,在《中国中药资源》中,含植物中药材 11 148 种,共涉及 383 科和 2 309 属。

我国对植物中药材资源的研究理论较为丰富,其方法得到了不断的完善与更新,对植物中药材资源的相关研究主要集中在以下几个方面。

1.关于中药材空间分布及调查的相关研究

有关植物中药材资源空间分布及调查的相关研究主要反映在《中国药用植物志》等著作之中。例如,《全国中草药汇编》(1975)、《中国中药区划》(1995)和《中国药用植物志》等著作比较全面系统地展现了我国植物中药材资源调查方面的成果。在国家组织的全国地域植物中药材普查及其研究之外,我国各省市区也做了相当大量的调查研究工作。

除此之外,研究者还对不同科、属植物中药材资源进行了相关研究,众多有关植物中药材资源的相关研究明确了植物中药材资源的空间分布特点。

2.关于中药材开发利用及其保护的相关研究

就植物中药材资源开发利用及其保护的相关研究相对较多。例如,有学者提出植物中药材资源的综合利用的思路以及植物中药材资源综合利用的实践;有学者对我国野生植物中药材资源利用现状深入分析和总结,为植物中药材资源的可持续利用和管理提供科学的依据,并在此基础之上提出利用、管理的结构和框架,从不同的角度出发,提出植物中药材资源的可持续利用战略以及开发与保护措施。有研究人员还分别对黑龙江(包括大兴安岭)、贵州和甘肃地区的植物中药材资源进行了相关分析研究。除此之外,还有许多省(区)从不同区域特点对植物中药材资源的开发与保护提出对策和建议。例如,研究人员分别对包头、九连山和宁夏中部等地区的植物中药材资源进行了研究。

此外,在不同领域的学者、专家还对不同地区野生植物中药材资源的可持续利用以及野生植物中药材资源的开发和保护进行了研究。例如,《唐山地区腰岱山野生药用植物资源调查研究》一书在对区域内野生植物中药材资源空间分布特征以及发展现状进行综合分析和评价的基础之上,进一步地提出区域内的野生植物中药材资源的可持续利用方式和对策。

三、植物中药资源区划的基本理论

植物中药材资源空间区划研究,将区位理论、地域分异理论、空间结构理论、可持续发展理论等跨理论、跨学科和跨领域的理论相结合,有助于认识与把握植物中药材资源的空间分异规律。植物中药材空间区划、空间战略定位,无疑是对植物中药材资源功能区划的创新,有助于提高和完善植物中药材区划研究理论。

（一）区位理论

区位理论是人类社会对所处的空间位置以及空间结构理论的总结，人类社会对空间位置和这种位置之间关系的选择及优化是区位理论最根本的特征。人类活动要占据一定空间，而区位理论是关于这种空间场所的理论。

植物中药材种植是人类根据自然条件以及经济社会需要而做出的行为和空间抉择，对于中药材而言，其生产、加工以及销售均在很大程度上受人类空间抉择的影响。因此，对植物中药材资源进行空间区划应坚持区位理论的基本原则，遵循经济社会发展的基本规律。

（二）地域分异理论

由于地球的形状、大小和运动等行星性质以及海陆分布不均等因素的共同作用，地表要素及其物质表现出有规律性的变化。例如，气候、动物和植物等均表现出极强的空间演变、分布规律。

植物中药材的生长在很大程度上受到地域分异规律的影响，如光、热和水等因素的变化以及所表现出来的差异性均能使植物中药材的药性、种类发生变化，地域分异规律在一定程度上决定了植物中药材资源的多样性，中药材生产、空间布局以及发展水平。

在进行植物中药材资源区划、中药材生产时，应该遵循地域分异规律，按照客观规律办事，在对中药材资源的生态环境、开发潜力以及市场状况进行认真分析和仔细调查的基础之上，充分利用区域生态优势、资源优势、市场优势及区位优势，发挥中药材资源优势和潜力，不断提高中药材生产能力，优化中药材以及农业产业结构。因此，在对植物中药材资源进行空间区划时，必须按自然界的基本规律，来对植物中药材资源进行科学、合理的空间规划。

（三）空间结构理论

空间结构理论是一种具有综合性、总体性和动态性的区位经济理论，它是建立在古典区位经济理论基础之上的理论，其主要理论包括城市空间结构理论、空间相互作用引力理论及空间结构阶段论等，其研究对象不仅涉及城镇居民点、空间关系、产业部门、基础设施的区位和服务部门，而且还涉及商品、劳动力、信息、物流和财政的区间流动等。植物中药材生产是一种经济活动,各区域植物中药材生产、加工、空间关系及相互作用、市场信息流动等均在很大程度上作用于植物中药材的生产活动。

（四）可持续发展理论

可持续发展具有极强的综合性,研究对象主要涉及自然、社会和经济系统所构成的复杂的、动态的和开放的大系统,其研究的主要内容涉及环境科学、生态学、地理学、经济学、社会学、人口学和资源管理等众多部门和领域。可持续发展在植物中药材资源利用中,强调植物中药材生产要合理地利用有限的中药材资源,植物中药材资源的最佳利用不仅要考虑中药材的最大可持续产出,还要兼顾经济上的效率最大化以及生态上的良性循环化,植物中药材资源的最佳利用就是对有效的可持续中药材产量的合理利用。植物中药材生产活动不仅要兼顾植物中药材生产活动的眼前利益,而且还要注重植物中药材资源的生产、加工的长远发展,对植物中药材资源进行开发、利用和生产的同时,必须要加强对生态环境的保护,防止盲目生产和开发导致的生态破坏、植物中药材资源多样性的递减。

（五）道地药材理论

该理论是植物中药材区划研究过程中常用的方法和理论之一,根据道地药材的种类、面积和产量等方面进行中药材区划是最为有效、便捷和实际的方法。道地药材是在临床实践中得以检验的优质中药材,其影响具有公认性,其质量具有优质性,通常道地药材的有效成分、含量是进行中药材区划的主要根据。在中药材资源区划研究方法中,大多从道地药材的种类和道地药材的空间分布状况出发,相应地提出区划方案。

四、植物中药资源区划的指标体系

指标体系是否合理、完善,关系到植物中药材资源区划的真实性。植物中药材资源区划指标体系是对植物中药材资源进行科学、合理空间区划的依据,必须涵盖植物中药材的经济、社会以及自然环境,涉及植物中药材的区域特性,比如植物中药材资源的空间分布、种类、种植面积和产量等方面因素。

然而,学术界对中药材资源空间区划的指标体系尚未达成统一的认识,分歧较大。一般而言,主要通过植物类中药材资源的数量、种类和类型方面来反映一个地区的植物中药材资源的丰富程度；主要从植物中药材资源的质量、品质等方面来说明一个地区的植物中药材资源的优势和劣势。所以，就植物中药材资源区划而言，主要从中药材资源的数量以及中药材资源的质量两个层面来分析评价。

在通常情况下，一般选取植物中药材资源的蕴藏量、植物中药材资源品质、植物中药材资源种类以及中药材资源的有效成分的含量等因素来作为中药材资源区划指标。但未能全面地认识与把握植物中药材的区域经济、社会等环境的重要性，植物中药材空间分布往往受自然环境、区位条件以及经济发展状况等因素的影响。

植物中药材资源区划是建立在区域植物中药材资源的基础之上，结合区域经济社会属性，对区域植物中药材资源充分合理利用的一种有效形式。鉴于此，本研究主要从经济、社会、自然和植物中药材区域特性四个层面出发，构建植物中药材资源区划指标体系，以便对植物中药材资源进行空间区划研究。

五、植物中药材资源区划原则

（一）综合性原则

植物中药材资源具有类型多、分布广和种植面积广且分布集中的特点，因此，中药材资源区划应该综合各方面因素，不仅要明确中药材资源空间分布的差异性和相似性，而且要尽量保持地域的完整性以及行政关系的统一性，对中药材分布及其种植进行全面的分析与把握。在区划的同时，从经济、社会及植物中药材生长特点等角度出发，以便实现区划的科学性、实践性。

（二）完整性原则

完整性原则是指在区划中应尽量保持中药材资源、行政单元的完整性。保持中药材资源空间分布的完整性，特别是道地药材空间的完整性，有利于区域有针对性地采取相应政策与措施发展生产。

对植物中药材资源进行空间区划的目的是为了因地制宜地制定科学合理的发展政策，有针对性、目的性地充分利用区域资源优势，以便使区域植物中药材种植业更有效地发展。然而，各级政区单元的政府又是这些有效政策的执行者、维护者和制定者，若不考虑各行政区划单元对植物中药材资源的空间区划的影响，所做出的植物中药材资源区划在生产和实践过程中就很难起到应有效果，甚至还会使整合效应难以发挥，因而在对植物中药材资源的空间区划中要尽量地与行政区单元界线保持一致。可以以县（区）划分，力求在植物中药材资源的区划过程中保持行政区的完整性，以便发挥植物中药材资源的整合优势。

（三）双重性原则

植物中药材资源区划的双重性原则主要涉及以下两个方面。

一是植物中药材种植方面。对植物中药材资源规划的目的是充分利用中药材资源，发挥植物中药材资源的最大效益，对植物中药材生产给予合理引导，防止植物中药材种植的盲目性以及各区域中药材种植的混乱性，发挥区域植物中药材资源的整合优势。

二是植物中药材资源的加工方面。植物中药材种植的目的是对其加工、生产，然后进入市场，促进区域经济发展，农民增收。

植物中药业是以原料为主导的产业，从另一层面来讲，对植物中药材资源、种植的区划，就是对中药企业的布局。

（四）最大效益原则

植物中药材资源规划的效益最大化是植物中药材种植者、中药企业及相关部门追求的目标。最大效益主要体现在以下两个方面。

一是对植物中药材种植者而言，最大效益即最小的中药材种植成本、最大的植物中药材种植收入。

二是对中药企业而言，最大效益即最大利润率、最大限度地追求植物中药材加工所带来的利润。利润是中药企业及部门得以生存和发展的前提，植物中药材资源区划应兼顾中药材种植者、企业以及相关部门的利益。

除此之外，植物中药材区划必须有利于生态环境发展，最大限度地减少中药材种植对生态环境带来的负面效应，坚持生态效益的最大化。

（五）可持续性原则

可持续性原则是植物中药材资源规划的基本原则，不仅是对植物中药材资源的最佳利用方式之一，而且还有利于中药材种植与生态环境、经济和农业产业结构等关系的协调发展。

对植物中药材资源的规划，不仅是为了促进植物中药材资源的合理利用与开发，而且必须有利于中医药事业的协调发展，避免盲目发展所带来的不经济性和环境破坏,促进中药业的可持续发展。

可持续性原则强调植物中药材资源区划不仅是对已有的植物中药材资源的合理规划与引导,空间布局,发挥资源的优势和潜力,而且还有利于中药材资源的长远发展,为子孙后代谋福。

六、植物中药材资源区划方法

(一)空间分析法

空间分析法在中药材区划中的运用主要通过 GIS 以及遥感等空间分析手段来实现,是科学技术进步与中药材分区相结合的产物。空间分析法在较大空间的区划中的运用较为广泛,有利于对空间进行科学分区。

研究人员通过遥感技术对我国新疆地区的棉花种植进行了深入分析与研究,在此基础之上,把新疆地区的棉花种植划分为 6 个大区,为我国新疆地区的棉花产业分区提供了理论基础,对新疆地区棉花种植业的发展具有重要意义。

在对较大区域的植物中药材资源进行区划研究时,运用 GIS 以及遥感等空间分析手段和技术,对植物中药材资源进行合理的空间区划具有可行性。

(二)定性分析法

定性分析法是中药材区的较为传统的方法,该方法灵活方便,实践性较强。国内运用定性研究的方法对中药材分区的相关研究较为丰富。

有研究人员以定西地区的气候资源空间分布规律和特点为基础,结合黄芪植物中药材资源生长的自然条件,把定西地区的黄芪植物中药材种植区域划分为四大种植区。另有研究人员运用定性的分析方法,从人工种植空间分布的角度将云南省的植物中药材石斛种植区划分为滇西南种植区、滇南种植区和滇东南种植区;从气候条件的适宜性的角度出发,把该区的药用石斛种植区划分为最适宜种植区、适宜种植区和次适宜种植区。

(三)生物技术法

生物技术方法主要运用于对单一的中药材资源在不同空间范围的区划研究,该方法主要是以中药材的药性或某一元素的变化为依据和基础,从而对中药材进行空间划分,该区划方法较为精确。

研究人员运用生物技术方法分析了不同气候条件下的广西壮族自治区植物中药材青蒿中青蒿素的含量变化的主要影响因素,以便分析得出青蒿中药材的空间最佳种植范围,从而得出植物中药材青蒿的最适宜种植区、不适宜种植区和适宜种植区。还有研究人员通过分析区域内的不同地形地貌条件下,植物中药材青蒿素含量的地理差异以及青蒿素含量的变化,并借助 GIS 空间分析技术对植物中药材青蒿的种植区划进行了深入分析和研究。

第三节 中药栽培的发展方向

中药材栽培生产是一项技术性工作,受土壤、气候等客观条件影响,中药材质量难以保证。我国中医药文化历史悠久,社会价值极高,中医药在改善我国人民健康状况、提高人民体质健康水平等方面发挥着重要作用。

一、中药材栽培生产中存在的问题

在目前我国野生中草药无法满足市场要求的背景下,我国必须人工种植中草药才能弥补市场需求。因此,我国部分农村地区认识到种植中草药能够获利后,开始了中草药种植模式,并形成了一定的规模。然而,由于我国中草药种植时间尚短,种植经验不足,加之缺乏国家政策引导,我国中草药种植尚未形成大规模的专一中草药种植区域,在中草药品种选择和中草药选种方面没有建立科学统一的标准,这在一定程度上制约着我国中草药的发展。

(一)中药材产地区域划分不科学

中药材的产量、质量与种植区域的气候、土壤和水源等因素相关,在种植生产中药材时,首先要根据中药材的生长习性以及区域自然环境条件合理划分相应种类药材种植区域,从而保证中药材长势良好,最终质量有保证。

不同的区域环境对于中药材的生长具有显著的影响,其中无霜期的长短对于药材的产量具有决定性的影响,在无霜期长的地区,中药材每年能够种植2次,甚至在部分地区能够种植3次,但是在无霜期较短的地区则只能够种植1次。基于此,在无霜期较长的区域种植中药材则能够达到较好的经济价值,而在无霜期较长的地区则获得的经济价值较低。

但实际上,我国在中药材种植生产方面并不十分重视地域的划分,未能根据真实精准的地区环境数据合理选择药材种类、划分种植区域,在种植过程中未能充分考虑地区降水、温度、湿度、日照和土壤等环境因素,存在盲目种植问题,导致中药材最终产量与质量难得到保证。

因此,凡是在野生中药材有分布的地区就可以种植中药材的观念是错误的,人工种植中草药还需要考虑当地种植中草药是否能够创造较大的经济价值,与全国其他地区相比,是否具有一定的竞争优势。

（二）种子质量差

中药材品种繁多,且各品种间种子发芽率差异较大,可以说种子质量也是影响中药材质量的一大要素。相关实验数据表明,优质的同源种子相对质量较差的种子而言,出苗率高出60%左右,同时产量也高出3倍左右,选择高质量的种子能够大大节省中草药种植者的培育精力,并为中草药种植者带来更高的经济价值。

正是基于种子质量的重要性,一般情况下,在推进中药材种植与生产期间,应严格依据标准选择种子,进而从根本上提高种子成活率与最终药材质量。我国本应该建立优质中药材种子质量标准,提高中药材种植的效率和产量,但由于中药材种子标准制定复杂,目前我国大部分中药材种子都缺少统一的标准,我国中草药种植者在选择种子质量的过程中缺乏对应的参考标准,市场上销售的中药材种子质量不一,部分商户为追求短期经济效益出售劣质种子,劣质种子发芽率低,在中药材种子纯度、净度得不到保障的情况下,中药材栽培质量与效益也得不到保障。

（三）品种退化

1. 多基原药材的质量

动物能够寻找适宜的生态环境进行生活,不需要产生次生代谢产物对抗不良的生态环境,而植物则不同,因此多基原对动物类药材的质量影响较小,同属动物通常均可作为一种药材,而对植物类药材影响较大,甚至同属植物作为多种药材入药,典型的为薯蓣属(穿龙薯蓣、山药、粉萆薢和绵草藓等）及蓼属（何首乌、水红花子、青黛、扁蓄、虎杖和杠板归等）等。

同种药材含有多个基原，很可能会对药材质量产生影响。龙胆药材的栽培也是由条叶龙胆开始，由于条叶龙胆的产量较低，现很少栽培，而目前栽培的主要是产量较高的粗糙龙胆和坚龙胆。威灵仙源于威灵仙 *Clematis chinensis* Osbeck、棉团铁线莲 *Clematis hexapetala* Pall 或东北铁线莲 *Clematis manshurica* Rupr 的干燥根及根茎，棉团铁线莲几乎不含春藤皂苷元和齐墩果酸，威灵仙春藤皂苷元含量很高而齐墩果酸含量很低，东北铁线莲齐墩果酸含量很高而常春藤皂苷元含量很低。多种基原同时使用，必将带来药材质量的不可控和疗效的差异。

我国古代就已充分认识到了不同产地和不同基原植物药材质量的差异，有些基原药材质量较差，但仍有相同的疗效，可就地取材，避免以牛帮、马帮等为主要方式运输的困难。多基原药材，古而有之，这种应用与当时的社会环境密不可分，很可能是"就地取材"的产物。随着社会的发展，交通物流得到极大的改善，而且优质基原药材能够完全实现规模化生产，劣质基原药材是否具有存在的必要性，值得深入探讨。

2. 同基原不同品种的药材质量

长期栽培，白芷和牛膝的性状发生很大变异，以致野生不再作中药白芷和牛膝使用，这些从某种程度上说明多代选育物种的遗传结构发生了改变，形成了更符合临床需要的遗传特性。大量中药材走向栽培，在人为干预下，植物个体必然会失去野生种群存在的生物竞争，很多自然变异会得以保存，种内生物多样性大大增加，这是栽培的必然结果。如果不加引导，必然产生重产量而轻质量的现象，使栽培的中药材质量下降。

目前，我国市场上缺少主导品种，这是导致中药材种植、生产质量下降的重要因素。市场上一些传统的药材在经过多年种植后药效、药性退化，已经难以满足医用要求。除此之外，我国在优质中药材品种的引进与开发等方面也做得不够，同时对野生药用植物的驯化栽培相对缺乏，这些问题均导致我国中药材种植生产质量与效益难得到保证。

（四）种植技术不够先进

种植技术是影响中药材产量与质量的重要因素，在种植技术不科学、不规范、不先进的情况下，中药材种植与生产质量难得到保证。研究调查发现，当前我国部分药农在种植过程中依旧沿用传统的耕作习惯，大量借助化学药物进行病虫害防治，导致药材药物残留重，药材安全性、有效性受到影响。

（五）采收加工方面研究较少

中药材质量的高低除了受上述种植环境等方面影响之外，中药材采收的时间和加工方式也对其质量有着重要影响。但我国在中药材采收时间及加工方式方面的研究比较少，因此各类加工方式对于不同类型中药材药效的具体影响并不明确。

二、中药栽培发展的指导原则

（一）保证产量

产量是中医药生存的基本保障。尽管不同产地的药材质量存在差异，但作为同一物种，不同产地药材的化学成分仅是"量"的变化，而非"质"的变化，功用仍是相同的。中药栽培首先要满足临床的需要，在满足需要的前提下再提高产品质量。

就地取材的一种主要方式就是采用替代物种。中医的发展离不开中药，没有了中药，传统医学也就成了"无米之炊"。尽管药材存在道地性，不同产地药材质量差异很大，但是采用功用相同的相近物种是当时的历史产物，满足人们需要是当时人类健康需要解决的根本问题，因此有了地方习用品，药材多基原现象也不可避免。

（二）提高质量

质量是中医药发展的核心。对于栽培的药材来说，随着生长环境的改变，质量也会发生改变，甚至改变很大。

每种道地药材均经过了历史的千锤百炼，"用进废退，去伪存真，优胜劣汰"，因此道地药材通常具有一定的产量，而且质量较佳。现阶段规模化栽培的兴起已经能够满足人们的需要，追求质量才是栽培生产的终极目标，中药栽培发展的指导原则应该是在优质基础上高产。

三、中药材栽培生产发展策略

对药材生产的全过程进行规范，旨在保证栽培中药材的优质并保证质量稳定，但更多的是强调药材使用的安全性，未来提升药材主要活性成分含量也应引起人们的足够重视。

针对现阶段我国中药材栽培生产中存在的问题，这里提出以下针对性建议。

（一）合理规划种植区域

中药材的产量、质量与种植区域的气候、土壤和水源等因素相关,因此在推进中药材种植、生产过程中,严格根据中药材的生长习性科学划分、选择中药材种植区域将是提升中药材质量与产量的关键举措,同时也是提高土地资源利用率、提高中药材种植生产效益的重要方式。在种植过程中,各地区要根据药材的产量、质量以及各地生产条件合理选择相应品种,根据区域内人力成本、机械化程度等科学确定种植规模,避免盲目种植,促进中药材种植产量与质量提高。

中药材种植的合理区划是社会分工的结果。合理区划能够充分利用当地的自然条件,产量低或质量劣的生产方式会通过市场竞争被淘汰。这种淘汰是以牺牲经济效益为代价的,因此,种植的成功与否不是能否成活药用植物,而是以经济效益和社会效益为评价标准。

我国幅员辽阔,各地的地形、气候差别较为显著,因此各地适宜种植的中药材并不一致,需要在全面了解中药材种植所需要的环境以及当地的种植环境后,选择较为适宜的中药材进行种植,通过这一方式,能够增加药材的产量和质量,从而通过种植中药材产生良好的经济效益。为了合理划分产区,我国地方政府部门应该对本地适宜种植的中草药进行调研,帮助本地中草药种植者合理规划种植的中草药品种,从而实现中草药种植收益最大化的目的。

（二）提高种子质量

高活力的种子贮藏的营养成分较多,种子依靠贮藏的营养成分就可长出较大的幼苗,而活力低的种子虽然能够发芽,但未出土时营养成分就可能耗尽而不能出土,即使出土后也需要马上进行光合作用来积累养分,然后再进行生长。高活力种子由于较强的生命力,生长旺盛,对田间逆境具有较强的抵抗能力。相同来源而活力不同的桔梗种子,发芽率相近,而出苗率相差 3 倍,产量相差 60%。知母种子对生产的影响也表现出相似的趋势。采用疏花技术提高人参种子的活力,平均一年生苗的根部生物量提高 48%,一级苗和二级苗比率提高 50% 以上。药用植物的很多病害是通过种子进行传播的。优良的种子也是保证产量的重要基础,可见种子活力的重要性。因此,中药栽培生产应建立常用药材的种子质量标准,采用优质的种子才能实现高效栽培。

可见,种子质量是影响中药材质量与产量的重要因素,针对当前我国中药材种子市场中存在的劣质种子泛滥等问题,相关部门应尽快制定中药材种子标准,对中药材种子市场进行规范化管理,从而提升种子质量,提升种子成活率。具体如,相关部门应积极寻找多个途径,通过"校院所"联合等方式研究出各类中药材种子标准,有效解决中药材种子市场乱象;同时采取科学合理的手段加强对中药材种子市场的管理,对经营中药材种子的单位与个人实行种子经营许可证制度、实行认证制度,防止非法经营,有效规范市场环境。

(三)培育优质品种

针对当前我国中药材种植与生产过程中存在的品种退化、药材品种优势下降等问题,相关部门应立足实际,全面落实品种培育工作,尤其加大并对地道药材的培育,通过品种杀菌、组织培养和脱毒等手段,提高中药材品种纯度、净度,最大程度优化中药材种质资源,提高中药材种植生产质量与效益。除此之外,国内也需重视对野生药用植物的驯化栽培工作,加大对药花、药菜和药用经济林的开发,形成多元化发展格局,提高中药材种植优势。

同一药材的不同品种之间的有效成分含量差别较大,因此在种植中药材的过程中要选择有效成分含量较高的品种进行种植,而要想完成这样的选择过程,必须对不同品种的中药材品种进行实验和对比,通过实验对比选择最优品种。不仅如此,还需要将相关知识在中草药种植群体中进行科学普及,使得实验研究成果能够在实际的中草药种植行业中得到转化。

2020年版《中华人民共和国药典(一部)》(《中华人民共和国药典》简称《中国药典》)收载了多种多基原药材。其中,有些不同基原的药材组分差异很大,如威灵仙、柴胡和百部等,有些药材组分间差异不大,但主要有效成分含量差异很大,如龙胆等,质量差异较大的不同基原同做一种药材使用,避免不了会带来质量的不稳定和疗效的差异。现阶段,除个别品种外中药材种植技术都很成功,而且物流也十分发达,异地很容易能获得优质的药材。因此,应该逐步摒弃栽培中药材的劣质基原,仅以优质基原作为药材的基本来源。中药材栽培发展的同时应该加强新品种的选育。新品种选育应该以质量优先,兼顾产量。

（四）创新中药材种植生产技术

在现代化背景下，要想提升中药材种植生产效益与质量，就应当采用先进科学技术推进种植、加工生产工作开展，从而提高药效、提高生产效率，促进中药材种植生产经济效益提升。在种植过程中，采用轮作方式，尽可能加大对腐熟有机肥的使用，减少使用农药、生长调节剂和化肥等，以提高中药材质量。

此外，可在全国范围内推广应用绿色、无公害种植技术，从而提高中药材药效与医用的安全性，尽力促进我国中药材与国际市场接轨，推进我国中药材种植、生产朝着规范化、有序化方向发展。

要想提升我国中药材在国际市场上的竞争力，相关部门还需加大对中药材栽培与病虫害防治的研究，从根本上提升中药材生产的科技水平，提高中药材种植质量与效益。综上所述，中药材具有很高的医用价值与经济价值，因此，需重视中药材的种植与生产，在种植过程中合理选择良种，科学应用先进规范的种植技术，进而提高中药材产量与质量。

（五）大力开展药材质量形成机制的研究

弄清药材质量形成机制，通过人为干预提高药材质量完全是可行的，因此，应该加强中药材质量形成机制的研究，以提高中药材的质量。

第四节　中药栽培与环境的关系

新的生产力不仅仅是扩大现有生产力，会导致分工的进一步发展。中药材种植要结合各农业区的农业生产条件、特点、布局现状和存在的问题，进行产区区划，实现"社会分工"，充分发挥各地区的自然条件。

根据上文提到的区划理论，可判断哪些地区最适合种植中药材，哪些地区可以种植中药材，很好地指导中药材的栽培生产。有研究人员以质量为指标，对青蒿的产地和广西的不同地形进行了区划，为优质青蒿的栽培生产提供了指导。不同地理位置，对药材的产量和质量有着显著的影响，但是不同地理环境对药材产量和质量的影响差异是很大的，并未引起人们的足够重视。

环境对药材质量的影响自古代就有很多认识,且被现代科学技术所验证,此处不做论述。这里分析环境对药材产量的影响。

在我国大部分地区四季分明,冬季寒冷,多年生植物地上部分枯萎,在根部积累大量营养成分。第 2 年春季植物萌发后,虽然有一定量的光合作用,但生产的物质仍不能满足地上部分生长发育的需要,地上部分的生长仍然依靠根部积累的营养。经验证明,人参地上部分生长期为 5 月初至 8 月上旬,8 月上旬以后根部才开始生长,研究也证明 5 月 1 日—8 月 1 日人参根部的折干率为 21% ~ 26%,8 月 15 日至枯萎前的折干率保持在 30% 左右,这一结果也证明 8 月中旬前的光合产物主要用于地上部分生长发育。也就是说,人参的产量是在 8 月中上旬至枯萎前的 9 月下旬完成的,根部净生长时间仅为 1 个多月,其中 9 月份光照时间短,气温较低,生长也是很缓慢的。

各地春季升温过程和秋季降温过程基本是相似的,延长的生长期的这一段气候基本是植物最适生长的所需要的高温和日照较长的时段,如果无霜期延长半个月,对产量的影响也是极大的。研究证明,北柴胡经过 4 个月的生长根产量不足 1g,5 个月后可达约 1.5g,6 个月后可达近 2g,无霜期 6 个月的产量几乎是无霜期 4 个月的 3 倍,也证明生育期的延长对产量的影响巨大。

因此,不同区域种植药材的产量存在很大差异,尤其是根类药材。在北纬 35° ~ 40° 的山东、河北、河南、陕西、山西和甘肃等省份是种植一茬农作物边缘区域。在该区域南部可种植两茬农作物,经济效益要远远高于该地区。但是,该区域与北方相比,无霜期更长,种植药材可获得更高的产量,经济效益也较高,所以这些区域成了怀地黄、怀山药、怀牛膝、黄芩、知母、黄芪、甘草、柴胡、当归、大黄、党参、板蓝根、北沙参、丹参、秦艽、瓜蒌、桔梗和穿龙薯蓣等近 20 种药材的主产区。

不同地理区域的无霜期生产药材的产量可相差 1 倍,而种植药材的成本相差不大,从而造成了种植的经济效益差异巨大。适宜的地区,可取得较好的经济效益,种植规模不断扩大,而不适宜的地区,难以取得理想的经济效益,"优胜劣汰,自然选择",于是形成了主产区。因此,凡是野生药材分布区内均可种植生产是中药栽培的一个误区,各地不能盲目种植。

第五节 中药优良种质与繁殖

一、优良种质筛选

本节以穿心莲优良种质筛选为例展开分析。在广东省药材传统产区搜集已种植数十年甚至更长时间的各类型品种、农家种,同时搜集国内其他地方的品种,特别是具有不同生物学特性和遗传性状的品种。种植后按常规种植方式进行田间管理和病虫害防治。

调查统计各产地种质资源的大叶型株数、小叶型株数,计算小叶型株数占总株数的比率;调查各产地种质资源的生长情况及开花时间,各产地种质资源抽样 10 株调查单株分蘖数及株高,计算平均值。在开花现蕾期,每个品种随机选 10 株连根拔起,将叶、茎、根分开,分别称量鲜重,阴干后再称重,并折算亩产量。

例如,开花情况。观察结果表明各产地的穿心莲开花期很不一致,同一产地的穿心莲大叶型与小叶型的开花时间也相差较大,一般大叶型较小叶型迟 20 ~ 40d 开花。又如,产量表现。各种质穿心莲的茎叶干重差异显著,同一种质,大叶型的产量一般高于小叶型。大叶型穿心莲的产量、产值均比小叶型穿心莲有明显的优势。

穿心莲各种质资源(品系)的主要药用成分(穿心莲内酯及脱水穿心莲内酯)含量检测结果表明,各种质资源(品系)的穿心莲内酯含量总和(穿心莲内酯与脱水穿心莲内酯之和)差异显著。穿心莲内酯含量最低者与最高者相差近 1 倍,而同一种质大叶型的含量明显高于小叶型,穿心莲内酯含量大大高于脱水穿心莲内酯含量。

然后,再进行综合对比,分析其产量及药用成分含量,选择出生物学性状整齐、产量高和药用成分含量较高且稳定,具有优良种质的特性,然后进一步筛选、选育和推广。

二、营养繁殖

(一)根插繁殖

扦插繁殖是果树、药材和花卉生产上常用的快速繁殖手段之一,大多采用枝插,因为枝条材料多,取用方便,对母体正常生长影响小。利用根插繁殖的报道国外较多,而国内只限于洋槐(*Robinia pseudoacacia*)、枣(*Ziziphus jujuba*)以及泡桐(*Paulownia* spp)等少数植物。人们根据掌叶覆盆子的特性,开始探索该物种的人工根插繁殖。

掌叶覆盆子适宜的根插繁殖技术为:①建立采穗圈,培育优良健壮的根插条是根插繁殖成功的前提,选取直径 0.4cm 以上,截 20cm 长的根条进行根插,插深以 5cm 为宜,时间以冬末春初最佳;②根插条随剪随插,插条的两端必须削平,若采用 ABT-1 号生根粉处理 0.5h,可以促进根插条生根,但降低了不定芽的成活率;③要注意扦插后的田间管理和适时移栽。

(二)枝插繁殖

掌叶覆盆子因其种子小、休眠期长、苗木前期生长极其缓慢等原因而使其苗木生产较为困难。研究表明,扦插苗的前期生长速度明显高于实生苗,但掌叶覆盆子的枝条扦插后产生大量愈伤组织直至养分耗尽,最终不能形成不定根。从解剖学角度研究其生根特性,不定根发生、发育的过程,可以为正确地制定掌叶覆盆子扦插的促根措施提供科学依据。

解剖观察发现:在扦插前,掌叶覆盆子插条内无潜伏根原基存在,不定根原基由薄壁细胞分化而成。因此,掌叶覆盆子扦插苗的不定根属于诱生根原基型。并且,掌叶覆盆子的根原基起源于维管形成层附近的薄壁细胞。从掌叶覆盆子插条愈伤组织的解剖构造上看,未发现根原基。因此,在插条生根过程中愈伤组织主要起防止病菌的侵入和营养物质的流出,暂时吸收水分和无机盐的作用,与不定根的形成没有必然的联系。

插条的切口在生长素处理后便很快形成愈伤组织并不断增大直至养分耗尽,研究表明,老化的愈伤组织处于一种含细胞分裂素高、生长素低的状态,抑制了不定根的发生。在一次生长素处理后 21d 再进行二次处理提高了插条的生长素与细胞分裂素的比值,从而诱导根原基的形成。

第六节　中药栽培的田间管理

中药栽培的田间管理大致包括以下过程。

（1）间苗、定苗和补苗。

（2）中耕、除草和培土。三者结合进行,有利于节省劳力。

（3）追肥。在生长发育的不同时期进行追肥,能够满足植物在不同阶段生长发育对养分的需要。

（4）灌溉与排水。合理灌溉可以有效避免缺水引起的生长问题或死亡。排水可以及时改善土壤通气状况,避免涝害。

（5）打顶与摘蕾。通过人为调节植物体内养分的分配,减少无益的养分消耗,促进关键药用部位的生长发育。

（6）整形与修剪。

（7）覆盖、遮阴与支架。目的是调节土壤温湿度、植物光照时间和强度、通风透光,减少病虫害的发生。

（8）防寒冻。

第七节　中药病虫害及其防治

基于中草药生产过程中的诸多病虫害问题,我国主要采取农业防治、生物防治、物理防治和化学防治相结合的办法来防止各种病虫害的产生。农业防治主要是通过合理轮作和间作、冬耕、除草以及合理施肥等农业措施来实现。生物防治主要通过某些有益生物天敌或其产品、生物源活性物质消灭或抑制病虫害,达到以虫治虫、以微生物治虫和以抗生菌治虫的目的。物理防治利用温度、光、电磁波、超声波及核辐射等物理方法防治病虫害。化学防治是应用农药来防治病虫害,这种方法是防治中草药病虫害的重要手段,其他防治方法还不能完全代替它,目前也没有更加有效的防治措施。

中草药病害绝大多数是由病原真菌引起的。真菌在分类学上隶属于菌物界真菌门。真菌门下又分5个亚门。

（1）鞭毛菌亚门。该亚门分为根肿菌纲、壶菌纲、丝壶菌纲和卵菌纲4个纲。其中,卵菌纲与中草药病害关系最大。该纲中有许多中草药重要病原真菌,尤其是霜霉目中的一些病原真菌常引起人参、三七和颠茄等多种中草药的猝倒病或疫病,元胡、大黄和当归的霜霉病等。

（2）接合菌亚门。该亚门分为接合菌纲和毛菌纲。接合菌纲中的毛霉目真菌常引起中草药贮藏期的腐烂。

（3）子囊菌亚门。该亚门下分6个纲。其中,不整囊菌纲、核菌纲和盘菌纲中有不少中草药病原真菌。如不整囊菌纲中散囊菌目中曲霉属和青霉属引起中草药贮藏期病害;白粉菌目多属病原真菌,可引起多种中草药的白粉病。盘菌纲中的核盘菌属引起人参、元胡等菌核病。

（4）担子菌亚门。该亚门分冬孢菌纲、层菌纲和腹菌纲。其中,冬孢菌纲的黑粉菌目和锈菌目有不少中草药病原真菌,如薏苡黑粉病、红花锈病等多种中草药病害是由这类真菌引起的。

（5）半知菌亚门。该亚门下分丝孢菌纲和腔孢菌纲2纲,约17 000种。如立枯丝核菌引起三七立枯病;尖孢镰刀菌引起白术根腐病。

引起中草药病害的常见的还有病原细菌。病原细菌主要有革兰阴性细菌、革兰阳性细菌和放线菌三类。中草药中细菌病害种类较少。为害严重的有人参细菌性烂根病和浙贝母软腐病,它们都是由欧氏杆菌属引起的。

此外,病毒病的特点就是药材植物花叶黄化、卷叶、畸形、斑点和坏死等,如人参、地黄等的病害。虫害方面主要是蚜虫,此外还有螨害、蜗牛等。蛇、螨类刺吸口器害虫吸食中草药汁液,造成黄叶、皱缩,严重时叶、花、果脱落,影响中草药产量和质量。且嚼口器害虫主要取食中草药叶、花、果等,造成孔洞或被食成光杆。此外还有地下害虫如蝼蛄、金针虫、地老虎、根蛆、根蟥、根粉蚧和白蚁等,这些害虫直接危害药用部位。

第八节　中药的采收、加工与贮运

一、采收时间对药材品质的影响

（一）中药材品质的内涵

中药材的品质可以概括为外观性状和内在质量两部分,内在质量为研究关键,主要是药用部位有效成分含量、药效以及药材中化肥、病原微生物及重金属污染物的研究。目前,针对中药材有效成分的研究包括生物碱类、苷类、黄酮类、有机酸、氨基酸、甾类化合物、蛋白质和糖类等。很多国家的药典针对中药材污染物的检测已经做出了明确的限度规范。外观性状是中药材内在质量的直观表现,包括中药材规格、色泽、气味和质地等因素,我国著名生药学专家就中药品种传统经验鉴别提出"辨状论质"的观点。其中,色泽能直接反映一种中药材的有效成分含量,用以评价药材质量优劣;规格和质地如药材大小、质地质韧度和粉质状况都是传统评价药材品质的方法;此外,中药材的挥发性成分可以通过口鼻对气味的感知辨别其种类和含量。高品质要确保中药材无危害、有效成分稳定,具有极佳的外观性状条件。

(二)适宜采收期

中药材采收期可以分为生长年限和采收季节,采收工作指在中药生长到一定的生产发育阶段时,有效药用部位能够达到入药条件,人们通过一定途径对其进行采收的过程。世界卫生组织执行颁发的《药用植物种植采集管理规范指南》以及我国执行颁发的《中药材生产质量管理规范实施指南》就中药材采收工作的合理开展提出了专项说明。采收时间是中药材品质的关键影响因子,有谚语表示"早则药势未成,晚则盛势已歇""当季是药,过季是草",基于古人对中药采收工作的经验,现代研究也逐渐验证了传统采收经验的合理性与科学性。

适宜的采收期是保证中药材品质的关键。目前,中药材达到适宜采收期需要满足两个条件:一是药用部位的形态、色泽及气味满足适宜采收状态;二是中药材性状和成分达到《中国药典》规范标准。中药材的适宜采收期是保障药材产量与质量的重要决定因素,也能够直接决定中药材药用部位的有效成分含量水平,确保中药材用药品质。不同种类的中药材评价适宜采收期的标准也不同,不同植物的药用部位不同,并不能和植物的成熟期划为一类,如金银花以花蕾入药,成熟开放期的花反而不能采收入药。

(三)采收期对不同种类药材的影响

一般,随着药用植物的繁茂枯萎和药用动物生长变化,不同药用植物和不同药用部位所含的有效成分会存在不一样的规律性变化特征。对各个类别中药材采收工作简述如下。

1. 根及根茎类

根及根茎类中药在土壤坚实地质中大部分是向下生长,常以根及根茎结实、少分叉、根条直顺以及粉性足的质量较好,根及根茎类的生长周期较长,根据不同品种的生长特性会有不同的最佳采收时间。一般来说,多数药材在地上部分即将枯萎的秋冬季期间采收,如黄芪、黄连和党参等;初春生长停止、花叶凋谢的休眠期也会进行采收,因为该期间根茎中大量营养成分因还未开始分解而含量最高,如白芷、当归等。

2. 叶 类

叶类中药材采收时间对药材质量影响明显,采摘时间过早,因为叶类正在生长而质量差、产量低;采摘时间过晚,因为叶中保存的有效成分转移到花或果实中而质量降低。叶类药材采收一般会在植株光合作用最强期间,此时茎叶生长完全,有效成分含量高,如大青叶等。但番泻叶例外,需采嫩叶;桑叶为降低燥性,需要在经霜打后采摘。

3. 花 类

花类药材适宜的采收时间多在花蕾含苞未放期间,因为花完全盛开后会影响其颜色、气味,有效成分含量降低,如金银花、款冬花和辛夷等。但菊花等在秋冬花盛开期间采收;月季花适合春夏季花微开期间采收;红花在黄变红时适合采收;还有些花类药材过期采收会因为花粉脱落而降低质量,如蒲黄等。

4. 果实种子类

果实和种子类药材在生长周期内会呈现显著的有效成分动态积累过程,有效物质群含量达到最高时往往是最佳采收时间。果实类中药材如枳壳、薏苡仁和栀子常常于近成熟时采摘;种子类中药材则需要种子籽粒饱满并完全发育成熟,如酸枣仁、使君子和五味子等。《中药材商品规格质量鉴别》提到酸枣仁应当在酸枣果实成熟时摘取,将剥离果肉的枣核晒干后破壳取仁。但是,因为大部分酸枣为野生资源,没有归属权,存在"抢青"采收现象,而到了酸枣的真正成熟期,酸枣已经所剩无几,过度的开采和抢青现象导致市场上流入了不同采收期的酸枣,致使酸枣野生资源遭到严重破坏,引发酸枣仁有效成分积累不足,含水量过高,容易引发黄曲霉菌,因此对于酸枣仁采收期的研究十分重要。

果实和种子类药材多为多年生草本植物,因此研究采收期对中药材资源开发和质量标准工作相较于草本类植物更为复杂,需要进一步展开综合全面的分析。

5. 全草类

全草类药材像淫羊藿、半枝莲等一般于茎叶生长最旺盛时采收;同时,也有部分品种的全草类药材的有效成分在开花后含量达到最高,如麻黄、金钱草等。

二、中药材采收期研究方法与技术

(一)植物代谢组学技术

中药代谢产物可以分为初级和次级代谢产物两种,直接影响到中药材品质,其中次级代谢产物如生物碱类、黄酮类和皂苷类成分是决定中药药效的基础,而氨基酸、糖类等初级代谢产物则为药用植物生长过程中重要的营养物质。目前,植物代谢组学研究的分析技术有多种,且已经广泛应用于不同生长阶段中药材的初级和次级代谢产物评价中,各自有其独特的应用优势和不足之处,综合应用更能系统、全面地评价不同采收期的中药材品质。

1. ^{1}H-NMR 技术

利用植物代谢组学技术对不同发育阶段的款冬花蕾做 ^{1}H-NMR 分析,其中鉴定的 40 种代谢产物在 9 月(发育初期)和 3 月(开花后)差异很大,蔗糖的含量逐渐降低,款冬酮的含量逐渐升高,表明采收时间应为款冬酮含量最高的 3 月份。采用 ^{1}H-NMR 代谢组学技术对 5 月、8 月、10 月和 12 月采收的番石榴叶代谢成分进行分析,发现 5 月和 8 月的番石榴叶具有更高含量的有效成分而更适宜采收。基于 ^{1}H-NMR 鉴定并分析迷迭香中 33 个代谢成分,发现这些成分在迷迭香 2 月、4 月、6 月和 8 月的采收时间中含量变化明显,其中有效成分迷迭香酸盐和奎尼酸盐在 2—8 月不断增加。可以发现,基于 ^{1}H-NMR 代谢组学技术的分析,花类和全草类中药的初级代谢产物含量变化可以为采收时间的选择提供有效依据。

2. 液质联用技术

次级代谢产物通常是中药的主要药效成分,是植物在长期进化中适应环境的结果,高效液相色谱 - 质谱联用技术可同时关心多个成分的变化,从整体上系统全面地控制和评价中药质量。研究中药材适宜采收期时将哪一类成分作为有效指标十分重要。

利用 HPLC-MS/MS 方法同时测定川乌茎叶在生长过程（5—8 月）中 14 种生物碱的含量变化规律，其中茎中生物碱总量高于叶，茎生物碱总量呈现波浪形上升趋势，8 月份到达峰值；叶生物碱含量呈现上升又下降的规律，7 月为最高含量时间。将桑叶中生物碱类、黄酮类成分做分析指标，采用 UPLC-TQMS 联用技术对不同品种、不同生长期的桑叶进行分析后发现生物碱类、黄酮类成分均在 10 月份后发生下降，显示药用桑叶的适宜采收期在 9 月底 10 月初。由此发现，茎及叶类中药材多以黄酮类和生物碱类成分评价适宜采收时间，液质联用技术可以同时全面评价不同类别、多种成分的变化规律。

3. 气质联用技术

采用基于气相色谱 - 质谱法（GC-MS）的代谢组学技术对 5 个不同发育阶段的款冬花药材进行分析，对款冬花蕾中极性和非极性化合物在不同采收月份的含量变化做综合对比，发现与采收未开花药材的经验相同，款冬花蕾代谢物在整体发育过程中于开花期降为最低。该结果表明款冬花应在 3 月采收。

（二）含量测定

1. 多成分含量测定

连翘苷是连翘的主要活性成分，反向高效液相法研究表明应在连翘果实成熟时采收，确保最佳用药质量。采用 RP-HPLC 法探究连翘药材最佳采收期，发现各主要成分在 8 月底至 9 月份含量最高，10 月份连翘大都已经成熟，表皮开始发黄，因为传统上采收入药为老翘，因此将 8 月底至 9 月份视为最佳采收期。两者研究表明连翘应当在 8 月到 9 月果实成熟时采收。

利用 HPLC 法分析 9 月、10 月、11 月和 12 月采收女贞子醇提液中 4 种成分的动态变化，可以发现红景天苷和齐墩果酸 11 月份含量最高，女贞苷 9 月份含量最高，木樨草苷 12 月份含量最高。综合建议采收期为 9—11 月份，应根据对不同成分的需求进行适时采收。以何首乌样品中的磷脂类成分为指标做进一步分析，利用 HPLC-ELSD 方法对不同采收期何首乌进行分析，综合表明 11 月、12 月为何首乌的适宜采收期，与《中国药典（一部）》中规定的"秋、冬二季叶枯萎时采收"符合。

基于三重四极杆飞行时间串联质谱联用原理,鉴定并分析不同采收时间玄参中的 30 种化合物,利用灰色关联分析对其中 10 种成分的含量分析得到基于传统采收时间采集的玄参具有更好的质量。研究不同采收时间对丹参产量、性状和有效成分的影响,可以发现丹参的有效成分丹酚酸、丹参酮在 11 月达到最高值。基于 UPLC-QTRAP-MS/MS 技术和灰色关联度方法,同时对玄参中有机酸类、环烯醚萜苷和苯丙素苷等共 12 个有效成分在不同采收期的变化规律做分析,结果确定立冬前后为最佳采收期,与传统采收经验一致,该时段可以达到更高的综合质量。利用 HPLC 方法对黄芩中 19 种黄酮类成分随着采收期的变化进行考察,秋季相较于春季采收的黄芩具有更显著的变化趋势,这一结果与其采用液质联用技术对黄芩采收期的研究相一致,进一步验证了秋季更适宜采收黄芩。

2. 挥发性成分测定

很多芳香性中药材中具有大量挥发性成分,是评价药材品质的重要指标之一,气相色谱 - 质谱联用(GC-MS)技术分离效果显著、灵敏度高,能够有效测定中药材中的挥发油、生物碱、脂肪酸类和甾类化合物成分,已经在中药材质量分析中实现了广泛应用。

利用 GC-MS 技术分析不同采收时间广藿香的挥发油成分(单萜烯、醇类、酮类与烷酸类等),结果发现 6—8 月含油率分别为 0.8%、0.7% 和 0.6%,综合表明 7 月和 6 月为海南产广藿香的适宜采收时间。基于 GC-MS 技术对不同成熟期新会陈皮中的 21 种挥发油成分进行分析鉴定,发现样品间挥发油组分差异不大,平均得率在 9 月达到最高值。利用同样的技术分析江香薷挥发油成分随采收期的变化趋势,以主要抗菌抗病毒成分百里香酚为指标,认为 8 月百里香酚达到最高时江香薷具有最佳质量和抗病毒效果。通过气相色谱质谱联用方法对同一产地不同采收时期白术挥发油成分做分析,表明苍术酮及挥发油总含量于 10 月底、11 月初最高。

基于 GC-MS 技术,以不同采收期春柴胡中 n- 十六酸挥发性成分为指标,发现整体变化中在 4 月中旬达到最高,表明 4 月中旬为江苏春柴胡药材的最佳采收期。利用同样的技术对当归 32 种挥发性成分的变化规律做分析,参考指标为 Z- 藁本内酯,秋末冬初采收最佳。

（三）色度评价方法

药材外观性状是中药材非常经典的质量评价方法，色泽便为其中之一，与中药品质紧密关联。"凡诸草木昆虫，产之有地，根叶花实，采之有时，失其地则性味少异，失其时则性味不全"这句话出自李东垣，显示中药药性疗效与其产地及采收期有着不可分割的关系。有研究者在"辨状论质"基础上又提出"辨色论质"的思想，认为曾经的鉴别方法缺乏客观量化指标，过于主观，缺乏工业可操作性。基于现代技术方法量化和数字化中药色泽，从而达到高效、简便的目的，为完善中药质量控制和评价体系做贡献。

目前，评价中药材色度已经具备了现代化和数字化的技术方法，能够更加客观地评价中药材外观性状和内在质量的关联。数码相机与计算机图像技术可以用来数字化表征，有研究者同时结合分光光度法分析栀子 3 类成分在成熟期与色泽的相关性，结果显示 a* 色度指标能够揭示栀子色"红"的科学内涵，红色也是内在成分西红花苷的外观表现，可以用来辨别栀子的成熟度，栀子在每年的立冬日（11 月 7 或 8 日）颜色最红，应当在此期间采收。利用 HPLC 法和色度计分析成分质量，二白期、大白期为金银花中酚酸类、黄酮类含量最高点，大白期、银花期则为环烯醚萜类含量最高点，褐变指数（BI）与酚酸类、黄酮类和环烯醚萜类成分量显著负相关，L* 值与黄酮类含量显著正相关，判断金银花大白期为最佳采收期，颜色指数 L*、BI 与活性成分质量密切关联。

综上所述，中药材外观色泽与其内在质量息息相关，多种成分含量值能够直接体现在药材表面颜色中，这为进一步全面评价药材品质提供了更加系统性的思路与方法。

（四）电子鼻技术

基于经验手法的"辨状论质"评价和客观量化的现代仪器评价中，电子鼻技术进一步发挥了其重要价值，气味对于中药同样是至关重要的评价指标，可识别的独特气味是每味中药都具备的要素，而且气味强烈或特性直接决定了中药的真伪，同时也直接相关于有效成分。从 21 世纪开始，"气味"因为仿生技术不断的进步与发展而实现了量化应用，一改以往传统手法，电子鼻基于传感器和算法识别，能够快速有效识别出中药气味，该应用具有客观、整体和简便的优点，在中药质量评价中应用价值极高。但目前缺少针对中药材采收期工作的应用研究。

采用电子鼻结合固相微萃取 - 气相色谱 - 质谱联用技术,发现天麻中19 种共有成分中的醇类和酚类在不同采摘时间汇总含量更高,且在 3 个采收时间中的天麻呈现不同的气味,具有特定的芳香成分,证明香气差异是由不同的芳香成分直接影响而成,而电子鼻能够充分鉴别。

目前,针对中药材不同采收期质量研究的电子鼻技术应用还较少,电子鼻技术在中药材掺伪鉴别、中药材贮藏期区分以及中药饮片和中成药质量评价中已有广泛的应用,但缺少针对中药材采收期工作的研究。

综上所述,中药材采收工作作为直接影响中药材饮片和中成药质量的关键,对确保中药材的适宜采收期具有重要意义。然而,当下很多关于中药材采收规律的研究工作仍然存在一些不足之处:一是研究范围局限,多集中于药材产量和化学成分的变化趋势;二是评价指标单一,在评价药材品质工作中,也多选取单一化学成分或某类化学成分作为研究指标,缺乏对多成分含量变化规律的同时测定和研究;三是研究周期短,缺乏对不同采收产地和整个生长成熟期中药材生长发育及代谢产物的生成和积累的研究,尤其是针对酸枣仁采收期动态变化规律的研究较少,存在一定的局限性。

三、中药加工技术

这里主要介绍中药加工的气流粉碎技术。该技术应用于中药的加工,理论研究才刚刚起步,开发相应的中药微粉品种较少,主要局限于一些作用独特的名贵细料中药,已见报道的有附片、首乌、黄芪、三七、当归、人参、虫草、大黄、川芎、白芷、甘草、苡仁、犀牛角、羚羊角、鹿茸、白黄珍珠和虫草等多种中药微粉。

1. 气流粉碎的特点

CBF 型底部沸腾流化床气流粉碎机及分级系统(以下简称 CBF 型),是在总结了前期各型机器的优点,消化吸收了国外流化床技术基础上,重新设计的新型流化床气流粉碎机。

它的特点如下。

(1)技术优。采用底部流化及新型组合气流喷射粉碎两项专利技术和粉碎腔上部进料新技术。

(2)产量大,生产周期短,收粉率高。气流粉碎是高速碰撞与密闭粉碎,物料间彼此碰撞的概率大,粉碎效率高,粉尘也无泄漏,收粉率高。

(3)纯度高。粉碎区远离粉碎室壁,无机械磨损,可保证产品纯度达

10^{-6} 级。

（4）精度高。CBF 型的高精度分级机与流化床成为内循环，保证了超细粉产品无粗大颗粒和粒度分布狭窄陡直，实现了自动控制产品粒度及粒径分布。

（5）节能好。CBF 型采用了低气压、高流能利用比率技术，比相同（或相似）规格其他机种的单位能耗降低 50% ~ 60%。

（6）使用范围广。CBF 型的射流能得到了进一步的强化、提高，它能对任何高硬度和热敏性材料进行粉碎，并能达到高效、高纯度、高精度及节能效果，使产品质量提高、加工成本降低，使用范围扩大。

（7）低温应用。在超音速气流下工作，根据高速喷射器流的焦耳 - 汤姆孙效应，当气体由喷嘴喷射而绝热膨胀时，气体会自身冷却，从而抵消了物料碰撞和摩擦产生的微热，粉碎室内形成零下数十度的低温环境，使之能对热敏性物料实施超微粉碎。

（8）操作简便。CBF 型采用了封闭循环系统技术及自动化控制技术，使之操作简化，清洗装卸方便。

2. 中药加工中引入气流粉碎技术存在的问题

在加工工艺上存在可行性和可控性的问题。在产品加工限度上存在加工临界粒径的选择问题。在产品性质上存在微粉的制剂学性质的描述问题。在产品的应用上存在怎样应用的问题。

3. 中药材的气流粉碎实验操作流程

将药材进行净制干燥并用万能粉碎机初步粉碎后备用（过 40 目筛）。称取药粉加入料斗中。按气流粉碎工艺操作规范开启气流粉碎机，调整进气压力。加料粉碎后即得各样品。

四、中药饮片贮藏方法

中药的整个流通过程中，饮片的贮藏往往历经时间最久，各种环境因素影响着整个贮藏环节的始终。因此，适宜的中药贮藏方法是保证药材质量与安全性的关键。在中药饮片的贮藏环节中，需要根据药材的理化性质采取合理有效的方法保证中药品质。

（一）传统贮藏方法

传统中药材贮藏采取的方法因不同药材的理化性质各异，具体采用自然通风法、干燥法、冷藏法、干沙贮藏法、密封贮藏法、对抗贮藏法和药剂熏蒸法等,根据不同中药变质的主要因素差异针对应用。如含水量较大的果实类中药枸杞、五味子、山楂等或易受潮的中药粉葛等采用干燥法,防止药材在温度适宜、含水率大于11%时虫卵孵化,造成虫蛀影响药材质量。泽泻与牡丹皮采用对抗贮藏法同时储藏,既可使泽泻不生虫,又可使牡丹皮不变色。黄连、黄芩等药材晒后易变色,白芍、厚朴等药材晒后会失油干裂,肉桂、丁香等则晒后失润,故这些药材的鲜制饮片多采用干沙贮藏法代替曝晒干燥进行贮藏。

(二)中药贮藏技术方法研究

1. 气调包装

气调包装对中药材进行贮藏养护的原理是将贮藏的药材放置在密闭的容器中,再人为使容器内部达到低氧或高二氧化碳状态,从而对氧气浓度进行有效控制,使虫卵、霉菌无法生存,并可同时抑制中药的氧化。采用不同浓度 CO_2 处理仔姜,贮藏期间对仔姜的品质指标进行测定,发现不同浓度 CO_2 处理的仔姜品质具有显著差异。研究人员对不同气调包装的鱼腥草保鲜效果开展研究,发现 O_2 及 CO_2 浓度分别为8%和30%时保鲜效果最佳。气调技术已广泛应用于食品保鲜等方面,而该技术在中药贮藏养护方面还有待进一步推广应用。

2. 冻干技术

真空冷冻干燥技术是利用低温低压环境下,水达到某一个特定的压力值时冰沸点相同,使水分冰晶直接升华脱离,将放置在冻干机中的中药材结块成型,从而实现药材的干燥。对三七进行冻干工艺研究并测定人参皂苷 Rg1 的含量考察冻干工艺对三七品质的影响因素,可以发现冻干法处理的三七人参皂苷 Rg1 含量较电鼓风干燥箱热风处理的三七高,且色泽、外观均未发生显著变化。表明冻干法可基本保持鲜药的性状和大部分营养物质及有效成分。

3. 辐射灭菌技术

辐射灭菌技术主要是利用由放射性同位素 $^{60}Co\text{-}\gamma$ 或 ^{137}Cs 放射出的 γ 射线、加速器生成的高能电子束以及转换的 X 射线辐射杀灭中药材上附着的微生物,当前的生产应用中常采用 $^{60}Co\text{-}\gamma$ 射线辐射处理中药材。考察不同剂量 $^{60}Co\text{-}\gamma$ 射线辐照灭菌对天麻中天麻素、对羟基苯甲醇等5

种有效成分的影响,可以发现辐射剂量小于 6KGY 时,天麻中的 5 种成分含量变化均无统计学意义,说明辐射灭菌技术具有一定的应用前景。

4. 微波干燥技术

微波干燥技术是利用一定波长、频率的电磁波对药材进行干燥的方法,具有能量利用率高、干燥速度快、效果均匀等优势。对比 ^{60}Co-γ 辐照灭菌法及微波灭菌法应用于金银花的灭菌效果,会发现两种方法灭菌效果均较好且不对金银花有效成分造成影响。

5. 其他方法

除上述方法外,随着技术的进步,出现了许多新型不同优势的中药材贮藏技术方法应用于生产实践中。超高温瞬时灭菌技术可将中药材迅速加热到 150℃,仅需 2 ~ 4s 可瞬时完成灭菌工序,具有无毒害残留、成本较低及药材当中的有效成分损失较少等优势。

目前,因条件等方面的限制,更多的中药贮藏新技术仍停留于研究阶段。但随中医药影响力的进一步提升以及中药产业的持续发展,中药的贮藏技术也会不断科学化、标准化。

第二章　根和根茎类中药优质栽培

根茎类中药是指入药部分是根茎或带有少量根部或肉质鳞叶的地下茎类药材。根茎类包括根状茎、块茎、球茎及鳞茎等。

第一节　地　黄

栽培地黄(图 2-1)作为我国主要的中药材大品种,主产于河南焦作地区(古怀庆府),包括温县、武陟、沁阳、修武和博爱等传统产区。山西、河北和黑龙江也有分布。茄叶地黄分布地比较狭窄,主要分布于四川的广元、开县和达州等地。天目地黄主要分布在浙江的临安、安吉、遂昌、乐清、金华、台州和安徽的旌德等地。湖北地黄分布地主要为湖北的宜昌、鹤峰、神农架和兴山等地,野生分布目前已较为少见。高地黄与裂叶地黄具有类似的分布区,生境与分布地极为类似,应该是同一个种。

地黄不仅有大量的栽培品种(或称地方品种),而且野生资源也十分丰富,在我国很多省份均有分布,形态差异很大。通过比较地黄野生种质与栽培品种的性状差异,发现栽培品种叶形以卵圆形和长椭圆形居多,叶片较厚,而野生品种叶片较小、狭长,叶片较薄;栽培品种块根较大,而野生种块根小,细长,块根数量没有明显差异。

由于地黄栽培品种基因型均为杂合的,必须通过无性繁殖进行保存,每年必须进行倒栽、留种,许多具有优良性状的农家种、地方品种由于产量、抗性等因素在生产上被淘汰,现今在产区已经很难找到。因此,必须提高对地黄种质资源保护的意识,广泛收集不同类型的种质资源,建立地黄种质资源圃。

图 2-1 地黄

一、化学成分

中药材的药效物质基础是其药效成分,药效成分的种类及含量决定了中药材的品质。近年来,研究人员对地黄主要药效成分的积累动态规律进行了研究,发现不同品种、不同部位、不同采收时期地黄的药效成分含量都有差异。

（一）萜类

环烯醚萜类是地黄中数量最多、含量最大的一类化合物,该类成分中代表性化合物梓醇是地黄中的主要成分与活性成分。环烯醚萜的稳定性差,干燥后的含量较新鲜样品损失一半以上。地黄中的三萜类化合物主要存在于叶中,从地黄叶中分离鉴定的三萜类化合物仅有 9 个,结构类型为齐墩果烷型和乌苏烷型。

（二）黄酮类

地黄中的黄酮类化合物主要存在于叶中,分离得到的化合物化学结构如图 2-2 所示。

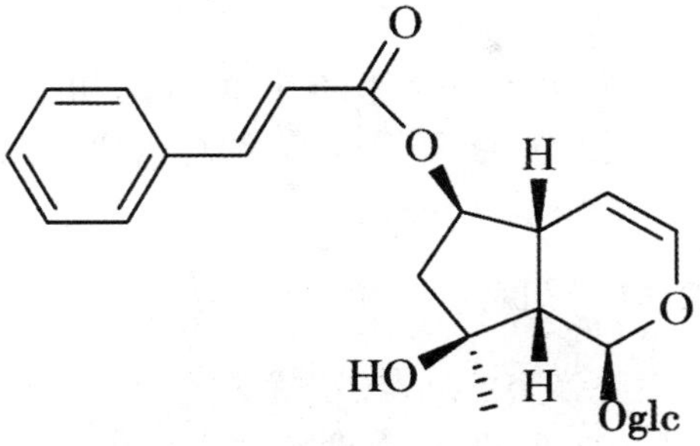

图 2-2 黄酮类化合物

（三）糖类

地黄中糖类化合物分为单糖和多糖。单糖包括棉籽糖、D-半乳糖、D-葡萄糖、D-果糖、蔗糖、水苏糖（含量最高，在其水提物中质量分数可达 48.3%）、甘露三糖、毛蕊花糖和 D-甘露糖；多糖相对分子质量巨大，包括地黄多糖 a、地黄多糖 b、地黄多糖 SRP I、地黄多糖 SRP II 以及 2 种酸性多糖。

二、栽培技术

（一）选地

选择沙质壤土地块；排水良好又有灌溉条件；平坦、肥沃、向阳。地黄喜疏松肥沃的沙质土壤，选择土层深厚、腐殖质多的土壤进行种植。于早春深翻土壤 25cm 以上，同时每亩（1 亩 ≈667m²）施入腐熟的堆肥 2 ~ 3kg，过磷酸钙 25kg 做基肥。然后整平耙细起垄，垄宽 60cm 左右。栽种时，按行距 40 ~ 50cm，挖 6cm 深的浅沟，再按株距 40cm 放入种根段。春地黄栽后要盖地膜，约一个月左右出苗，将地膜打孔放苗。

（二）种植时间和密度

地黄在太谷地区 4 月中上旬种植较为适宜。按行距 25cm 开出深 6cm 的浅沟，再按株距 15cm 放根茎 1 段。667m² 大约种植 1.1 万株。

（三）田间管理

田间管理大体分为幼苗期管理、生长期管理和收获 3 个部分。整个生长周期需追肥 2 次，除草、灌溉、打药大约均需要三四次，具体需视情况而定。

1. 幼苗期管理（及时间苗补苗）

在中耕除草时除去多余的幼苗、留优去劣，每穴留一两株。中耕次数不宜太多，全生长期一两次即可，垄两侧要进行松土。合理地进行间苗，地黄植株可以更好地汲取营养，获得合理的生长空间，植株长势健壮，在保证质量的前提下达到产量最大化。

2. 施肥、浇灌

整个生长期追肥两三次，齐苗后 15 ~ 20d，即 6 月 20 日前后为第 1 次；第 1 次追肥后 20 ~ 30d 为第 2 次追肥；根据苗的生长强弱确定第 3 次追肥的时间。以氮肥作为追肥的主要肥料，每 $667m^2$ 次施用人畜粪尿 100 ~ 150kg 或尿素 3 ~ 5kg。追肥后及时浇水。每次浇水不宜过大，应轻浇。

3. 生长期管理

当地黄抽蕾时，应除草，将花蕾除去，并去除分支，将营养集中于植株，促进有机物质的累积。苗高约 12cm 时，在阴天边间苗边定植，将间出的苗选粗壮的栽到原株距的中心点上。

地黄生长期土壤宜疏松，土壤板结，块根不利下伸，生长不良，因此，中耕除草，必须适时进行，齐苗后即可中耕除草，锄草宜浅，勿动幼苗，保持土壤松软无草，5、6 月抽茎开花，应及时摘除花蕾，以免消耗养分。

（四）病虫害防治

地黄块根及块根的加工制品是我国大宗常用药材之一。地黄生产主要采用种栽营养繁殖，一般在 7 月中旬进行，来年 3、4 月份收获。脱毒地黄的病毒病显症率明显下降，产量大幅度提高，可有效控制病毒病危害。但脱毒地黄在大田栽培过程中会被病毒再侵染，至少 3 年就要更新一次种苗，同时由于地黄不能重茬种植，脱毒地黄原种的生产田每茬均需更换地块，附带的防虫设施也需重新架设，增加了脱毒地黄原种繁殖的成本，成为制约推广的因素。针对地黄繁种不能重茬，组培苗用量大，种栽大小不均匀等问题,地黄脱毒种栽无土栽培技术得以推广,以期降低脱毒地黄种栽的生产成本,加快脱毒地黄的推广应用。

地黄生活力弱,抗逆能力差,容易被多种病虫害危害,造成减产或绝产,要高度重视,用代森锌 500 倍液、退菌特 1 000 倍液或多菌灵 200 倍液进行浸种。苗期喷药保苗,生长期叶片不受病虫危害,可保发育正常。地黄真菌性病害有斑枯病、轮纹病、枯萎病等,一般发病在 7、8 月份较为严重,必须及时喷药,控制病害的发生。地黄虫害有 20 余种,以地老虎、红蜘蛛为害较重,应适时喷药,控制虫害的发生,高温高湿季节易患"青卷病",俗称"烘叶子",需及时浇水降温,喷药防治,提高植株抗病能力。

（五）采收与加工

植株叶片枯黄,茎发干、萎缩,地黄根变为红黄色时为适宜的采收时期。在收获时要先除去地上部茎叶,在垄的一端开始采挖,尽量降低块根的损伤率。地黄收获后,选择合适的烘干设备进行烘干,即为生地。地黄贮藏于阴凉、通风、干燥的库房内,不得与有毒物质混贮。

第二节　当　归

当归［*Angelica sinensis*（Oliv.）Diels］（图 2-3）品种选育工作始于 20 世纪 90 年代,对当归不同种质进行了提纯复壮,通过辐射育种丰富了当归种质资源,为今后当归育种工作打下了坚实基础。当归高 0.4 ~ 1.0m,呈圆锥形,根肉质,栽培后会生出多个分支,第 2 年抽茎且茎直立。叶为羽状复叶,通常 2 ~ 3 片,顶生白色花序为复伞形。成熟后会裂开,花期及果期分别为 6—7 月及 8—9 月。当归生长在湿润、凉爽的高山地区,具有怕高温、怕涝的特点,种子发芽温度以 10 ~ 25℃为宜,10 ~ 15d 出苗,通常情况下移栽育苗第 3 年可采挖。但当归 3 年栽培模式下早期抽薹问题以及随着当归种植年限延长,连作障碍凸显、病虫害逐年加重,已成为限制当归产业可持续发展的瓶颈。当归根腐病不断加重,致使当归种植区向当地产区周边和生态类似地区迁移,栽培当归资源分布区域不断扩大。从文献报道来看,野生资源的分布有限,有越来越小的趋势。同时,对当归野生资源的生长环境、生长发育动态等方面研究较少,几乎空白,有待进一步调查和深入研究。

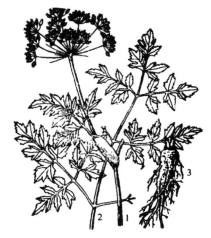

1. 果枝；2. 叶；3. 根。

图 2-3　当归

一、化学成分

当归中含有多种化合物,如十六烷酸、Z- 藁本内酯等,还有蔗糖及微量金属元素、氨基酸、烟酸、胆碱等化学成分,具有一定的药理作用。

（一）挥发油

挥发油是当归的主要化学成分,含量约 1%。当归中的挥发油可分为中性油、酚性油和酸性油三种。其中,中性油占比最高,高达 88% 以上,其又可分为亚丁基苯酞、丁烯基酞内酯、藁本内酯、洋川芎内酯等。另外,还有一些苷类化合物如对乙烯基愈创木苷、丁烯基苯苷等。

当归内酯是从当归中提取、分离、精制所得的有效成分,研究表明,该成分可恢复免疫效应细胞功能且可促其增殖;当归可抑制补体旁路的溶血活性,减轻某些炎症反应,达到抗炎的目的,藁本内酯既能对机体支气管起到松弛的作用,又能解决支气管痉挛问题,还可以减轻肺间质纤维化及肺泡炎。

（二）有机酸

当归中存在的有机酸主要有丁二酸、壬二酸、茴香酸以及阿魏酸等,其中阿魏酸是最早从当归中分离出来的有机酸,同时也是当归质量控制指标之一。

当归能阻滞钙通道,保护受损心肌,当归中的阿魏酸能抑制血小板聚集,继而促进机体血液循环。当归的药理作用可调动人们研究其栽培技术的积极性,旨在通过高效高产栽培满足当归药用需求。

（三）多糖类

多糖在当归中的含量约为 15%,为当归化学成分中水溶性的组成部分,具有增强免疫和补血的功效。多糖除有半乳糖、阿拉伯糖、鼠李糖、葡萄糖等,还包含半乳糖、半乳糖酸以及糖醛酸等。目前,当归多糖的提纯方法主要包括水提醇沉法粗提、离子交换层析、凝胶层析等提纯法。

（四）黄酮类

黄酮类化合物也是当归的一大重要化学成分,目前从当归中用乙醇提取出的黄酮类化合物包括木樨草素 -7-O-β-D- 葡萄糖苷和木樨草素 -7-O- 芦丁糖苷。

二、栽培技术

（一）选地、整地

当归适合种在高山地区,在自然环境下空气湿度较大、土壤疏松肥沃、土层深厚、微酸性、排水良好及含有腐殖质的地块。需要注意的是,不能选择连作地块,应选择半阳半阴的区域,深翻土壤 20 ~ 25cm,整地的同时翻入复合肥,每 667m² 施加 40 ~ 60kg,栽植区域的土地需平整,通常以 1m 为间距开沟作畦,30cm 为畦的宽度,畦高约为 25cm,在四周设置排水沟。当归高产高效栽培区域前茬以亚麻、大麻、小麦为宜,不宜选种豆类、马铃薯地块。

（二）育苗

当归高产高效栽培育苗播种选在 6 月,播种前种子置于温度为 30℃的水中浸泡 24h,而后取出晾晒并用撒播法播种,播种后盖上杂草。每667m² 播种 4 ~ 5kg,15d 当归出苗后挑松盖草,以免揭草时损伤幼苗。8月将盖草去掉,同时需除草,在此基础上除掉长势较弱的幼苗,株距控制在 1cm 左右。

（三）起苗贮藏

通常情况下,选择直径为 2 ~ 5mm 的幼苗,还要确保种苗无病无伤、强壮均匀、表面光滑、分叉较少,备用小苗百根鲜质量为 40 ~ 70g,苗龄为 90 ~ 110d,择苗时 6mm 以上及 2mm 以下的大苗与细苗谨慎选用。选好种苗后栽种前需用药剂浸蘸。移栽时间要合理,可选在春季或冬季移栽,冬栽需选择在立秋后进行,春栽可选在春分及清明前后。每 667m² 栽植密度通常为 6 500 ~ 8 000 株保苗。当前普遍采用的栽植方式是地膜覆盖法,栽植中需选用宽度为 70 ~ 80cm、厚度为 0.006mm 的超微强力膜,垄面宽为 60cm,带幅为 100cm,垄间距及垄高分别为 40cm、10cm,各垄种植 2 行,穴距、行距分别为 20cm、50cm,各穴有 2 苗,深度为 15cm,每 667m² 为 6 600 穴,要在覆膜后移栽并在移栽后穴口封土压实。

（四）田间管理

当归高产高效栽培技术应用过程中田间管理是重要环节,具体可从以下 5 个方面进行分析。

（1）查苗补苗。通常择苗移栽后 25d 左右出苗,出苗后需做好查苗补苗的工作,旨在提高产量。

（2）中耕除草。待苗出齐后需中耕除草 3 次,苗长 5cm 时第 1 次除草,要做到浅锄浅耕;苗长 10 ~ 15cm 时第 2 次除草,要适度深锄;苗长 25 ~ 30cm 时第 3 次除草并培土。

（3）追肥。幼苗时期当归无需过多的氮肥,避免长势过旺,在当归全生育期要进行 2 次追肥,第 1 次追肥在苗高 10 ~ 15cm 时,每 667m² 施加复合肥 25kg,有效成分为 6kg;第 2 次追肥在苗高 25 ~ 30cm 时,每 667m² 施加复合肥 40kg,有效成分为 8kg。需要注意的是,当归收获前 30d 左右不可施加无机肥。

（4）摘花薹。基于当归存在早抽薹的情况,为此要立足实际摘花薹,尽早减掉摘净,以免降低当归药效。

（5）灌排水。生长前期当归栽培需少浇水,若土壤过干可适度浇水,确保土壤湿度适中且适宜当归生长,不可大水灌溉,生长后期不可积水,尤其要在雨季做好排水工作,以免当归烂根。

（五）病虫害防治

（1）麻口病的防治。当归移栽后的 4 月、6 月、9 月、11 月易感染麻口病,主要为害其根部,若地下病虫较多则增加发病概率。防治进程中,每667m² 使用细土 15kg、3911 颗粒剂 3kg,亦可将 15kg 的土与 0.5kg 的甲基异柳磷乳剂 20% 混合在一起撒施并翻入土中。针对当归的根部可使用长效广谱杀虫剂达到预防麻口病的目的,还可使用 250g 40% 的多菌灵或 600g 的托布津与 150kg 的水混合在一起各株灌溉 50g,5 月上旬及 6 月中旬分别灌溉 1 次。

（2）菌核病的防治。该病主要在高湿低温的情况下发生,7—8 月较为严重,为预防该病需避免连作,发病前每 10d 喷施 50% 的 1 000 倍液甲基托布津 1 次,连续使用 3 ~ 4 次。

（3）虫害的防治。当归主要受小地老虎及金针成虫危害并影响长势,为预防虫害需做好田间除草工作,将草堆在一起并下入毒饵诱杀害虫,鲜草要 7 ~ 10d 更换 1 次。

除上述病虫害外,当归还会因根腐病、褐斑病而降低产量及质量,这需要根据不同的病况与栽植实际情况选择最适宜的防治方案。为使当归高产高效栽培技术得以有效应用,在利用化学药剂防治病虫害的同时需注重环保,不可随意加大药量,要积极运用生物技术进行病虫害防治。

（六）适时收获

当归移栽后当年霜降前 15d 可割掉地上部分,经过阳光曝晒加速成熟。针对当归根部采挖时需保障根系完整,挑出病根,抖掉泥土,剔除残茎,放在通风处,旨在蒸发其水分,待根条柔软后方可依据规格捆扎在一起放入竹筐并点燃湿草烘熏,不可使用明火,周期为 2 ~ 10d,当归表皮为金黄色时可以停火,而后让当归自行干透。

需要注意的是,加工当归时不可阴干或用太阳晒干。

（七）留种技术

当归育苗移栽与秋末收获并行,要选择植株生长状态较优且无病虫害的当归留种,留种地块需土壤肥沃、背阴,不起挖,等到第 2 年当归长出新叶后除去杂草,苗约 15cm 时根部追肥,秋季种子表皮泛红、花序低垂时可分批采收并捆成小把,将捆扎好的当归挂在通风干燥且无烟的地方,充分干燥后方可脱粒备用。当归直播在选择良种前提下要为种子提供良好的发育条件,旨在早期抽薹并获得成熟度高、充实饱满的种子,此类种子只能用来直播并不可育苗移栽。

第三节 天 麻

天麻（*Gastrodia elata* Bl.），天麻亚族（Gastrodinae），属兰科（Orchidaceae），是多年生共生草本寄生植物，又名定风草、离合草、仙人脚、鬼督邮、赤箭、独摇芝等，是我国传统中草药之一，主要以块茎入药，有祛风镇痉作用（图2-4）。

1. 花序；2. 果实；3. 块茎；4. 种子放大。

图 2-4 天麻

一、化学成分

天麻化学成分主要有酚类及其苷类、多糖类、有机酸类、甾醇类以及多种氨基酸和人体所需的微量元素等。

（一）多糖

在天麻正丁醇萃取部位分离得到蔗糖，天麻中含有天麻多糖，实验证明其为葡聚糖。天麻中含有匀多糖，是一种由葡萄糖分子组成的匀多糖。

（二）氨基酸及多肽

包括硫 -（4- 羟苄基）- 谷胱甘肽 [S-（4-hydroxybenzyl）-giutathione]、L- 焦 谷 氨 酸（L-pyroglutamic acid）、赛 比 诺 啶 -A（3,5-dihydroxy-1,4-phenanthraquinone）和 α- 乙酰氨基 - 苯丙基 -α- 苯甲酰胺基 - 苯丙酸酯（α-acetylamino-phenylpropyl-α-benzoylamino-phenylpr-opionate）。

（三）微量元素

天麻中 K 和 N 含量高，且相对稳定，其中 P、B、N、K、Cu、Mn、Fe、Mg 8 种元素是天麻的特征元素。

二、栽培技术

天麻是一种多年生草本寄生植物，根状茎、块状茎肥厚，干燥后药用，是名贵药材。人工栽培的前景广阔。

（一）选地

选择遮阴度高、腐殖质深厚的林地实施仿野生栽培，立足生产绿色、有机天麻，提高产品附加值和经济效益。

每亩林地内的栽培面积每年不得超过 200m^2，确保合理利用森林资源，保护生态环境。

（二）菌种的选择

（1）优质种麻和菌种是天麻栽培实现高产稳产的关键。麻种多代无性繁殖会出现品种退化，繁殖倍数低，产出的商品麻细而长，品质差且产量低，无性栽培生产上选择 1、2 代白麻作种源，二代以内白麻的特点为色泽新鲜、淡黄色、形态饱满、无创伤、先端生长锥具活力无失水现象，脐形脱落痕迹完整，环节线在 11 节以下，体长小于 8cm，个体重量不超过 30g。

（2）选择优质蜜环菌种，优质菌种的特点为：分化出的菌素密度大、粗壮有力、先端嫩尖活力强、有明显亮色。而劣质蜜环菌种分化的菌素纤细无力、先端嫩尖不明显、附在材上时有断裂现象。

（三）栽培方式

天麻栽培有无性和有性两种方式。通俗地说，无性繁殖就是用收获天麻时的小块天麻"作种子"生产出大块的商品麻。有性繁殖就是用大块剑麻培育出的种子直接繁殖。一般种植多采用无性繁殖。原种和栽培种最好到专门的生产厂家购买。

1. 无性繁殖

（1）种源。每年应选 1～2 个畦进行有性繁殖，一是可以取得一代原种，持续保持优质高产，二是可以降低成本。

（2）栽培时期。在南方一般 11 月栽植。北方以春季 4 月份栽培为宜。

（3）栽培场地。天麻栽培以海拔 600m 左右为最宜。但据石家庄市农广校和山东淄博的栽培经验，平原地区也能照常栽培。由于天麻不直接从土壤中吸收营养，所以天麻栽培场地没有严格要求，在庭院内、旧房屋内、地下室内均能栽培；在户外坡地、荒地、平地也均能栽植。平地栽培一般采取穴栽。每穴 1m 左右，穴间距保持 60cm。

（4）下种伴栽技术。山区一般在荒地采用穴栽。在庭院、室内或平原一般采用箱式沙栽，按宽 80cm，长度依场地设计为 60～80cm，用砖"品"字形放置 4～6 层作箱框，中间填充沙土，称为沙箱。

①菌材伴栽法。在沙箱中先撒一层浸湿的阔叶树叶，将培养好的菌材每隔 10cm 左右摆置一根，依次排放好，在菌材两端各放一个种麻，两侧月牙口处各放 3～5 个种麻，再任意撒放部分短枝和浸湿的阔叶树叶，轻覆一层沙土；以同样方式摆置第二层，其上覆沙不少于 15cm 厚，顶面撒一层树叶，以利保湿，喷水到箱脚有水渗出为止。

②新材加菌枝伴栽法。基本同上，区别是用菌枝发菌侵染新材，其他步骤同上。

2. 有性繁殖

（1）作畦。基本同无性繁殖的沙箱。

（2）剑麻的贮藏。在北方地区，冬季需要沙藏保存，待到春季解冻后才可定植。剑麻本身贮存的养分完全能满足抽薹开花结果和种子成熟的需要，故不需要菌材伴栽可直接定植在沙箱内。开春后随花茎伸长在旁边绑竹竿以防植株倒伏。天麻花茎一般可到 90～130cm 高，直径 1～1.5cm，花序为穗状花序，花为两性花。

（3）人工授粉技术。开花前 1d 或开花后 3d 内完成，一般在上午 10

点至下午 4 点钟,左手轻握花朵基部,右手用镊子或牙签慢慢压下花的唇瓣,让雌蕊柱头露出,再用镊子或牙签自下往上挑开药帽,粘住花粉块,把它粘放在雌蕊柱头上。

(4)播种栽培技术。一般是在 6 月初至 7 月底,即采即播。常用菌材树叶种子法:先将以树叶为基质的萌发菌撕成薄片盛入盆钵中,再剥开果实的果壳,将种子撒入盆钵中,拌匀,撒入沙箱中,其他步骤和无性繁殖栽培的一样。

(5)播种后菌床的管理。与无性繁殖栽培管理方法基本一致。

(6)收获。经历 1 年半,到第二年 11 月份收获。收获时要仔细将白头麻和米麻保存好留种,为无性繁殖栽培提供种源。

(7)有性天麻种子的采收。种麻采收分级后保存于 1～10℃沙土中,也可以不采收,置于温室,调节温室地温在 1～10℃,这样避免了越冬保管种麻的风险。

(四)种植与管理

商品天麻的种子为上一年度采收越冬保存的米麻。4 月中旬播种商品天麻,播种时采用 3g 以上的大米麻。

使用和摆放菌材的情况与有性繁殖相同,天麻种子放在菌材跟前并紧密贴紧菌材,8～10cm 摆放 1 个。之后放小的短枝,再放少量蜜环菌菌种。可以种植 2 层。露地种植也采用相同的方法。温室栽培天麻搭盖遮阳棚,以防阳光照射温度太高。棚的底部和顶部都要扒开通风,遮阳网以远离棚膜 1m 左右遮阳降温效果最好。温室栽培要特别防止温度偏高。

(五)田间管理

天麻的栽种后管理虽然比较粗放,但必须进行有效管理,以满足天麻在不同生育期对温度、湿度的需要。

(1)栽培时间。10 月下旬—11 月下旬和初春的 2—3 月均可种植。

(2)栽种后,人畜不能入内践踏种植厢。

(3)厢面不能长杂草,厢面若杂草丛生,一方面会使盖土板结,造成厢内透气不良,另一方面会增加厢内水分蒸发,栽在荒土内的要用小拱盖遮阳网,厢外人行通道要打除草剂。

几种高效实用的营养液:

(1)马铃薯 2.5%、白糖 1%、KH_2PO_4 0.2%、$MgSO_4$ 0.1%。将马铃薯切成小块放入锅中,加入所需水分,煮沸 30min,用纱布过滤,加入其他成分,加热溶化,最后用清水稀释定容。6—8月或下种时浇施,有明显增产作用。

（2）硝酸铵 0.25%、三十烷醇 1mg/L、MgSO₄ 0.2%。用淘米水（或清水）稀释,经磁化后使用效果更好。

（3）A1 型营养液:MS 培养基中营养元素,NAA 0.3mg/L、Dropp 0.2mg/L、蔗糖 2%。于 4—7 月施 1 ~ 2 次,可提高种麻繁殖率,促进天麻快速生长。7—9 月份是天麻块茎生长旺盛时期,加上气候炎热,蒸发量大,容易造成麻床干旱。野外栽培的,还要防止因连续暴雨而造成的涝害。因此,此阶段是水分管理的重点时期,总体要求是控制沙土含水量为 50% ~ 60%。天气干旱时应视其情况,勤喷、多喷水,同时覆盖树枝树叶或增设遮阳网等设施;严重干旱时应浇(灌)水补湿,水分应从较高的一侧渗入。防涝措施为挖排水沟、盖塑料膜、排穴内积水。

（六）栽培方法

天麻栽培季节选择冬季和春季栽培。

1. 冬季栽培

9—10 月中旬必须制作固定菌床,11 月采挖天麻时,栽培天麻的固定菌床上的菌材已接菌,并有少量菌素分化,及时把起挖后的白麻 1、2 代麻种进行栽种。

栽前要检查固定菌床内下层短菌材菌素分化情况,菌素分化早的先栽,以培养菌床时间顺序为栽培时间顺序。栽培时,揭开纺织袋和盖土,刨开上层大材间隙处树叶,在菌材两头,以麻种尾部对准菌材各放麻种一个,两侧放菌种处安放麻种,麻身倾斜向上安放,用腐殖土填充空隙后复原。

2. 春季栽培

清明前 20d 到清明后 10d,为春季最佳栽培时间段。

11 月起挖天麻后,剑麻在上层,捡出后栽培厢不能翻动,注意避免雨雪侵入,厢面盖编织袋或地膜,使麻种在厢内安全越冬,翌年春季起出麻种栽培,栽培方法同冬季栽培。

3. 固定菌床制作

9—10 月中旬做的固定菌床可进行冬季栽培,10 月下旬—11 月做的固定菌床只能实施春季栽培。

（1）挖坑。透水透气性强的沙质土地段，实施深坑浅种，坑深20～30cm，宽度80cm到1m，长度因地势而定，不宜过长；透水透气性差的火石子地和黏度重的土质地段只能挖浅坑，坑深20cm。

（2）坑内处理和培菌。坑底挖松，铺撒2～3cm厚的树叶后施放防虫药物或喷800倍液辛硫磷，树叶上再铺直径5～8cm、长30～80cm的木材，木材间距10～15cm，木材间放小材枝段，直径4cm以下，长10cm左右；木材两端各安放一粒菌种，木材两侧成品字形安放菌种，菌种间距15cm，空隙处用腐殖质填充（填实而不紧），不能有空洞，并覆盖木材2～4cm左右，上覆盖编织袋，编织袋上盖树叶，以保温和控制厢内水分蒸发。

（七）采收及麻种储存

采收天麻的采挖时间应在霜降至立冬之间进行，若采挖过早，天麻后熟度不够，折干率低，影响天麻品质。按照上述栽培方式，80%以上的剑麻是长在厢面土层和盖的树叶层内，采挖时，捡出剑麻即可，若在9—10月中旬已做好固定菌床的，可整厢起挖，麻种进行分级栽种。实施春季栽培的，捡大剑麻后，注意盖好口袋或厢面盖地膜，控制冬季雨雪进入坑内造成麻种腐烂。

第四节　柴　胡

柴胡又被称为山菜、菇草、地熏，属伞形科多年生草本植物，因其具有解毒、抗炎、促进人体新陈代谢等多种功效，具有较高的药用价值（图2-5）。柴胡种植成本较低、产量稳定，已经成为农户经济来源的主要途径之一，且种植面积不断增加。选择优良的柴胡品种，做好播种前期准备工作，加强田间管理和病虫害防治，并在适当时间进行采收，能够有效保证柴胡质量和产量。近几年，柴胡需求量日益增大，人工种植柴胡已成规模。

1. 根；2. 花枝；3. 花放大；4. 小总苞片；5. 果实；6. 果实横切面。

图 2-5　柴胡

一、化学成分

（一）皂苷类化学成分

柴胡皂苷类为柴胡的主要活性成分，柴胡皂苷是柴胡质量控制的主要指标之一，也是被研究最多的一种活性化合物。迄今为止，已存在柴胡皂苷 a、柴胡皂苷 b_1、柴胡皂苷 b_2、柴胡皂苷 b_3、柴胡皂苷 b_4、柴胡皂苷 c、柴胡皂苷 d 等几十种。

（二）黄酮类化学成分

柴胡地上部分含有大量的黄酮类化合物，具有解热镇痛、抗炎、抗病毒、增强免疫力等多种药理活性，迄今为止，在柴胡中发现的黄酮类成分有芦丁（5,7,3',4'- 四羟基黄酮醇 -3-O- 芸香糖苷）、异鼠李素等几十种。

（三）挥发油类化学成分

不同柴胡中所含挥发油成分各不相同，同一批柴胡的不同部分所含柴胡也各有差异。其中，北柴胡中氧化石竹烯、月桂醛、斯巴醇、乙酸十二烯基酯含量较高；马尔康柴胡中镰叶芹醇、2- 正戊基呋喃含量较高。

（四）多糖类化学成分

北柴胡多糖类化学成分是由半乳糖醛酸、半乳糖、葡萄糖、阿拉伯糖、木糖、核糖、鼠李糖和一个未知成分组成。

二、栽培技术

柴胡作为一种常见的消炎类中药,其市场需求量一直都居高不下。

（一）柴胡品种选择

结合气候条件、地理位置等因素科学选择品种,常用的优良品种有北柴胡、狭叶柴胡。

（二）地块选择

柴胡种植地块可选择播种过的全膜双垄沟玉米地,玉米丰收后不需要揭地膜和耕翻土地。地膜损坏处用细土进行严封,或在地膜上覆盖玉米秸秆,保持土壤水分,保证第二年可以直接在原地膜上进行柴胡种植。

（三）种子处理

栽种人员要勾兑出高锰酸钾含量为 0.8% ~ 1% 的溶液,将种子浸泡到该溶液之中。10分钟后,将种子捞出,用清水冲洗掉种子表面的附着物,并将冲洗后的种子晾干,确保种子表面的水分已经被完全吸干。只有这样,才可以避免种子在接触到较为潮湿的环境时出现霉变的情况。

来年春季播种最好,这样发芽率高,陈种子发芽率底,建议不使用陈种子。

（四）直播或育苗繁殖

移栽柴胡最佳播种时间为 3 月中下旬,可进行撒播或条播。

撒播:首先在土地上建畦,随后将种子均匀地撒在土地畦面上,轻轻覆土。

条播:每行间距 12cm 挖沟进行条播,然后覆土,上面可盖草,最后喷水。12d 左右即可出苗。在柴胡根头直径达到 3 ~ 5cm、根长 7 ~ 8cm 时,将柴胡苗进行移栽。移栽时最好选择阴天,选择健康、苗壮的幼苗进行移栽,移栽以行距 24cm 和株距 8cm 为佳,随挖随栽,移栽后及时浇水,保证幼苗成活率。

(五)田间管理

1. 灌、排水

柴胡移栽后要加强田间管理,及时松土、除草,做好间苗、定苗工作,随时关注柴胡苗生长情况,进行施肥、浇水、除薹、摘蕾。

2. 中耕除草

柴胡幼苗生长速度较慢,抵抗力弱,幼苗生长阶段需进行 5 ~ 6 次中耕,并观察生长情况。通过间苗、定苗能够有效提高柴胡产量和品质。

3. 施肥

如果底肥较为充实,对一年生的柴胡可不进行追肥。两年生的柴胡需进行两次追肥,一次在 6 月中下旬追施尿素,施肥量约为 230kg/hm^2,施肥后进行浇水;另一次在 8 月上旬到 9 月中旬喷洒磷酸二氢钾叶面肥。

4. 浇水

柴胡生长阶段要确保田间地质松软,根据土壤实际情况进行浇水。入冬前应灌水一次,确保柴胡根系安全过冬。

5. 除薹摘蕾

柴胡种植过程中,一年生与两年生的柴胡抽薹开花方面存在较大差异。一年生的柴胡大部分能够抽薹开花,而两年生的柴胡基本都能抽薹开花。柴胡开花一般在 8—10 月,开花时间较长,约 50d。柴胡开花会严重影响根部养分的吸收,大部分营养被植株消耗,通过采摘薹能够加速根部营养的积累和吸收,从而促进根系生长,有效提高柴胡产量。此外,及时摘除柴胡花蕾,喷施 0.3% 的磷肥和叶面肥 2 ~ 3 次,有利于促进柴胡根部营养积累和柴胡品质的提升。

(六)病虫害防治

柴胡生长的主要虫害有蚜虫、赤条椿象、黄凤蝶等。蚜虫会啃食柴胡嫩梢和嫩叶;赤条椿象则吸食柴胡汁液,可导致柴胡营养不良;黄凤蝶主要危害柴胡的叶片和花蕾的生长。药物防治指在柴胡叶面喷洒吡虫啉可湿性粉剂,生物防治是利用其天敌七星瓢虫、蜘蛛等进行防控,也可人工捕杀幼虫,减少虫害发生。主要虫害是黄凤蝶,以幼虫取食叶片。可在幼虫为害初期,喷施90%的敌百虫晶体800～1 000倍液防治。

（1）柴胡锈病。主要危害柴胡茎叶,高温、潮湿环境极易发病。发病初期,叶片逐渐隆起,出现锈色斑点,发病后期会产生破裂,形成橙黄色孢子,使整株植物生长受影响。柴胡锈病可通过粉锈宁或二硝散溶液进行喷施防治,12d喷洒一次,连续喷施3～5次即可。

（2）柴胡斑枯病。主要出现在夏季和秋季,影响柴胡茎叶,导致叶片枯萎,柴胡枯死。可在发病初期对叶面喷施多菌灵可湿性粉剂或甲基托布津。

（七）采收加工

柴胡采收一般分为两季,春季和秋季。春季是在柴胡苗刚出土时进行采挖,秋季则是在其枯萎后进行采挖。由于秋季的柴胡有效成分含量较高,价值较大,经济效益高。因此,柴胡采收最佳时间为秋季,通过专业机械或人工采收方式采收,晾晒后,留做备用或出售。一般产干药材2 250kg/hm²。

为实现柴胡残膜穴播高效栽培技术的推广,应从选地、选种、播种和覆膜、田间管理、病虫防治、采收等关键环节进行柴胡高效栽培和管理,能够有效地提高柴胡产量和品质,提升其经济效益,带动产业发展。

第五节　黄　芩

黄芩（ *scutellaria baicalensis* Georgi ）是唇形科多年生草本植物,药用其根,其具有清热燥湿、泻火解毒、止血、安胎的作用,治疗肺热咳喘,湿热泻痢,疮黄热毒,出血症胎动不安,是临床广用的一味中草药(图2-6)。黄芩的适应性较强,我国许多地方都可以种植,其耐寒,冬天能在田地里过冬,喜欢阳光,怕涝,对土壤要求不严,各种土壤地均可种植,但以肥沃、疏松土壤地种植最好,不宜在低洼淤湿地种植。

1.植株；2.根；3.花；4.果实。

图 2-6　黄芩

　　黄芩有着粗壮呈圆锥形的主根，主根表皮一般为棕褐色或者暗褐色，断面为黄色。黄芩的茎呈直立状态的四棱形，高度在 33 ~ 50cm，基部有众多分枝。黄芩叶片是卵状三角形，先端渐尖，基部呈现出圆形或者楔形，叶片两面均有一定的短绒毛，花冠为蓝紫色二唇形。黄芩花期在 7—8 月，果期在 9—10 月。相关资料显示，野生黄芩一般生长于路旁、山坡及崖边等向阳且干燥的地方，具备一定的耐干旱性与抗严寒性，但无法在过于潮湿的地方生存，最适宜的生长环境为微碱性或中性土壤。不同种类黄芩的生长规律存在一定差异，一年生黄芩的主茎、根会持续生长至晚秋时节；两年生黄芩的主茎会在 7 月之前保持较快的生长态势，之后趋于缓慢，而根则持续不断地生长，其总生物量及地上质量增长曲线呈单方面上升峰，其峰值一般出现在 8 月末，之后逐渐下降，而根生物量则持续不断地缓慢上升。由于不同种类黄芩生长的地区不同，一年生黄芩的根生物量存在较大的差异。

　　黄芩市场需求量大，行销国内外，尤其在当前肺炎类传染病广泛流行期间，黄芩需求量急增，而靠天然生采集的黄芩远远满足不了医药市场的需要，这就必须要靠人工大面积种植。而种植黄芩必须掌握其习性，采取正确的栽培技术，才能获得高产、高效益，在此介绍黄芩的高产栽培技术及管理方法。

一、化学成分

（一）黄酮类成分

地下根是黄芩的主要药用部位，黄酮类成分主要包括黄芩素、黄芩苷、汉黄芩素、汉黄芩苷以及千层纸素 A、芹菜素、木樨草素、野黄芩苷、异红花素 -7-*O*-*β*-D- 葡萄糖醛酸苷、红花素 -7-*O*-*β*-D- 葡萄糖醛酸苷等几十种。

（二）甾类成分

多种甾类成分也在黄芩中被检出，分别为 *β*- 谷甾醇、*β*- 谷甾醇 -3-*O*-*β*-D- 葡萄糖苷和 *α*- 菠甾醇。

（三）其他成分

黄芩中还含有多种其他成分，包括挥发油以及铁、锌、铜、锰、铅、镉等多种微量元素。

二、栽培技术

（一）选地

尽量选择土层深厚、排水条件良好以及光照充足的地块，秋季对地块进行深翻，立春解冻后每 667m² 地块施入厩肥 2 000 ～ 2 500kg、过磷酸钙 15 ～ 20kg。之后耙细耱平土地，根据土地的实际长度制作宽度 130 ～ 160cm 的平畦，畦间挖宽度约 33cm 的排水沟。

也可利用向阳的荒坡地、闲散地、幼树林、果树林行间套种。另外，选地应选择远离工矿"三废"污染源地，污染地对其产量和品质都有影响。种植前每亩施厩肥 2 500kg 左右作为基肥，深耕细耙，平整后种植。

（二）繁殖方法

播种前，种子用 40℃左右温水浸泡 6h 左右，然后捞出在 25℃条件下催芽，等大部分种子裂口后即可播种。在整好的地块内按行距 20 ～ 30cm，挖深 2 ～ 3cm 的浅沟，然后将种子撒入沟内，再覆盖 2cm 厚的土。播种后要及时浇水，隔 10d 再浇水 1 次，保持土壤湿润。

在上一年 9—10 月种子陆续成熟阶段分批次开展采收工作,将种子晒干后贮藏备用。4 月中下旬,对平畦进行种植沟开挖,深度为 1 ~ 2cm,在其中撒入种子。如果气温高于 15℃,则可以进行覆土操作直至畦平。如果土壤湿度适宜,播种 15d 后就会出苗,一般每 667m² 播种 1kg 左右黄芩种子。

(三)田间管理

黄芩苗高 3cm 时,应剔除部分弱苗。黄芩苗高 6cm 左右时,要按照株距 10 ~ 13cm 留下 1 株壮苗,去除多余幼苗,同时做好除草、肥水管理工作。

1. 清除杂草

苗期杂草生长迅速,因此,播种后第 1 年应及时除草,第 2 年可以根据杂草实际生长情况来适当减少除草次数。每次除草均可以进行浅锄操作,确保畦内表土疏松。针对黄芩生长期间出现的有害杂草,一般选用科学的化学药剂进行防治,最为常见的药剂是药田宝。药田宝是一种茎叶触杀型除草剂,能杀灭阔叶杂草,除草效果良好,每 667m² 地使用 3 瓶药田宝,兑 30kg 清水,均匀喷洒在地表即可。

2. 肥水管理

每年 6—7 月进行行间开沟,每 667m² 地追施硫酸铵 10kg、过磷酸钙 20kg,以有效保证黄芩植株良好生长。如果地块积水严重,会导致黄芩根部腐烂,因此,多雨时期应及时将积水排出。发现植株出现花蕾时,应及时摘除,以确保黄芩根部能获得充足的养分。

3. 间苗、补苗

播后 10 ~ 15d 一般可出苗,待幼苗出齐后,分 2 次减掉过密和瘦弱的小苗,保持株距 10 ~ 15cm,缺苗处从其他处移栽或补苗。

4. 中耕除草

黄芩幼苗生长缓慢,出苗后要松土除草,根据草情分数次进行,待苗长高 4cm 左右后定苗,第一次在齐苗后浅锄,第二次隔 15d 左右深锄,第二年春季返青至封垄前要中耕 1 ~ 2 次。

5. 施肥浇水

从种植至第二年春,在 3 月底黄芩未发芽之前,在两行之间开

8～12cm深的沟,亩施过磷酸钙肥25kg,硫酸铵15kg,厩肥400kg,再覆土盖平;6月上旬、中旬是黄芩生长的旺盛期,需要养分最多,需再追复合肥30kg左右;在6月黄芩未"抽穗"前,每亩喷0.5%磷酸二氢钾溶液100～120kg,连喷2次,间隔10d左右,施肥时间选在16:00以后进行。同时,要根据旱情及时对黄芩进行浇水,防止受旱。

6. 摘除花蕾

对不留种用、不作种子收贮的黄芩,当花蕾发生时及时摘除花蕾,以减少营养消耗,促进其根的生长发育。可以剪2～3次花蕾。

(四)栽培技术改进

1. 播种时间

进行秋播和春播时,一年生黄芩会长出数量较多的枝根,降低黄芩根的品质。但在这两个时期进行栽培,黄芩的单株根质量及总生物量远远高于夏季栽培的单株根质量和总生物量,而不同播种时间的黄芩地上质量差异不显著。

2. 播种密度及播种方式

一般植物地上和地下的生长形态、生育进程及周边环境等因素均会直接决定植物的实际种植密度,在相同环境下,不论是平作还是垄作,种植密度越大,所生成的枝根数量越少。如果采用平作方式,会生成较多的枝根;如果采用垄作方式,则生成的枝根较少;如果土壤板结,则所生成的枝根数量较多;如果土壤松软程度良好,则生成的枝根数量较少。无论是采取平作还是垄作,均应进行深翻,将大土块耙平、耙碎,以减少枝根数量,进而全面提升黄芩的品质与产量。适当密植能有效提高黄芩的单位面积产量,提高黄芩的外观品质,但密植时单株产量较低;适当稀植会让地上部分与地下部分保持良好的生长态势,单株产量相对较高,但单位面积产量相对较低。

3. 施肥

对黄芩单独施加适量的氮肥,能促进黄芩健康生长,让主茎变粗变长,提升根产量与地上部生物产量,但如果施氮过多,则会对黄芩干物质积累产生不利影响。施加40kg/hm^{2}的钾肥时,不会影响黄芩地下部分生长;钾肥用量达到80kg/hm^{2}时,黄芩根质量与地上部分质量显著提升,地上部分枝增加,对黄芩干物质合成与积累能产生积极效果。

4. 环境因素

(1)水分对黄芩生长的影响。黄芩的吸水量和吸水频次直接决定着其地上、地下部分的生长状态和发育进程。如果水分供给不足,会影响黄芩地上干物质质量,改变黄芩内部物质的分配比例,提高黄芩的根重比与根冠比,但根生物产量绝对质量依旧较低,根茎会变得越来越细,进而严重影响黄芩的质量与产量。如果水分供给超标,同样会导致黄芩生物量下降,水分过多会降低黄芩生长土壤的透气性,使土壤物理性状不良,进而降低黄芩的根系活力,严重影响黄芩的代谢活动。因此,要有效控制黄芩的水分供给,确保土壤通透,保证黄芩的地上部分与地下部分协调生长。黄芩相对耐旱,相关试验数据表明,降水量250~350mm是最适宜黄芩生长的水分供应条件。另外,不同的供水频次也会影响黄芩的正常生长及产量。如果供水频次在较长周期内反复无常,未能确定一个统一的供水频次范围,就会使黄芩的外观品质及产量受到不同程度的影响。浇水次数过多或者间隔时间过长都会降低黄芩的产量,已有试验数据表明,每隔7~8d对黄芩进行1次浇水最为合适。

(2)光照与土壤对黄芩生长的影响。黄芩是一种喜光植物,光照条件适宜的环境能促进黄芩光合产物的合成与积累,提升其根部发育质量。一般黄芩根茎大小、生物量与光照强度成正比,光照越强,黄芩长势越好。

(五)病虫害防治

1. 叶枯病

叶枯病主要由半知菌引发,一般发生在夏季多雨时期,黄芩患病后会出现叶片不断枯萎的现象。针对这一病害,应在冬季对病残体进行清除并集中烧毁,以有效消灭越冬菌源。在黄芩发病初期,使用1∶1∶120的波尔多液进行喷洒防治,每7~10d喷1次,喷洒两到三次。

2. 根腐病

根腐病一般发生在高温多雨时期,田间积水严重的地块经常出现。黄芩患病后植株下部产生黄褐色锈斑,进而逐步干枯与腐烂,如果不及时进行防治,会导致植株枯死。针对这一病害,应及时拔出病株,并使用生石灰来进行消毒,以避免病株传染其周围植株;黄芩发病初期使用50%退菌特1 000倍液或1∶1∶120的波尔多液进行喷洒防治,每15d喷洒1

次,喷洒两到三次。

（六）采收加工

直播黄芩 2 ～ 3 年即可收获,育苗移栽者次年可收获。通常于早春萌发芽前或秋后茎叶枯萎后采挖。挖出后,除去残茎,晒至半干,放入箩筐内撞掉老皮,再晒至全干,摘净老皮即成商品。在晾晒时避免过度曝晒,否则根条发红,同时防雨水,因其根见水则变绿变黑,影响商品品质。

第六节　桔　梗

桔梗 [*Platycodon grandiflorm*（Jacq.）A.DC.],又名土人参、铃铛花等,是桔梗科桔梗属的一种多年生的草本植物(图 2-7),在中国大部分地区均有分布,它的根茎除了具有重要的药用价值外,还具有一定的食用价值和观赏价值。桔梗株高 20 ～ 150cm 不等,植株光滑无毛或偶被短毛,不分枝,上部茎稍分枝;叶片 3 ～ 5 片,卵形至披针形,茎中下部叶片轮生或对生,上部叶片互生;花瓣颜色蓝紫色或白色,5 裂,雄蕊 5 个,花萼钟状 5 裂。花期为 7—9 月,结果期为 8—10 月,果实为蒴果,倒卵圆形;种子卵形,黑色或棕褐色,肉质根肥大呈圆柱形或圆锥形,皮黄褐色,肉淡黄色。

1. 花枝;2. 根;3. 雄蕊。

图 2-7　桔梗

桔梗是中国中药史上一种重要的常用药材,其根具有宣肺、祛痰、排脓等功效,东南亚一些国家把它作为一种重要的泡菜原料,深受当地人们的喜爱。近几年由于种植桔梗的经济效益明显,种植面积逐步增加。

一、化学成分

(一)皂苷类化合物

桔梗皂苷型化合物的结构特征(图2-8)除以齐墩果酸为母核的双糖链外,在C-4连接的2个羟甲基,在核磁共振碳谱中,其母核具有5个甲基信号、1个羰基信号。

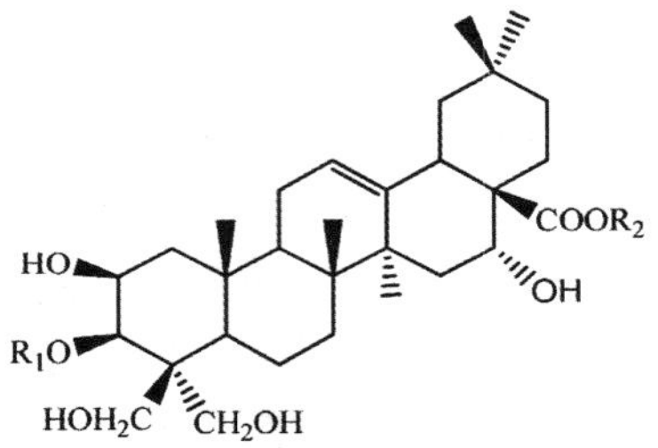

图 2-8　桔梗皂苷

桔梗二酸型化合物的结构特征(图2-9)除以齐墩果酸为母核的双糖链外,在C-4连接的1个羟甲基、1个羧基,在核磁共振碳谱中,其母核具有5个甲基信号、2个羰基信号。

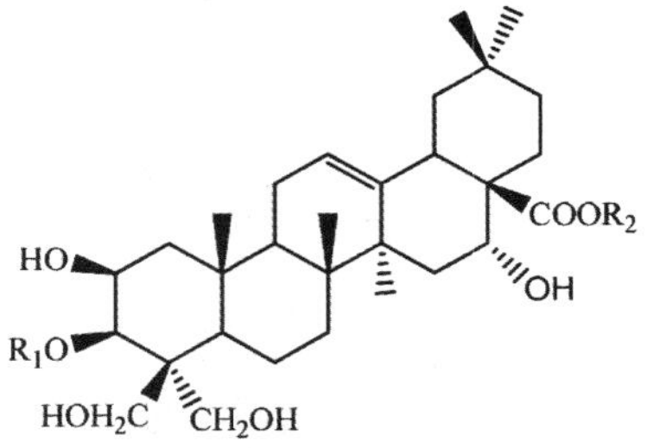

图 2-9　桔梗二酸

桔梗皂苷内酯型化合物的结构特征(图2-10)除以齐墩果酸为母核的双糖链外,在C-4连接的1个羟甲基并和C-3形成内酯,在核磁共振碳谱中,其母核具有5个甲基信号、2个羰基信号。

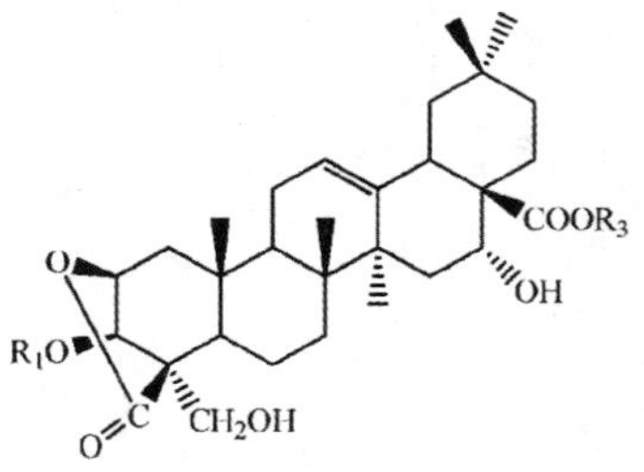

图 2-10 桔梗皂苷内酯

除上述桔梗皂苷型、二酸型及内酯型三种类型的皂苷化合物外,文献报道还分离得到其他类型的化合物,因数目较少,难以归结于以上三个类型,故这里将其归类于其他非典型的化合物,其结构式如图 2-11 所示。

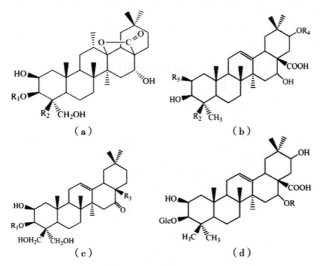

（a）　　　　　　　（b）

（c）　　　　　　　（d）

图 2-11 其他非典型化合物

（二）黄酮类化合物

取桔梗地上部分提取物（图 2-12），HPLC 鉴定出 1 个黄酮类化合物和 2 个异黄酮。据研究,黄酮类化合物具有抗炎、抗菌、抗肿瘤等多种生物活性。

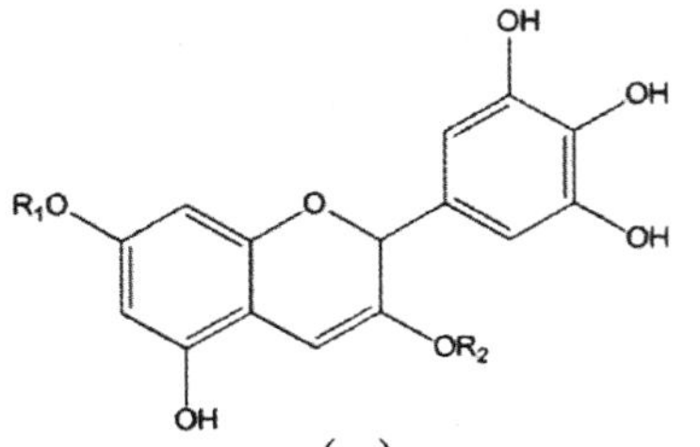

图 2-12　桔梗地上部分提取物

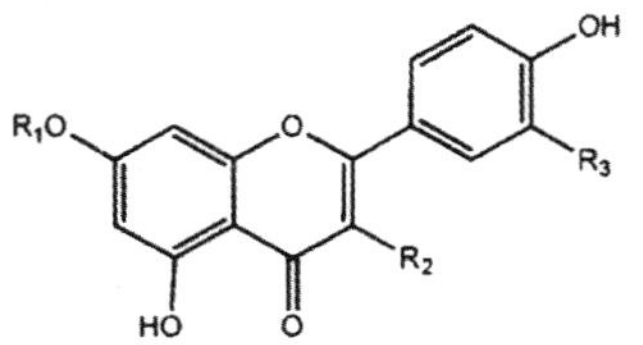

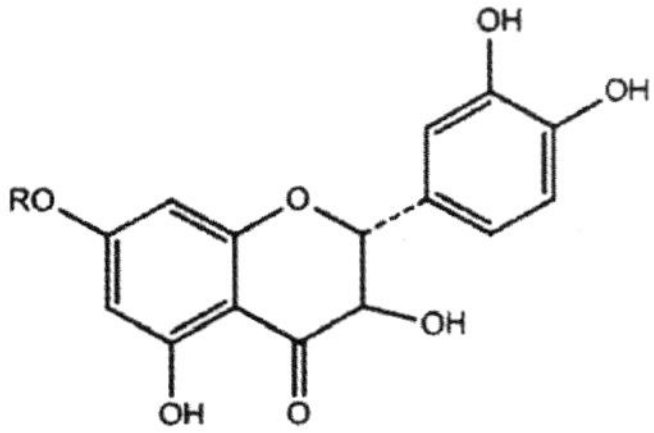

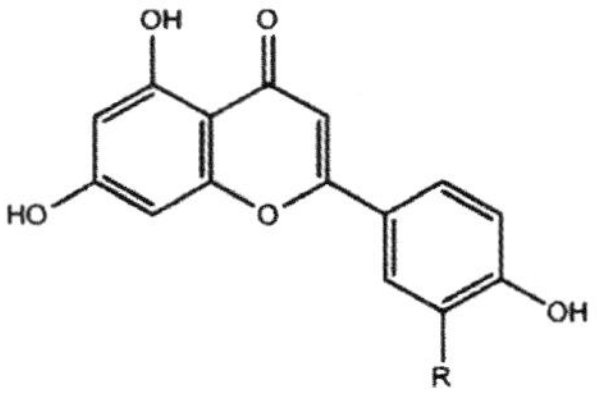

（三）酚酸类化合物

在桔梗地上部位，HPLC 鉴定出绿原酸、阿魏酸、咖啡酸等 12 种游离分子和结合成苷的酚酸类成分（图 2-13）。

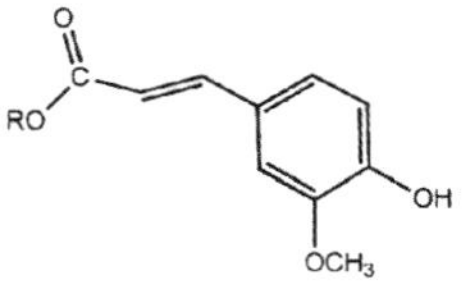

$C_{28}H_{44}O_4$　$R = (CH_2)_{14}CH_3$
$C_{28}H_{44}O_4$　$R = (CH_2)_7 CH = CH(CH_2)_4CH_3$

图 2-13　桔梗的酚酸类化合物

二、栽培技术

（一）选种

第一年结出的种子饱满度低、发芽率低，不宜作种用。种子应选用第二年结出的新种，新种饱满度好、出芽率高，发芽快，出苗均匀，利于管理。为保证种子的发芽率，可对种子进行预处理。对准备播种的桔梗种子，播种前用 0.5% 的高锰酸钾溶液浸泡 12h，捞出用湿布包上，放在 25 ～ 30℃ 的环境中，待种子萌发，准备播种定植，可有效提高种子的发芽率。

（二）选地

由于桔梗的根系较长，地块的选择应选择土层疏松、深厚、肥沃、排水性能良好的地块。深翻时，每公顷施入腐熟的有机肥 6 000 ～ 7 500kg，复合肥（N∶P∶K=15∶15∶15）450kg 作基肥，然后整平耙细，起垄，形成垄高 30cm，垄宽 100cm 的畦面，两畦之间沟底宽 20cm 以上，要保证雨水较多的年份排水顺畅。

（三）浸种催芽

播种主要采用春播和秋播两种方式，少数地区也采用夏播方式进行。播种时，宜采用直播方式进行，直播的优点是主根粗壮、分叉少且直，利于加工。每畦播种两行，每沟开 3 ～ 5cm 深的沟，将种子撒入沟内，用种量约 7.5kg/hm²。播种后，覆土、适度镇压，上部遮盖遮阳网或作物秸秆等，利于保湿，提高出苗率。

（四）留种

留种应选用 2 年生的健壮植株进行留种，进入 9 月份，减去弱小侧枝及顶部幼嫩的花序，使营养集中供给留种用的花序。当蒴果变黄，顶部初裂，开始分批采收，采收时整枝采下，然后放置干燥通风处晾干、脱粒、去杂后留作种用。

（五）田间管理

1. 间苗补苗

待苗长至 5cm 左右时，及时查苗、补苗，对生长过密的苗进行适当间苗，按照 10cm 的株距进行留苗，对于生长过程中的弱苗，及时拔除，并补种新苗，确保苗全苗壮。

2. 中耕除草

幼苗前期生长缓慢，这时要注意及时中耕除草，预防杂草影响幼苗。每次除草时间间隔为 1 月左右，将杂草的生长控制在尽可能少的范围内。中耕除草每年进行 3 次。

3. 肥水管理

定苗后,根据土壤墒情,及时进行浇水,可根据幼苗长势情况,及时追施一定数量的尿素进行提苗,以 45 ~ 75kg/hm² 为宜,不宜过多。待苗长至 15cm 左右时,可追施高磷钾含量的复合肥 450kg/hm²,借助开沟工具施入后,及时浇水。开花盛期,及时追施复合肥,用量按照 750kg/hm² 的数量施用。

4. 及时除蕾

除蕾宜选择化学除蕾的方式进行,除蕾时选用 40% 的乙烯利 1 000 倍液进行植株喷雾处理,化学除蕾省工、省时、省力,避免了人工除蕾不彻底的弊端。化学除蕾可有效减少花朵养分消耗,促进根部养分积累,提高单位面积产量。

(六)病虫害防治

桔梗生长的过程中病虫害较少,但是种植的过程中,如果遇雨水较多年份、排水不善或者重茬严重的地块,往往发病较重。根腐病、紫纹羽病、炭疽病和斑枯病等由真菌侵染引起病害;常年连作也可能导致一些根结线虫病的发生;蚜虫、螨类和小地老虎等是桔梗生长过程中的主要害虫。

1. 病害防治

(1)根部病害。根腐病和紫纹羽病属于根部真菌病害,在植株发病初期可选用 20% 的噻呋酰胺 1 000 倍液进行田间防治。同时注意田块不能积水,如降雨量较多的季节,及时开挖排水沟,降低土壤湿度,控制发病条件。

(2)叶部病害。炭疽病和斑枯病为桔梗植株上的真菌病害,当叶部出现黑褐色斑点时即为炭疽病,白色斑点即为斑枯病。出现病害症状时,及时选用药剂防治,可选用 430g/L 戊唑醇 1 500 倍液或 65% 的代森锰锌600 倍液进行防治。

2. 虫害防治

(1)蚜虫防治。由于蚜虫具有趋嫩和趋黄的特性,因此蚜虫危害主要集中在幼苗和新生顶部芽和幼嫩的叶片。物理防治可采用悬挂黄色诱虫板的方式进行,规格为 20cm×25cm,按照 450 片/hm² 进行悬挂,可有效粘杀迁飞蚜虫,降低田间蚜虫种群基数。化学防治可采用10%吡虫啉1 000倍液进行喷雾防治。

（2）地老虎。利用地老虎成虫对灯光的趋性,可按照每盏杀虫灯控制3hm²的面积进行悬挂,可有效诱杀地老虎成虫,减少田间落卵量。当田间幼虫发生危害较重时,可选用16%甲维·茚虫威2 500倍液或12%甲维·虫螨腈1 500倍液进行喷雾防治。

（3）螨类。螨类是对红蜘蛛等各类害螨的总称。如遇天气较旱的情况,螨类往往发生严重,一般采用5%阿维菌素1 000倍液进行防治。

（七）采收与加工

桔梗一般在播种后第2年或第3年收获。于秋末即10月中、下旬,当地上茎叶枯黄时或翌春萌芽前挖取根部。如采收过早,则产量低、质量差;如采收过迟,则根皮难以刮净,且不易晒干。收获时注意不要伤根,以免汁液外溢。

桔梗采收一般选择秋季进行,待上部叶片枯萎,即可进行采挖,采挖后根茎,去除茎叶、细小分枝,洗净泥土,在新鲜时刮除外皮,进行晾晒至符合入药条件时即可。

第七节　川贝母

随着社会的进步,人们对于健康越来越重视,中药材的使用量也逐渐上升。川贝母作为一种止咳化痰的良药,在中医中使用十分广泛。将其作为原料,可以制作成名种不同的中成药,消耗量极大(图2-14)。现在纯正的川贝母野生资源在急剧减少,其价格也不断上升,而部分不法商贩则会利用其他贝母冒充川贝母,使得治疗效果大幅度下降,且用药的安全性也会下降。现在人们已经开始人工种植川贝母,为市场提供质量良好、价格合理的产品,实现环境与经济效益的可持续发展。因此对其人工栽培技术进行深入的研究是十分必要的。

1. 具花茎植株；2. 只具基生叶植株；3. 花内面展开。

图 2-14　川贝母

一、化学成分

（一）生物碱

川贝母中生物碱成分复杂繁多。其中最主要的成分是异甾体类生物碱和生物碱，川贝生物碱成分有川贝碱、西贝素。目前已从川贝母中分离出多种甾体类生物碱化合物，按照甾核的骨架结构，甾体类生物碱可分为异甾体类、甾体类和其他类。异甾体类生物碱根据杂环的结构类型分为瑟文型（cevanine group）、藜芦胺型（veratramine group）和介藜芦型（jervine group），甾体类生物碱根据杂环的结构类型分为茄碱型（solanidine group）和裂环茄碱型（secosolanidine group），如图 2-15 所示。

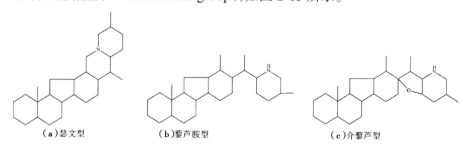

（a）瑟文型　　　　　（b）藜芦胺型　　　　　（c）介藜芦型

图 2-15　川贝母中异甾体类生物碱和甾体类生物碱基本骨架结构

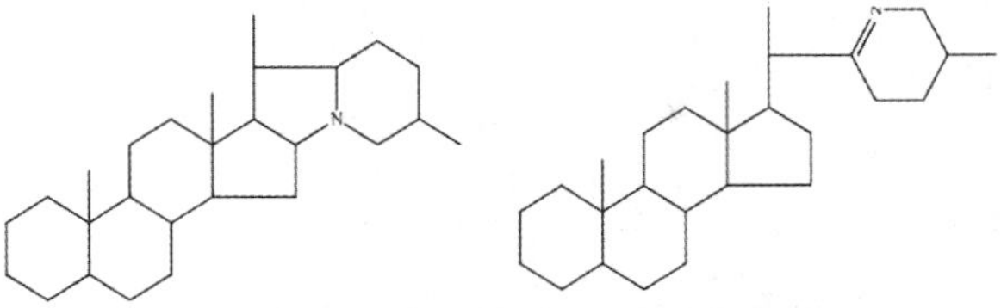

（d）茄碱型　　　　　　　（e）裂环茄碱型

图 2-15　川贝母中异甾体类生物碱和甾体类生物碱基本骨架结构（续）

（二）有机酸及其酯类

川贝母中含有多种重要的有机酸及其酯类化合物，这些化合物具有抗菌、抗肿瘤、抗氧化等作用，具有较高的研究价值。

（三）核苷类

川贝母中所含的核苷类化合物大多为水溶性成分，具有抗炎、抑制血小板凝集、降压、松弛平滑肌等作用。目前从川贝母中分离鉴定出 13 个核苷类化合物。

（四）甾醇及其苷类

甾醇类化合物具有广泛的生理活性，主要表现在抗癌、抗炎、抗流感病毒、促进血小板凝聚、免疫抑制等方面。

（五）多糖类

多糖类化合物是由单糖组成的一类天然高分子化合物，是中药中重要的活性成分之一。研究表明，多糖类成分具有抗衰老、抗肿瘤、抗炎、降血脂、增强免疫力等作用。

（六）挥发油类

川贝母中挥发油成分含量较低，但其种类较多，常见的有 4,7- 二甲基苯并呋喃（4,7-dimethyl-benzofuran）、3- 甲基 -2,4- 二叔丁基苯酚、芥酸酰胺、薯蓣皂苷元等。此外，川贝母中还含有 Na、Mg、Al、Si、K、Ca、Cr、Mn、Fe、Co、Ni、Cu、Zn、Sr、Pb、Ba、Ti 等微量元素。

二、栽培技术

（一）选地整地

根据川贝母的习性及喜好,应选择背风的坡地作为栽培地点,且要求处于半阴半阳的坡面。由于麦类作物的锈病容易传染给川贝母,需要与麦类作物的种植地点有一定的距离。要求土壤较为疏松。且腐殖质含量高,不能选择黏土、沙壤土。在结冻之前需要对土地进行整理,将地面的杂草彻底清除,并精细耕整,设置 1.3m 宽的弓形畦。每亩地需要施用充足的肥料,包括 1 500kg 圈肥、50kg 过磷酸钙、100kg 油饼,堆沤腐熟后撒于畦面,再进行浅翻。

（二）鳞茎繁殖

7—9 月是川贝母收获的时间,优选没有创伤和疾病的鳞茎作种。并运用条栽法进行种植。先在田中设置沟渠,行距 20cm 左右,株距为 3 ~ 4cm 左右,栽后需要覆盖 5 ~ 6cm 的土壤。另外,还可以在栽时分瓣,将其斜栽在穴内,用细土和灰肥进行覆盖,厚度为 4cm,并将其整平镇压。

（三）播种

按行距 20cm 挖沟,将鳞茎均匀播在槽底,使顶部(心芽)垂直朝上,紧致压实。

鳞茎鲜重 0.25 ~ 0.4g,用量 100kg/hm²,深度为 3cm,株距 1 ~ 2cm;
鳞茎鲜重 >0.4g,用量 120kg/hm²,深度为 4cm,株距 2 ~ 3cm;
鳞茎鲜重 1.0 ~ 1.4g,用量 150kg/hm²,深度为 5cm,株距 3 ~ 4cm;
鳞茎鲜重 >1.4g,用量 170kg/hm²,深度为 6cm,株距 4 ~ 5cm。
鳞茎繁殖时施加基肥后将畦面做成弓形。

（四）田间管理

1. 设置遮阴棚

由于川贝母的生活习性特殊,需要在其生长期中采取一定的遮阴措施。播种之后,在春季尚未出苗时,需要将畦面的覆盖物去除,并按照各个畦的情况,设置遮阴棚。遮阴棚的高度为 15 ~ 20cm。收获的年度则不需要遮阴。另外,还需要设置高度为 1m 的高栅,郁闭度保持在 50% 左右。晴好天气时需要遮阴,阴雨天则需要亮棚,以提高苗的质量及抵抗能力。

2. 做好除草工作

川贝母幼苗较为柔弱,需要将其中的杂草除去,保障其正常生长。除草的过程中带出的小苗需要将其植入土壤。在春季尚未出苗时及秋季倒苗后,均需要使用镇草宁进行一次除草工作。

3. 追肥

在秋季倒苗之后,需要施用追肥。使用的肥料包括腐殖土、农家肥、过磷酸钙等,过磷酸钙每亩使用25kg。先将各种肥料进行均匀混合,再将其撒至田中,厚度为3cm,并使用搭棚的树枝、竹梢等物覆盖畦的表面,起到保护贝母的作用。

(五)病虫害防治

川贝母幼苗时期容易出现立枯病,一般发生于夏季降雨量大的时节,需要做好田间的排水工作,并适当调整郁闭度,阴雨天气时需要揭棚盖,并使用1:1:100的波尔多液喷洒进行预防和治疗。日常较易出现锈病,需要及时将病残组织彻底清除掉,避免病原越冬,并控制田间的湿度,提高磷肥、钾肥的使用量。常见的虫害一般为金针虫和蛴螬,可以在整地的过程中使用5%氯丹乳油进行混拌,或者出苗后掺500kg水进行灌溉,防治虫害。

(六)技术要点

由于川贝母的性质特殊,其人工种植存在较大的难度,需要选择良好的地块进行种植,并做好田间管理,供给充足的营养,才能保证良好的产量及质量。实践的种植过程中,还需要种植人员在全面掌握川贝母的习性后,结合当地的具体情况,包括地质条件、自然环境、气候情况等,制定科学的种植方案,做好各项管理工作,提高川贝母的产量和品质,实现良好的经济效益和社会效益。

第八节 人 参

人参（*Panax ginseng* C.A.MBY），原名葰，别名人衔、棒槌、海腴、神草、地精、金井玉阑，俗名神草，分类属于五加科人参属多年生宿根草本（图 2-16）。我国"农田栽参"起步较晚，虽已有部分农田栽参土壤改良、种植方法总结，但其种植技术还不成熟，加之人参连作障碍问题还未能有效解决。

1. 植株；2. 根。

图 2-16 人参

一、化学成分

人参化学成分有皂苷、多糖、聚炔醇、挥发油、蛋白质、多肽、氨基酸、维生素、有机酸、微量元素等。

（一）多糖类

人参多糖类成分含量大约为 5%，总多糖中人参淀粉约占 80%，人参果胶约占 20%,其中, SA 和 SB 两种酸性杂多糖共同组成人参果胶。人参多糖主要成分为淀粉样葡聚糖、RG-Ⅰ型果糖、HG 型果糖、AG 型果糖。人参果胶是其主要活性物质,具有防辐射、抗肿瘤、降血糖、抗氧化、抗疲劳、免疫调节、抗骨关节炎等药理作用。

（二）挥发油类

人参中挥发油占总含量的 0.1% ~ 0.5%,倍半萜类成分是主要物质,约为 40%,具有抑菌、抗肿瘤、抗心肌缺血损伤等作用。目前已成功从人参挥发油中最多分离出 71 种化学物质,其中有 23 种是最新发现的成分。

（三）皂苷类

人参皂苷类物质为中枢神经系统、心血管系统、免疫系统及内分泌系统的主要生理活性和有效成分,具有糖和苷元的结构,在植物中广泛存在。由于人参种植户众多,各产地气候、栽培技术等影响因素各不相同,导致人参总皂苷的含量与单体皂苷的种类、数量和含量各不相同。

（四）微量元素

人参含有多种人体必需微量元素,对于人体各阶段都发挥着重大意义,一方面对于保健有营养价值,另一方面对于疾病又有治疗作用。由于生态环境的改变,应该辩证看待人参中分离得到的微量元素。

（五）有机酸

目前对于人参中有机酸成分的分析还停留在基础上,有些含有生物活性的有机酸还未进行具体的实验研究。

（六）其他

人参中还含有多种化合物,包括黄酮、蛋白质、氨基酸、维生素等。其中 γ-氨基丁酸、三七氨酸、精氨酸果糖苷、精氨酸双糖苷和人参多肽 GS9 等具有广泛的临床应用。

二、栽培技术

我国人参种植历史悠久,以往的种植大多以林地为主,正好适应了人参的生存习性。但进入现代以后,我国林地的私人使用权限受到一定的限制,因此人参的栽培方式不得不做出改变。在此过程中,应结合人参的生长习性,选择合理的地域条件栽培人参,并对病虫害加以有效防治,为提高人参的产量作保障。

人参种植技术包括土壤修复、播种和移栽技术。其中土壤修复中土壤改良和消毒是关键。土壤改良施肥原则为有机肥为主,辅以其他无机肥料。

（一）选地整地

人参对土壤的要求比较高,在吉林东部地区,具有独特的适宜人参生长的土壤条件。土壤耕层属壤土或沙壤土,厚度要在 20cm 以上,犁底层为壤土或黏壤土,沙地或沙砾地不予选择。优先选择前茬为玉米、小麦等禾本科植物或苏子、草木樨等的绿肥作物地块,不宜选择蔬菜、瓜果、花生等地块。

人参根部极易感染病毒,应对土壤进行消毒处理。因此,对土质进行严格的消毒处理十分有必要。人参对环境的要求非常严格,应做好土质的筛选工作,同时对所选土地进行取样调查,为后续清理做准备,对其中的杂草、树根进行清理,清理之后应现场焚烧,以增强土质的肥沃程度。完成此类工作之后,对初步清理好的土地加以整地处理,为栽培过程中降低病虫害做准备。

土壤、空气和灌溉水是影响农田栽参的重要因素。进行栽培的前提条件是种植用地需要达到生产标准。栽培选地尽量选择背风向阳,交通方便,靠近水源,便于机械化、集约化和规范化生产的地块。预选地块倾斜角度为 2° ～ 15°,以东、南、北 3 个坡向为宜。低洼积水、盐碱大、土壤黏重、霜道、岗顶风口等易遭受水灾、旱灾、冻害及风灾等的地块不宜选用。

参考《农产品产地环境评价准则》,所选地区土壤土层不小于 25cm,具有良好的团粒结构;改良后土壤有机质不少于 3%,氮磷钾含量较高,微量元素较丰富,土壤固、液、气 3 项比例约为 1:1:2,pH=5.5 ～ 6.5。土壤中五氯硝基苯、六六六（BHC）和滴滴涕（DDT）不得超过 0.3mg/kg,其他指标含量均应符合国家相关标准。宜选用未使用过除草剂的地块,大量含有过莠去津除草剂的地块不宜选用。土壤中铅（Pb）、镉（Cd）、汞（Hg）、砷（As）、铬（Cr）等重金属含量应符合《农产品产地环境评价准则》。选地过程中,如部分指标不适宜,可以通过土壤改良等方法进行调整。

当年 4 月末至 5 月初,开展第 1 次土壤翻耕,翻耕时保证旋耕地块全面覆盖且均匀,翻耕深度为 25 ～ 35cm,但不要把非耕作土层翻出;7 月中旬绿肥回田后,每隔约 15d 翻耕 1 次土壤,雨后或地涝时不宜翻耕,起垄做畦前共进行 8 ～ 10 次翻耕;做畦时将土中残留石块及残枝落叶等杂物拣出,保证土壤颗粒均匀,无明显结块。平地畦向一般选南北走向,坡地可以顺坡做畦,畦长不大于 50m。

（二）种子处理

选择果实大、籽粒饱满、色泽鲜艳、无杂质的人参种子,洗去果肉,晾干表皮后进行催芽处理。先将种子在冷水中浸泡 24h,按照沙子和种子 3∶1 混匀,控制沙子湿度在 25% ～ 30%,保持沙藏温度在 18 ～ 22℃,每隔 15d 翻动 1 次,保证种子湿度均匀,催芽 35 ～ 45d;然后将温度降低至 12 ～ 15℃,保持 30 ～ 45d,当人参种子裂口率 ≥ 95%,且 90% 的种子胚长达到胚乳长的 80% 以上时,可进行秋季播种。如果春季播种,需要将催芽的种子放于 0 ～ 4℃,相对湿度为 10% ～ 15% 的条件下,60d 后完成生理后熟,并进行低温冷藏处理,第二年 4 月中旬进行播种。通常种子催芽方式:当年催芽,8 月上旬之前进行种子催芽;隔年催芽,采摘第二年 5 月下旬进行种子催芽。催芽场地可在库房或野外搭棚,要求遮光、避雨、通风良好,棚高 1.8m 以上,不积水、排水顺畅、水源近、水质好。室内催芽要求通风良好,空间足够大。

种子筛选用直径 4.5mm 的筛子过筛,过筛的小粒种子全部剔除不用,分离出二等以上种子;再用直径 5mm 的筛子过筛,分离出一等种子。分等后的人参种子分类放置,分别处理。将选好的种子用 50mg/L 的赤霉素（GA）浸泡 12 ～ 24h。浸泡的种子捞出后用清水洗净,晾至表面无水时,用 50% 多菌灵拌种。多菌灵用量为种子质量的 0.2%,之后拌沙体积比例为细沙∶种子 =1.5∶1 ～ 2∶1。混拌均匀,水分调到 13% ～ 16%,握之成团、松之即散。催芽槽最底层用河卵石铺 8 ～ 10cm 厚,上铺一层尼龙纱网,将拌好河沙的种子装入池中,厚度为 30 ～ 40cm,上面再盖一层尼龙纱网,用过细筛的沙子覆盖约 10cm,盖 4 ～ 5m 厚草帘。棚内预设排风设施,以备高温时降温。催芽期间,裂口前每隔 15 ～ 20d 倒种一次;裂口后期每隔 7 ～ 10d 倒种一次。倒种时,若发现有霉烂种粒要及时挑出。根据催芽槽受热点确定温度监控点,每天 6:00、13:00、17:00 观测并记录,若发现温度过高,可利用喷水、盖上遮阳网、排风等措施进行降温。要求种子裂口率达 90% 以上,当 80% 的人参种子胚率（胚长 / 胚乳长）达到 80% 以上时,达到催芽标准。

完成催芽之后,就要对其进行播种,播种的形式通常有点播、撒播,具体选取哪一种播种形式,要结合具体的实际情况决定。

（三）播种和移栽

1.播种

春播在 4 月中下旬土壤解冻后开始,秋播在 10 月中旬至封冻前进行。育苗地播种可采用点播、条播或撒播方式。点播或条播时,株行距可采用 4cm×5cm 的标准,以干种子质量计算,点播用种量为 15～20g/m²,条播用种量为 20～25g/m²,撒播用种量为 25～30g/m²,直播大田的株行距可采用 5cm×20cm。

2.移栽

移栽时做到随挖随栽,当天采挖的参苗应尽快完成移栽,先栽小苗后栽大苗,按照参根与畦面呈 30°～45° 角摆放在栽培沟中。

（四）搭棚处理

在林地种植过程中,无须考虑遮光。但是如今非林地种植过程中,在选择和整理块地之后,应开展搭棚作业,给人参的生长创造一个良好的环境。通常来说,在建棚过程中,棚的大小尺寸应结合人参的年限与大小。完成阴棚的搭建工作之后,为了保障其稳定性,应在棚旁边建立坚实的立柱,合理控制立柱的间距,再进行挂帘工作。在阴棚的选取上也要注意,一般来说,阴棚的种类有全阴棚、单透棚以及双透棚等形式,应结合具体的气候条件加以选择。同时应保证棚内的空气流通,防止二氧化碳积累影响人参的生长。

（五）田间管理

一般来说,在除草的基础上完成栽培之后,人参幼苗会在 5 月出齐幼苗,此时,应对人参幼苗施肥。人参的施肥不同于其他作物,应做到足够的精细化。具体操作如下:先挖掘比较浅的土沟,在挖掘过程中注意不要损伤到人参主根,然后将提前配置好的液体肥料放置于土沟内,再用土层加以覆盖,方可完成施肥工作。同时要注意施肥的量不可过多,否则将导致烧苗现象。在肥料的选取上应以磷肥、火土灰或复合肥为主。在施肥之后及时浇水,保障肥料可以被人参苗吸收利用,为人参的生长发育提供保障。

1. 除草松土

与其他作物的生长类似,人参在生长过程中,应采取人工除草的方法,因为采用农药势必会造成人参自身的减产。而且除草工作不应延迟,因为一旦杂草的种子成熟,将直接掉落于田地中,这将使得杂草的数目非但没有减少,反而有所增加。因此,切实做好除草工作是人参栽培的关键所在。

覆盖稻草或落叶的地块可以减少松土次数。第 1 次松土在参苗出土前,松土深度达到参根为宜;在展叶后期可以进行第 2 次松土,松土深度2cm 为宜,松土完成后可以将落叶及稻草铺在畦面上,厚度为 3 ~ 5cm;后续松土时间根据土壤板结程度及参棚潮湿情况进行。松土时进行人工除草,不允许使用除草剂除草,后续管理中做到畦面无杂草。为减轻田间工作量,作业道杂草可用锄头进行铲除,将拔除的杂草集中收集后移到参地外。

2. 扶苗培土

人参长出棚外易产生日灼病,在第 2 次松土时进行扶苗培土。扶苗方法为先把每行外第 3 株参苗内侧参土挖开,轻轻把参苗向内推,使之向内倾斜约 10°,接着把第 1 株和第 2 株参苗按照以上方法进行扶正,最后整平畦面。

3. 灌溉及排水

选择在 1d 中的 9:00 前及 15:00 后进行,采用符合种植标准的河水或深井水进行灌溉。4 月底至 5 月初,出现干旱天气时,可以先覆盖遮阳网,待收集一定量雨水后再盖参膜;5—6 月份参畦表层 0 ~ 30cm 土壤湿度低于各土质适宜条件时,应及时灌水,水量以渗透到根系土层为宜;6—8 月份应做好排水,保持垄间地头排水通畅,雨后作业道 2h 内应无积水,以免雨水漫灌到畦内;9—10 月份可撤下参膜,收集自然降水,促进参根生长和根部物质积累。

4. 追肥

一至二年生人参通常不需要追肥,三年生以上人参 5—8 月份生长期可适当追肥。缺氮时,人参植株矮小瘦弱,叶色淡绿,严重时呈现淡黄色,可以开沟施入尿素或喷施浓度为 2% 的尿素溶液;缺磷时,茎叶柔嫩,出现徒长,可以开沟施入或叶面喷施浓度为 2% 的过磷酸钙溶液或稀释800 ~ 1 000 倍磷酸二氢钾溶液;缺钾时,植株生长迟缓,叶尖或叶缘黄褐色,根易腐烂,可开沟施入硫酸钾肥料,也可喷施稀释 1 000 倍的磷酸二氢钾溶液。追肥喷施时要求叶正面及背面喷施均匀,喷施量以叶面湿润为宜。人参缺少硼、锌等微量元素时,可喷施少量微量元素肥料。

5. 摘蕾、疏花和疏果

5 月下旬至 6 月初,当人参花梗长度为 5cm 时,从花梗上 1/3 处将整个花序剪掉,注意切勿拉伤植株。为收获优质种子,当人参花序长出小青果时,把花序中心小而弱的青果摘除,1 株人参保留约 25 ~ 30 粒种子,采收留种。

6. 秋季覆盖及防寒

农田栽参土壤通透性好,昼夜温差较大,易产生冻害,春秋季应做好防寒准备。10 月中下旬至土壤封冻前,可以根据种植地区情况采用 3 种方式进行防寒处理:①在畦面覆盖一层 8 ~ 15cm 厚的防寒土,包好畦头和畦帮;②畦面覆盖一层厚度为 5 ~ 8cm 的防寒土,再上一层 5 ~ 8cm 的落叶层,最后将参膜平铺在上面;③在畦面覆盖一层 5 ~ 10cm 厚的防寒土,然后覆盖一层草帘子。从次年 4 月中旬开始,一层一层将以上防寒物撤掉。

7. 早春防寒及畦面消毒

早春气温变化较大时,注意防寒,当低于 4℃ 寒潮来临时,及时做好防冻准备。4 月下旬气温 >8℃,参畦土壤全部化透时,撤除防寒物,并将防寒物移到地外,使用 1% 硫酸铜 100 倍溶液对畦面和作业道进行消毒(用药量以渗入床面 1 ~ 2cm 为宜),使人参顶药出土。

8. 覆膜和调光

依据各地区风力大小,人参覆膜和遮阳可采用拱棚模式和复式棚模式。拱棚模式为遮阳网叠加覆盖在参膜上面;复式棚模式为上层大棚(立柱高 1.8 ~ 2m)覆网,下层为拱棚(1.2m 高)覆膜的模式。参膜以蓝色和黄色为主,春秋两季适宜增大光照,夏季适宜减少光照。通过光度计测试,不同季节光照可采用遮阳网、喷施黄泥和在畦边添加防护网等方法进行调节。

(六)病虫害防治

在人参的生长过程之中,最常见的病害就是立枯病与黑斑病。这两种病害将直接导致人参减产,因此,研究其防治方法必不可少。人参的病虫害问题是制约其生长的主要因素,切实做好病虫害防治工作,是保证人参高产量培育的关键。

中药材病虫害以"预防为主,综合防治"为防治原则,调节药用植物体内营养,增强其抗病能力,减少化学农药使用次数和用量。

春夏季节是人参病害高发时期,秋冬季节是预防和杀死病菌关键时期,不同时期可针对不同病害做好防范措施。

人参虫害防治依据农作物防治方法进行。早春季节及时检查虫情指数和种类,有针对性地使用生物除虫药剂进行诱杀;晚秋季节及时清除人参茎叶和杂草,消灭害虫寄生源。

(1)冻害。一般是由初春天气冷暖变化较大或气温回升后,又出现持续低温造成。应做好冬季床面覆盖防寒,防止缓阳冻。

(2)人参病害。药剂防治,消毒药剂在病害发生前喷施。用于预防病害发生,防治药剂在病害发生初期喷施,直到病情被控制。多雨天气喷药应加展着剂(增效剂)。保护性杀菌剂包括丙森锌、百菌清、代森锰锌、代森锌以及代森铵等。内吸性杀菌剂包括甲基托布津、多菌灵、福美双等。

(3)人参黑斑病和人参炭疽病。以人参展叶开始喷药,即5月中下旬。一般使用45%施保克2 500 ~ 3 000倍液;100%苯醚甲环唑1 500倍液;25%丙环唑3 000倍液(展叶后);50%异菌脲800倍液。选择以上农药的2 ~ 3种,加保护性杀菌剂交替使用效果较好。

(4)人参灰霉病。在发病时期,用50.0%异菌脲800倍液,40.0%嘧霉胺800 ~ 1000倍液,50.0%腐霉利800倍液。

(5)人参猝倒病。播种前用乙酸铜、敌克松等进行床面消毒。春季和夏季发现病苗应及时除掉,并将发病的苗床进行消毒。可用25%甲霜灵800倍液,72.0%霜霉威800倍液,65%代森锌500倍液进行浇灌,控制其向周围蔓延。

(6)土壤的消毒。钱参前康波(噁霉灵)10g/帘;豪爽10 ~ 12g/帘;清土200g/5 ~ 8帘;敌克松400 ~ 500g/3 ~ 5帘;多菌灵100 ~ 150g/帘;速克灵150g/帘等其中的一种与床土混拌均匀。出苗前用500倍的多菌灵进行床面、马道、棚架喷洒消毒。

(7)种子消毒。种子包衣2.5%适乐时10mL兑水0.05kg拌种2.5kg。种子处理前用多菌灵400 ~ 600倍液,或代森锌600 ~ 800倍液浸泡1h,晾干表皮进行处理。一般叶面肥应最先加入,展着剂应于药液完全配制好以后,最后加入药水桶中充分搅拌。

（七）采收加工

人参通常生长 5～6 年采收，一般 9 月份采挖，具体采收时间根据各地降水、气候变化及销售价格确定。人参收获期确定后，需要提前半个月拆除参棚，以便透阳接雨。根据参地面积、位置及交通便利情况，使用人工或机械采收。收获人参时注意不要伤到参根，尽量边起边选，防止其在日光下长时间暴晒或雨淋。鲜储人参最好 10d 内进行加工；园参加工时，可以用清洗机清洗；林下参及野山参的清洗则以人工为主。人参清洗时水温不宜超过 35℃，清洗后的人参根据产品需求，分别加工成生晒参、红参、大力参及活性参等。

第九节　三　七

三七 [*Panax notoginseng*（Burk.）Hoo et Tseng]，为我国人工栽培较早的传统名贵中药材，主产于云南文山，近年来广东、四川、贵州和湖南等地也开始有零星栽培，90% 以上种植面积集中在云南省。三七为根茎类药用植物（图 2-17），种植 3 年才能采挖，存在严重的连作障碍。

随着三七种植年限的增加，三七的病害加重，滥用农药化肥导致三七的产量和品质降低，土壤污染加重。一般种植过三七的土地在 5～8 年内不能重复种植三七，因此，为了满足三七的市场需求，有必要对三七进行引种栽培，开发新的种植区。由于贵州与云南地理位置相近，土壤和气候条件相似，该地引种的三七生长发育良好，且药材品质符合《中华人民共和国药典》要求，2 年生和 3 年生三七地下部分平均单株鲜重分别达 16～17g 和 40～42g，高于部分道地产区。三七适合生长于温暖阴湿的环境，土壤以松软、腐殖质丰富的沙质土壤为宜，pH=6～6.5。

1.植株全形；2.花；3.果；4.生药。

图 2-17　三七

一、化学成分

三七茎叶中亦含有大量的化学成分,主要包括三萜类皂苷成分、黄酮类和多糖等一些化学成分。

(一)三萜类皂苷

1.原人参二醇型皂苷

原人参二醇型皂苷(PPD),其苷元的 C-3、C-12 和 C-21 上各连有一个羟基。其中 C-3 和 C-21 的羟基上的氢被不同的糖基所取代就成了不同的皂苷。原人参二醇型皂苷是三七茎叶中含量比较多、常见的一类三萜皂苷。

2.原人参三醇型皂苷

原人参三醇型皂苷(PPT),其苷元的 C-3、C-6、C-12、C-21 各连接一个羟基,C-6、C-21 的羟基上的氢被不同的糖基所取代就成了不同的皂苷,PPT 在三七茎叶中的种类相对较少。

3.其他结构的皂苷

三七茎叶中除了原人参二醇型皂苷和原人参三醇型皂苷两种苷元比

较规则的皂苷外,还有一些在与 C-17 相连的侧链上结构发生异构的皂苷;还有一些 C-23 和 C-12 上的羟基结合成环,这些皂苷相对于 PPD 和 PPT,其结构复杂。

4. 三七茎叶降解的皂苷

由于三七茎叶中的皂苷是 C-3/C-6/C-20 带有糖苷键,C-24 带有双键,所以在加热、酸碱水解、专属糖苷酶的条件下,糖苷键会脱落或是在侧链上发生异构化,生成其他皂苷,从三七茎叶中得到降解类皂苷。

(二)黄酮类

黄酮类化合物主要是指基本母核为 2- 苯基色原酮(2-phenylchromone)类化合物,现在泛指两个具有酚羟基的苯环(A 环和 B 环)通过中央三碳原子相连而成的一类化合物。三七黄酮类化合物与皂苷类化合物合用,活性最强。

(三)氨基酸

三七茎叶中含有丰富的氨基酸,三七素就是其中的一种,具有止血、抗脂解、促进脂肪合成的功效,同时具有神经毒性,高剂量三七素可能致细胞凋亡,而低浓度、低剂量对神经细胞具有一定的保护作用。γ- 氨基丁酸亦是三七茎叶中的含量较高的氨基酸,其含量为 0.3% ~ 0.7%,具有治疗神经退行性疾病、调节血压与心率、保肝利肾、抗衰老、促进生长激素分泌等功效。

(四)多糖

多糖类物质是三七中的有效活性成分之一,三七经乙醇脱脂,沸水提取,乙醇沉淀,连续有效的柱层析法,得到纯化的三七多糖Ⅱa、Ⅱb,三七多糖Ⅱa 为含平均相对分子质量 998 800 和 28 300 的混合物,三七多糖Ⅱb 平均相对分子质量为 20 700,这两种三七多糖主要由葡萄糖、半乳糖、阿拉伯糖组成,三七多糖Ⅱb 是一种免疫活性多糖,通过对机体免疫系统的调节作用,增强机体的免疫功能。应用 3,5- 二硝基水杨酸比色法测定三七茎叶提取皂苷剩余残渣中多糖含量,其含量为 15.4%。

二、栽培技术

（一）选地整地

选择排水良好的缓坡地,土壤要求 pH=5 ～ 6.5 的沙壤土或富含有机质的腐殖质土,最好没有种植过三七或者 8 年内没有种植过三七的生荒地。

（二）易地移植

移栽时间为 12 月中下旬至翌年 1 月中下旬。

移栽前,将充分腐熟的有机肥(2 500kg/hm²)作为基肥均匀施于厢面上,并撒上 5% 的辛硫磷颗粒剂(3 600 ～ 4 800g/hm²)对土壤消毒,在耙细时顺便混匀。将处理好的种苗穴栽,根部朝下芽头朝上放置,种植密度为 10 ～ 15cm,穴深 5 ～ 8cm,放置好种苗后以不露芽头为标准覆土,铺上一层松针,然后浇透水并覆盖一层地膜。

（三）田间管理

1. 光

在栽培三七上建盖三七棚主要是用来调节光照强度和透光度,所以盖三七棚必须透光稀密均匀。一般三七正常生长需要透光度为 25% ～ 40%。但是不同七龄和不同生育期所需透光度又是不同的,一年生和三年生以上三七所需要的透光度要大些,出苗期和抽薹、开花、结籽期需要光照强一些,一般透光度为 30% ～ 40%。2 年生和各年生三七在 4—5 月份透光度为 25% ～ 30% 较合适。光照不但直接影响三七营养生长和发育,而且直接影响三七园气温和地温,这些与三七出苗快慢和抗病虫害都有直接关系,所以建盖三七棚,掌握好透光度是三七高产的极重要条件。

2. 遮阴

搭盖的阴棚必须牢固,以能支撑 2 ～ 3 年不倒塌为宜,一般用木材、竹竿等,可就地取材,也可用水泥柱等做支架,棚高 1.5 ～ 2m,支架的横、竖行距离为 1.9 ～ 2m,遮阳网透光率不能超过 20%。阴棚的透光率与三七生长发育密切相关,光照不足植株易徒长和感染病虫害,且块茎小;

光照强易出现早期凋萎、叶片变黄等现象。研究发现,3年生三七透光率为18.9%的条件下可显著提高根鲜重和皂苷含量,其中平均单株产量为54g、平均总皂苷含量为8.14%。

3. 水分管理

三七喜湿怕旱,田间土壤含水量应控制在25%~35%。部分地区3月下旬至4月上旬少雨,若持续干旱,需要及时浇水;4月中下旬至7月下旬降雨量较大,应注意及时排水,避免长时间积水。

4. 追肥

采用N、P、K配方施肥,再搭配Ca、Mg肥。K肥施用量高于N肥,P肥施用量最低。2年生和3年生三七是需肥量较大的时期,第1次施肥均在5—7月;第2次施肥,2年生三七在11—12月,3年生三七在10—11月。2年生和3年生三七在生殖生长阶段(8月、9月)以P元素影响较大,3年生三七生长应注意N肥的施用。2年生三七在整个生长阶段可适当补充Ca、Mg元素;3年生三七在生殖生长期可适当补充Ca肥,5月、7月适当追施Mg肥。在相似土壤及环境条件下,2年生三七推荐N、P、K施肥量分别为15kg/hm^2、20kg/hm^{2}和25kg/hm^2;3年生三七推荐N、P、K施肥量分别为22.5kg/hm^2、18kg/hm^{2}和25kg/hm^2,可显著提高三七产量。

5. 除草

要勤于除草,通常采用人工除草的方法,随时拔除杂草。除草过程中尽量不要扰动根系,若有根系裸露的地方要及时用细土覆盖。

(四)病虫害防治

1. 病害防治

三七的主要病害有根腐病、立枯病、圆斑病、黑斑病和疫霉病等。2—3年生的三七根腐病发病率较高,多发生在6—8月,主要危害三七的根部,感病后茎秆基部最先感病,由上至下直至块根腐烂,可喷施10%的叶枯净可湿性粉剂1 000倍液+70%的敌克松可湿性粉剂800倍液进行防治;立枯病多发生在苗期,于5—7月发病较严重,若生长环境持续高温多雨会加重感染,感病后三七苗茎基部呈暗褐色,叶片逐渐萎蔫,最后倒伏死亡,可喷施50%的甲基立枯磷1 000倍液防治;圆斑病主要发生在春、夏两季,可使全株感染,感染部位呈明显褐色圆形病斑,且传染性较强,可喷施 50% 的腐霉利 600 倍液或 80% 的代森锰锌 400 倍液防治；黑斑病全年均有发生，受害叶片产生近圆形或不规则水浸状褐色病斑，可喷施 50% 的代森铵 500 倍液或 30% 的爱苗 3 000 倍液防治。

2. 虫害防治

试验地区发现的主要虫害有地老虎、蛞蝓及短须螨。地老虎会咬食三七茎叶，可人工扑杀；蛞蝓又名鼻涕虫，于夜间或清晨咬食茎叶，可在傍晚喷施茶枯水 20 倍液或 3% 的石灰水防治；短须螨又名红蜘蛛，主要为害三七的叶片和花序，可喷施 20% 的三氯杀螨砜可湿性粉 1 500 ~ 2 000 倍液防治。

（五）打薹

三七一般于 6 月抽薹，摘薹可提高三七块根质量，其增产效果明显。留种植株应将花序旁的"花叶"摘除，将花序疏掉 1/3 以减少养分消耗。

（六）采收加工

1. 采收期

移栽后生长 2 年，即 3 年生三七可采收。3 年生三七 5—12 月的总灰分、浸出物及总皂苷含量均符合药典要求，分别为 2.7% ~ 3.5%、22% ~ 41% 和 7% ~ 8%，其中，总皂苷含量于 5 月最高。产量以 11 月最高，平均鲜重和干重分别为 41g/ 株和 15g/ 株，且 10—11 月无显著变化，确定部分地区的三七最佳采收期为 10—11 月，与传统采挖期一致。

2. 采收方法

用锄头从畦的一端开始连须根挖起，采挖过程中避免损伤三七块根。

3. 产地加工

将采挖的新鲜三七摘除地上茎，除去泥土，剪掉须根、剪口，再用干净无污染的水清洗，清洗时间不宜过长，然后将洗净的三七晾晒至含水量低于 14%。

（1）包装。按《三七分等规格》DB53/T055.1 分级后，用洁净、干燥及无污染的专用密封袋包装。

（2）贮藏。贮藏于干燥通风的仓库内，防止返潮，要定期查看，必要时应翻晒。

（3）运输。运输过程中避免受到日光暴晒、淋雨,运输容器应干燥透气,且不能与农药、化肥等物质混装。

第十节　甘　草

甘草为豆科植物甘草 *Glycyrrhiza uralensis* Fisch.、胀果甘草 *Glycyrrhiza inflata* Bat. 或光果甘草 *Glycyrrhiza glabra* L. 的干燥根和根茎。甘草(图2-18)是人们熟知的一味中药,并且为东西方人所青睐,有着悠久的药用历史。其质量常受种源、生长环境、加工方法等多方面因素的影响,因而需建立科学、有效的评价方法以控制甘草的质量,从植物亲缘学及化学成分特有性、传统功效和药性、入血成分、化学成分可测性、配伍环境等多个方面探讨甘草的质量标志物(Q-marker),为明确甘草的质量标准提供科学依据,并促进了甘草资源的开发利用。

1. 植株; 2. 根。

图 2-18　甘草

一、化学成分

甘草中主要含有三萜类、黄酮类、多糖类、香豆素类、挥发油类以及氨基酸等成分,其中三萜类和黄酮类是主要成分。

（一）黄酮类化合物

甘草中黄酮类成分不仅种类众多,还具有广泛的药理活性。根据 C6-C3-C6 基本骨架,可分为黄酮、黄酮醇、二氢黄酮、二氢黄酮醇、查尔酮、异黄酮、异黄烷等结构类型。

（二）多糖

甘草多糖类成分作为甘草有效成分之一,具有抗氧化、调节免疫等药理活性。由于甘草多糖的结构比较复杂,鉴定相对困难。目前研究证实甘草中多糖主要由葡聚糖、鼠李糖、甘露糖、阿拉伯糖、半乳糖等组成。乌拉尔甘草中的水溶性多糖（GUPs-1、GUPs-2 及 GUPs-3）均为杂多糖,含有葡萄糖、半乳糖、阿拉伯糖,其中 GUPs-2 和 GUPs-3 中存在鼠李糖和甘露糖。利用超声波提取甘草粗多糖（GP）,证明其为酸性吡喃多糖且抗氧化活性强。胀果甘草多糖成分 GiP-3 是以 1,3- 连接的半乳糖残基为主链,1,5- 连接的阿拉伯糖和 1,2,4- 连接的鼠李糖为支链。光果甘草中提取得到 1 种水溶性多糖 GNP,其主要成分为葡萄糖,少量为甘露糖、阿拉伯糖和半乳糖,糖苷键为 1,4- 连接的 α-D- 葡萄糖和少量 1,6- 连接的 α-D-葡萄糖,并以三螺旋形式存在。

（三）香豆素类

香豆素是一类具有 α- 吡喃酮结构的化合物,具有抗肿瘤、抗菌等活性。目前从甘草中分离出 18 个香豆素类化学成分。

（四）其他成分

甘草中除了含有以上成分外,还包含少部分挥发油、二苯乙烯类成分、甾醇类成分、有机酸、氨基酸等。甘草中挥发油成分主要包括酮类、醇类和烷烃类等化合物,特别是醛类、醇类、烷类化合物,例如壬醛、α- 松油醇、2- 甲基庚烷等。在研究甘草中抗肿瘤活性成分的基础上,分离出 2 种新二苯乙烯类成分（glycybridin F 和 glycybridin G）。在甘草中除了分离出黄酮类、香豆素类化学成分外,还分离出咖啡酸二十二酯、二十二烷醇、β- 谷甾醇等成分。甘草中存在天冬氨酸、苏氨酸、丝氨酸、谷氨酸、甘氨酸、丙氨酸等 18 种氨基酸,其中 8 种为人体必需氨基酸。此外,甘草中含有钙（Ca）、钴（Co）、铜（Cu）、铁（Fe）、镁（Mg）、铅（Pb）、锌（Zn）、锰（Mn）、镍（Ni）、钾（K）等微量元素。

二、栽培技术

（一）选地整地

1. 选地

选择 pH 值为 7.5 ～ 8.5，氯盐含量在 1% 以下，土壤中金属和砷含量不超标，无有害物质污染的微碱性或碱性沙质壤土。

甘草对土质要求不严，但以肥沃疏松沙质为最佳，喜生在微弱碱性沙壤土、草原和沙地，河岸沙地、黑沙土生长发育健壮。在选地时不要选择黑土地、黄土地以及白浆土地。

2. 整地

深翻 35 ～ 45cm。结合深翻施厩肥 3 000kg/hm²，施基肥 70kg/hm²（尿素 20kg/hm²，磷酸二铵 50kg/hm²）。要选择秋翻地、排水良好的地块，尽早整地。

3. 土壤处理

耙地前用莱草通 120g/hm² 进行土壤封闭，喷药均匀，不漏喷，不重喷，减少田间杂草。因甘草种子不耐碱，对土质要求严。

（二）种子处理

先将种子放在太阳光下晒 1 ～ 2d，再将其与干净的粗沙按 1∶1 的体积比混合，装入坚固的容器中反复剧烈摇动，待种子不发亮、种皮上有 3 ～ 4 道划痕为止（也可将种子用农用碾米机碾 1 ～ 2 遍，见种皮有明显划痕即可）；之后用 45 ～ 55℃的热水浸种 4 ～ 6h，再将种子捞出用湿布覆盖使其吸水膨胀，每天用清水冲洗两次，待种子萌动时即可播种。

早春或秋后当白天温度不低于 22℃时用 85% 浓硫酸处理种子，浓硫酸用量占种子用量的 7%，甘草种子表现有烧伤点即可；或直接用电机打磨。

（三）播种技术

（1）播种期的确定。甘草适播期在 4 月下旬至 6 月上旬，最佳播种期为 4 月下旬。

（2）播种方式。以条播或撒播为好，大面积可机播，小面积播种可用锄开沟手撒籽方法。

（3）播种深度。甘草种子粒小，子叶大，顶土力弱，应根据不同土壤质地来确定播种深度。

（4）播种量。选择土壤质地好，最好有灌溉条件的壤土和沙壤土地，每亩施优质农家肥 1t，垄播施磷二铵 20 ～ 25kg，在墒情较好的情况下播种，每亩播种 4.0 ～ 5kg，畦上播种用种量 5 ～ 6kg，施肥 25 ～ 30kg，间苗以苗距 2.5cm 留苗。

（四）移栽定植

采用育苗移栽方式播种的需进行移栽，在甘草种苗苗龄达到一年时采挖移栽。移栽前将扎好把的种苗集中码垛堆放，码垛过程中要用药剂进行处理。具体方法是：每码一层用 1.8% 阿维菌素乳油 1 000 ～ 1 500 倍液与 1.1% 高氯甲维盐乳油 1 000 倍液按 1：1 比例混合喷施种苗（或用 5% 苦参碱水剂 1 000 ～ 1 500 倍液喷施种苗），将种苗喷湿即可，然后码第 2 层再喷药，码垛高度不超过 50cm。种苗处理后用塑料薄膜覆盖放置 24h 后拆垛。拆垛后，用 50% 多菌灵可湿性粉剂 1 000 倍液浸根 15min，预防甘草立枯病、根腐病等根部病害，之后即可进行移栽。

（五）田间管理

1. 叶面施肥

叶面肥的喷施时期为 5 月下旬、6 月下旬、7 月下旬各喷 1 次。
叶面肥的喷施浓度为每 0.07hm^2 用量 200g 兑水 30kg。

2. 间苗、定苗、补苗

直播苗，苗高 3 ～ 5cm、2 ～ 3 片真叶时，按株距 6 ～ 7cm 进行第 1 次间苗，去除病、弱、变异苗，留壮苗、大苗；当苗 5 片真叶时进行第 2 次间苗，并按株距 10 ～ 15cm 定苗。移栽苗，移栽 15d 后检查种苗成活情况，发现死棵苗较多时及时用预留的种苗进行补栽。保苗株数达到 3 万株 /hm^2 以上。

3. 灌溉

甘草应灌足底水。直播甘草，出苗后视苗情、墒情进行灌溉，一般情况下共灌水 3 ~ 4 次。苗出齐后灌第 1 次水,苗高 10cm 左右灌第 2 次水,夏季高温时节视旱情适时灌第 3 次水。移栽甘草,栽后 1 周内开始灌第 1 次水,6 月中下旬灌第 2 次水,7 月中下旬灌第 3 次水,11 月下旬至 12 月上旬灌过冬水。甘草第 2 年、第 3 年生长期可逐渐减少灌水次数,全年共灌水 2 ~ 3 次。每次每亩灌水定额均为 60 ~ 80m^2。甘草采挖前 30d 停止灌水。

4. 追肥

在追施尿素的同时亩用磷酸二氢钾 20 ~ 25g 兑水 15kg 进行叶面喷施。两年生甘草进入快速生长期,直播苗亩追施磷酸二铵 20kg,移栽苗亩追施磷酸二铵 30kg,追肥时结合中耕除草开沟将肥料埋入根系两侧。甘草种植当年和第 2 年,秋末地上部分枯萎后,亩用腐熟农家肥 2 000 ~ 2 500kg 覆盖地面。第 3 年结合灌溉第 2 次水时,亩随水冲施尿素 15kg。

5. 中耕除草

田间杂草防除应做到早除、勤除。2 年生、3 年生甘草,春季灌溉第 1 次水后,及时进行第 1 次中耕除草,以后视田间封闭情况确定是否需要进行中耕除草。尽量采用人工或机械方法进行中耕除草,避免化学除草。

出苗后拔除杂草,甘草种子小,苗细,出苗后一定要拔净田间杂草,切忌因杂草丛生而影响甘草保苗。

6. 及时查苗补种

播种后 20d,及时进行查苗补种。对缺苗断垄处进行人工补种,根据土壤墒情可滴水,增加田间湿度,以利出全苗和壮苗。

(六)采收与加工

直播后 2 ~ 3 年采收,移栽甘草则于当年或第 2 年进行采挖。在甘草地上茎叶枯萎后开始,土壤冻结前全部挖完。人工采挖时用铁锨从地边开挖深 50cm 左右的沟,将甘草挖出,尽量保全根,严防伤皮断根;机械采挖的,用拖拉机带犁铧进行耕翻,犁深 50cm 左右,每次犁一行,然后人工用四齿耙将犁出的甘草根清出来,再犁第 2 行。有条件的地方最好用甘草专用采挖机进行收获。

第三章　全草类中药优质栽培

药用部位为草本植物新鲜或干燥的全株或地上部分,这类中药称为"全草类中药"。本章主要介绍全草类中药优质栽培。

第一节　鱼腥草

鱼腥草原植物为三白草科蕺菜属植物蕺菜 *Houttuynia cordata* Thunb.。据《中国植物志》和《四川植物志》,蕺菜属三白草科,仅蕺菜 *Houttnynia cordata* Thunb.1 种。蕺菜(图 3-1)俗称鱼腥草、折耳根,主要分布于我国中部、东南及西南部各省区,东起台湾,西南至云南、西藏,北达陕西、甘肃,尤以四川、湖北、湖南、江苏等省居多。常生于海拔 300 ~ 2 600m 的山坡潮湿林下、路旁、田埂及沟边。有研究人员等在四川省峨眉山发现蕺菜属一新种峨眉蕺菜 *Houttuynia emeiensis* Z.Y.Zhu & S.L.Zhang。在产地俗称白鱼腥草或青侧耳根,也作鱼腥草,药蔬兼用。根据鱼腥草的生物学特性及多年的资源普查,鱼腥草在四川的主要产地有万源、南江、巴中、隆昌、泸县、古蔺、合江、平昌、宣汉、达县、渠县、简阳、安岳、威远、纳溪、江安、长宁、珙县、高县、筠连、屏山、宜宾、芦山、汉源、石棉、名山、天全、荥经、雅安、峨眉山、仁寿、青神等地。人工种植较集中的为雅安市,主要为鱼腥草注射液提供鲜草原料,其余地区主要是提供干草和食用蔬菜。

1～3 蕺菜：1.植株，2.花序，3.花；4～6 裸蒴：4.植株，5.花序，6.胚珠。

图 3-1　蕺菜和裸蒴

一、化学成分

（一）挥发性油

鱼腥草的主要成分为挥发油。鱼腥草挥发油化学成分的检测方法较多。国内外已有许多报道，其检测方法多是采取气相色谱和薄层层析分析方法。其中，薄层层析是检测鱼腥草挥发油成分的有效手段，它具有经济、灵敏、重现性好、方便快捷、操作简便等优点，因此为药典所采用而广泛应用于许多化学成分的鉴定和含量测定。

20 世纪 90 年代，采用水蒸气蒸馏和气相层析法，测得鲜鱼腥草的三种有效成分：甲基正壬酮、月桂烯和辛醛。关于这些相关成分的含量，有研究人员对鱼腥草中有效成分癸酰乙醛的含量测定方法进行了研究。还有研究人员探讨了如何检测鱼腥草中甲基正壬酮的含量。

（二）黄酮类

鱼腥草花、叶和果中均含槲皮素（quercetin）、槲皮苷（quercitrin）、异槲皮苷（isoquercitrin）、瑞诺苷（reynoutrin）、金丝桃苷（hyperin）、阿芙苷（arzerin）和芦丁（rutin）等。

（三）生物碱类

鱼腥草含吡啶类和阿朴啡类生物碱，主要为 3,5- 二癸酰基吡啶（3,5-Didecanoyl Pyridine）、2- 壬基 -5- 癸基吡啶（2-noryl-5-Decanoyl Pyridine）、金线吊乌龟酮 B（cepharanoneB 即 aristolactamBI）、缺碳金线吊乌龟二酮 B[即去甲头花千金藤 -NB（cepharadione）]、7- 氯 -6- 去甲头花千金藤二酮 B、顺 -N-（4- 羟基 - 苯乙烯基）苯胺和反 -N-（4- 羟基 - 苯乙烯基）苯胺，后两种化合物具有强的抗血小板凝集作用。此外，还有 3- 癸酰基 -6- 壬基吡啶、3- 癸酰基 -4- 壬基 -5- 十二酚基 -1,4- 二氢吡啶和 3,5- 二十二酰基 -4- 壬基 -1,4- 二氢吡啶。

（四）其他

鱼腥草中也含有丰富的营养成分。每 100g 鱼腥草可食部分（干草）中，含蛋白质 5.26g、脂肪 2.41g、碳水化合物 17.5g、钙 7.5mg、磷 43mg、铁 12.6mg，以及部分维生素 P、C、B_2、E 等以及天冬氨酸、谷氨酸等多种氨基酸。有研究人员曾对鱼腥草鲜草总氨基酸含量进行过研究。在多种测定氨基酸含量的方法中，利用反相高效液相色谱（RP-HPLC）柱前衍生法测定氨基酸含量为一种主要方法。柱前衍生分析法快速、准确、灵敏、重现性好，很多研究者都采用此法。例如，利用柱前衍生分析法测定啤酒中氨基酸含量、测定泽泻中氨基酸的含量、测定无花果中游离氨基酸的含量、测定水牛角中氨基酸的含量以及香菇多糖 -18 氨基酸口服液中氨基酸的含量均获得很好的结果。

二、栽培技术

（一）适宜播种期及采收期

研究人员对播期和用种量及有机肥对鱼腥草的影响进行了研究，认为 9 月 25 日播种，用种量宜选择 3 000kg/hm² 左右。若播期推迟，则用种量以 4 500kg/hm² 左右比较适宜。

通过对鱼腥草适宜播种时间、采收期进行研究发现，1—2 月播种的鱼腥草能在当年采收，其余月份播种的只能在次年采收，根据产量和药用成分含量以及土地利用等因素综合考虑，9 月—次年 2 月是鱼腥草的最适播种时间；地上部分产量在次年 7 月 30 日基本达到最高，一直保持至 9 月 30 日（生长 285d），而地下部分产量一直上升，到 9 月 30 日时达到最大，之后基本停止生长,因此地上部分最佳采收期为 7 月 30 至 9 月 30 日,地下部分采收期应在 9 月 30 日以后。

（二）施肥

从鱼腥草提取物和注射液的有效成分或指标性成分的角度综合考虑,在鱼腥草的栽培过程中可以采用农家肥、有机肥与肥效高而快的化学肥料(氮、磷、钾肥)配合施用方法。施用有机肥有利于增加鱼腥草生长后期的株高和分枝数,其中以鸭粪和猪粪的作用最明显。

为探讨有机肥作基肥时使用量对基质栽培鱼腥草产量和品质的影响。研究人员采用有机生态型无土栽培技术,测定了鱼腥草地上部和地下部产量、维生素 C、总糖、蛋白质及矿质元素含量。基肥用量为每立方米基质施生物有机肥 16kg 时,鱼腥草的产量和经济效益最高,可以作为鱼腥草进行有机生态型无土栽培的适宜基肥推荐量。基肥施用量与鱼腥草维生素 C 含量成反比,过多施用基肥会降低总糖含量,基肥量与鱼腥草地下部全钾和地上部全钾、磷含量成正比,与地下部全钠和地上部镁、钠含量成反比,对其余矿质元素和蛋白质含量的影响无明显规律。科学施用基肥能提高鱼腥草的产量和效益,但在获得高产量和高效益的同时不能全面提高鱼腥草的品质。

（三）病虫害防治

文献报道,鱼腥草的病虫害较少,病害主要为白绢病、轮斑病等,虫害主要为地老虎、红蜘蛛、斜纹夜蛾等。

（四）适时采收

适时采收是药材生产的关键环节之一。鱼腥草的挥发油含量与采收期和晾晒加工等关系密切,应尽量以鲜草提取为宜。鱼腥草在生长旺季采收,挥发油的得率更高,并且鱼腥草宜在花期采收,制备鱼腥草注射液的原料以鲜品为佳。

第二节 穿心莲

穿心莲 [*Andrographis paniculata*(Burm.f.)Nees](图 3-2)别称榄核莲、一见喜等,为爵床科一年生草本植物,全草可入药。穿心莲的营养价值非常高,有清热解毒、消炎、消肿止痛的作用;穿心莲还可以帮助预防细菌性痢疾、尿路感染、急性扁桃体炎、肠炎、咽喉炎、肺炎和流行性感冒等疾病,对人们的健康有着重要意义。

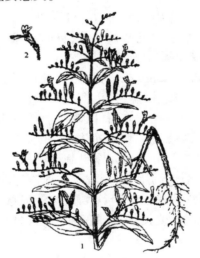

1. 全株;2. 花。

图 3-2 穿心莲

一、化学成分

穿心莲所含有效成分主要为二萜内酯类和黄酮类化合物,此外还有环烯醚萜类、甾类、有机酸类、缩合鞣质类、二萜醇类化合物等成分。其中,地上部分主要含有二萜内酯类成分,地下部分主要含有黄酮类成分。

（一）萜类

穿心莲中的内酯类化合物主要为二萜类内酯化合物,目前已经在其中发现了40多种二萜内酯类化合物。20世纪50—60年代,穿心莲中的4种占总内酯含量75%的内酯类成分被发现,这4种内酯类成分分别为穿心莲内酯、14-去氧穿心莲内酯、新穿心莲内酯和脱水穿心莲内酯。随着分离提取化学成分的方法不断发展进步,更多的二萜内酯类和内酯苷类化合物被发现。此外,穿心莲中还有以二萜内酯类二聚体和二萜类双环为母核,核数和结构发生变化的二萜类化合物。穿心莲叶中的二萜内酯类化合物含量大于茎,2020版《中国药典》中规定穿心莲干燥品中,叶的二萜内酯类化合物含量不得少于3.0%,穿心莲内酯、新穿心莲内酯、14-去氧穿心莲内酯和脱水穿心莲内酯的总量不得少于1.5%。其中,穿心莲内酯为穿心莲植物中最主要的有效成分,目前其原型及衍生物已经在临床上应用于多种感染和炎症的治疗。

穿心莲内酯(andrographolide,AD)是一种二萜内酯类化合物,具有抗炎、抗病毒、抗血栓生成、镇静、抗生育、保肝、抗癌、调节免疫和糖尿病的作用。尤其是以它的高抗炎作用,以及对上呼吸道感染的治疗特性而被广泛认可,有"中药消炎药""天然抗生素"的美誉。

以穿心莲内酯或者其衍生物为原料制成的制剂较多,如穿心莲内酯片、穿心莲内酯滴丸、消炎利胆片、穿琥宁注射液、莲必治注射液、注射用炎琥宁等。这些制剂广泛用于治疗各类感染、上呼吸道炎症、婴幼儿腹泻等。此外,在心血管疾病、烧烫伤、牙髓病变、神经性皮炎、痢疾、辅助药物流产等方面也有应用。

但穿心莲内酯的水溶性和脂溶性均较差,严重限制了其在临床上的进一步应用。且穿心莲内酯味极苦,服用较大剂量时会导致胃脘不适。将其制备成聚合物后,可以改善穿心莲内酯的吸收和分布,同时提高肺部和结肠的抗炎效果,降低毒副作用,丰富穿心莲内酯的剂型选择,提高穿心莲内酯的稳定性;还可以减少成药用量,节约中药资源,进而可以降低原药材栽培量,节约土地资源。

（二）黄酮类

穿心莲中的黄酮类化合物主要存在于根部,叶中也有少量存在。迄今为止,穿心莲植物中已经发现了近40种黄酮类化合物,包括黄酮类、二氢黄酮类、咕吨酮类化合物等,且多以游离形式存在。主要包括穿心莲黄酮、芹菜素、木樨草素、黄芩黄酮、1,2-甲氧基黄芩黄酮Ⅰ、汉黄芩素等黄酮类化合物。

（三）其他

穿心莲中还含有多种苯丙素类化合物，如咖啡酸、阿魏酸、绿原酸、反式肉桂酸等。环烯醚萜类、甾醇类、有机酸类、生物碱类成分等也在穿心莲中有所发现。穿心莲中含有多种矿物元素和维生素，还含有至少17种氨基酸，其中包括7种必需氨基酸。

二、栽培技术

穿心莲的生产一般从选地整地和育苗开始，再到移栽、松土、追肥，整个过程中伴随着对病虫草害的防控，一直到最后的采收。

（一）选地整地

穿心莲喜温暖、湿润、向阳的环境。育苗地宜选择土壤疏松、肥沃、排水良好、向阳充足的地块。因穿心莲种子细小，整地时要求充分整平耙细，作畦，畦面宽约1.5m，畦沟宽深各20cm，播前结合整地每亩施入腐熟厩肥或堆肥1 500kg。栽植地可选择地势平坦、土壤肥沃的平地、缓坡地或荒山地。在山区，可在果木林下套种，以短养长，增加效益。选地后深翻土壤。

（二）育苗、移栽

不同产地穿心莲的栽培情况有所不同，研究人员对山东、吉林、四川、黑龙江、安徽、湖南等省的穿心莲栽培技术进行总结，广东省多采用在春季2月下旬至3月上旬直播；广西主要采用育苗移栽的栽培方式；福建省常在4月上旬采用育苗移栽或直播种植；四川省也基本上采用育苗移栽的方法。

研究人员研究了不同播种期对穿心莲产量及质量的影响，认为广西、广东主产区穿心莲规范化种植的最佳播种期为4月初，随后发现不同光温条件对穿心莲生长及药用成分的影响，认为穿心莲生长的最适温度为35℃左右，温度过高或过低都会影响穿心莲的正常生长。适当的遮阴有利于穿心莲的生长，也有利于其主要药用成分的积累。

(三)土、肥、水

幼苗成活后,应进行第1次中耕除草,中耕宜浅,避免伤根。全国不同产地的穿心莲中穿心莲内酯的含量差异较大,有研究表明,富含速效磷、速效钾的土壤,更有利于穿心莲总内酯的积累,而全钾含量和水分含量对穿心莲内酯的影响呈负相关。

有学者认为,穿心莲药渣有机肥能明显提高穿心莲的产量、促进根系生长、增加植株高度、茎叶比及穿心莲药材浸出物和有效成分的含量等。在栽培过程中,连作障碍影响了药材的产量和品质,制约着药材的可持续发展。而有机肥中含有氨基酸、糖类、脂肪等多种有机质和氮、磷、钙、镁等大量和微量元素,同时也有丰富的维生素、激素、酶等物质,能够使土壤更加肥沃,促进植物生长,改善土壤理化性质,缓解连作障碍。EM菌液中的有益微生物活动可以产生更多矿质土壤营养元素,促进作物生长,从而提高植物产量和品质。在缓解药用植物连作障碍的研究中,有机肥和EM菌液已有较好的效果。

穿心莲成苗后需及时浇水,以利幼苗新根生长;成苗后的植株喜湿润,应保持土壤水分均衡,生长前期需水量较大,在干旱时期应早晚浇水。另外雨季的排水工作也不能放松,幼苗根部长时间积水容易造成植株根部呼吸不畅、腐烂等情况而造成幼苗死亡。

(四)病虫害防治

穿心莲病害主要以立枯病、猝倒病、枯萎病、黑胫病、疫病等为主,虫害以蝼蛄等为主,要及时进行防治。对于立枯病的预防,一是要进行土壤处理,每平方米用65%的代森锌和50%多菌灵各7～8g拌15kg的半干细土,拌均匀后撒入苗床,部分作垫土,部分作盖土;二是发病初期用70%敌克松1 000～1 500倍液或50%多菌灵800倍液喷雾。对于枯萎病,要做到雨后及时疏沟排水,增施磷钾肥,增强植株抗病力,发病初期可用50%多菌灵800～1 000倍液喷洒。防治蝼蛄等虫害时,前期主要是翻耕土地防治其产卵,后期用灯光诱杀并配合用90%晶体敌百虫1 000倍液处理病株。

(五)采收加工

一般于栽后当年8—10月现蕾期或开花期采收。采收时选晴天,将植株齐地面割取,运回放在室外晒至七八成干时,打成小捆,再晾晒至全干即成商品。

第四章　果实和种子类中药优质栽培

　　果实、种子类中药材，即植物的果实或种子部分可作为药用原料的中草药。本章选取了有代表性的各种果实、种子类中药材。对深入地了解中药材提供有价值的参考信息。

第一节　罗汉果

　　罗汉果（*Siraitia Grosvenorii*）（图4-1）属葫芦科多年生草质藤本植物。罗汉果是雌雄异株，心形叶片，黄色花朵，椭圆形果实。果实可以入药，在民间用药已有300多年历史。

1.果枝；2.花萼；3.果实；4.种子。

图4-1　罗汉果

我国的罗汉果种植区域主要分布在广西、广东、湖南和江西等地,其中桂林的永福县、龙胜各族自治县和临桂区是罗汉果的起源中心,栽培历史悠久,已达300多年,桂林的气候条件、生态环境很适宜罗汉果的生长发育,品种资源极为丰富。近年来推行"产-加-销一体化"高效经营模式,罗汉果种植在全州、兴安、灌阳、资源、恭城等地得到迅猛发展和扩张,基地面积在1.6万 hm^2 以上,总产值突破百亿元,罗汉果产业已成为桂林市带动农村经济发展的主导优势产业之一。

罗汉果被报道有多种生理活性,主要包括抑菌、抗氧化、抗疲劳、抗癌、降血糖、降血脂、止咳祛痰、润肠通便和护肝等作用。经常泡饮罗汉果茶对呼吸道感染有很好的预防效果。因其独特的药理作用而供不应求,对罗汉果产业发展起到很大的推动作用。罗汉果虽然被报道具有多种药理作用,但是其药理研究主要集中在动物实验,临床研究较少,并且不良反应及毒性研究也较少。未来应该增加临床试验,以及不良反应和毒性研究。罗汉果应用主要集中在药品和食品两方面,早期作为药品,罗汉果果实上绒毛可以制作治疗刀伤的消炎药品,块茎捣烂外用可治疮疖和风湿性关节炎,罗汉果叶片可治癣。罗汉果果实单方和复方可用于治疗急慢性气管炎、扁桃体炎、咽喉炎、便秘。目前罗汉果在药品方面运用主要以罗汉果为主要原料制作中成药。在食品方面,由于罗汉果含有的甜苷类物质甜度高、热值低,因此罗汉果作为纯天然甜味剂广泛应用于食品及保健品工业中。

近年来,随着化学分析技术的发展,罗汉果中一些新的化合物被鉴定出来,罗汉果中的化学成分对一些菌类生长具有抑制作用,具有抗氧化作用、抗癌作用,此外还有调节糖的机体代谢和保护胰岛细胞的作用。近年来罗汉果栽培技术不断发展,种植面积也不断扩大,但是对于罗汉果水肥管理技术的研究相对较少。种植者多是凭着感觉对罗汉果进行水肥管理,研究氮素形态配比对罗汉果产量的影响,对提高罗汉果产量与品质具有重要意义。

一、化学成分

罗汉果化学成分主要包括葫芦烷型三萜类成分、黄酮类成分、蛋白质氨基酸类与糖分、甘露醇及其他成分。最早开始研究罗汉果化学成分的是日本学者竹本常松,他于1974年对罗汉果化学成分进行了较为系统的研究,从罗汉果干果中分离出一系列葫芦烷型三萜类成分。随后美国学者对罗汉果干果化学成分进行提取与分析,得到一种属于三萜苷类甜味物质。之后我国对罗汉果化学成分研究开始增多,并取得新的成果。

二、栽培技术

罗汉果栽培历史已有300多年,但多是零散少量种植于山林,中华人民共和国成立之后,罗汉果作为一种出口创汇的农产品,栽培面积逐渐扩大。罗汉果对生态环境有独特的要求,早期罗汉果多种植在海拔500m以上的山区,随着罗汉果栽培技术的发展,才逐渐把原产于山区林地的罗汉果引种到山下。研究人员调查分析罗汉果生长的气象条件,开展引种试验,伴随着罗汉果组培苗和扦插苗技术的发展,罗汉果栽培已成为新的产业。

以桂林地区为例。2020年全州县罗汉果种植面积200hm²,产量0.32亿个,产值在1亿元以上;主产地为蕉江瑶族乡、凤凰镇、大西江镇、两河镇、才湾镇和全州镇等。为更好地发展罗汉果产业,结合桂北丘陵地区的土壤、气候特点和生产情况,总结罗汉果高产栽培技术措施,以供参考。

（一）选地整地

选择罗汉果种植基地主要考虑以下3个因素:一是光照充足,背风有树林,昼夜温差大,排灌水方便;二是以黄土或黑色砾土的深厚肥沃土壤为宜,透气性和保水性差的蜡泥土和沙土不宜种植;三是种植基地周边不宜有薯类、葫芦科和茄科的植物,如山药、西瓜、南瓜、番茄、烟草等,避免种植的罗汉果植株遭受花叶病毒病危害,造成减产甚至绝收。

对适宜种植罗汉果的荒山或果园,要在夏秋季节先将地上树木砍掉炼山,然后在秋末进行全园深垦深挖30～40cm,让土壤暴晒风化、越冬熟化,提高肥力和消灭病虫害。第2年在种植前1～2个月,先将猪牛粪2 000kg、麸肥100kg、钙镁磷肥100kg拌匀堆沤好,充分发酵腐熟,种植时每株施用3～4kg+硼砂10g作基肥。在种植前1～2个月进行全园翻垦松土一次,将土块打碎耙细,按畦面宽180cm、高30cm,畦间留40cm宽的排水沟起高畦,以上操作完成后再喷芽前除草剂,最后盖上地膜。

（二）种植

罗汉果栽培品种主要有长滩果、拉江果、冬瓜果、青皮果、红毛果和茶山果,经过科研人员的研究,青皮果得到了大面积推广。桂林地区近年来选种吉福思生物技术有限公司的红毛系列、青皮系列,以及广西农业科学院组培公司的青冠系列等优良组培苗。桂北地区种植一般在 3 月 20 日至 4 月 30 日,要求气温稳定回升至 15℃ 以上,选择晴暖天气种植较好。种植过迟会导致缓苗期长。株行距为 180cm×（220 ~ 250）cm,每亩种植 150 ~ 170 株。

先在畦面上挖宽 30cm、深 20cm 的定植坑,然后在每个坑里施入 3 ~ 4kg 充分腐熟的基肥与园土搅拌均匀,上面覆盖细土 10 ~ 15cm 隔离,以免种苗及根接触肥料引起烧苗。

在种植罗汉果树苗时,先用左手的食指和中指轻轻夹住营养杯里幼苗的基部,用右手将营养杯倒置在左手掌上,再将杯取下;然后用双手抓住苗及营养土一起放入定植穴内,撒细土 10cm 以上盖在营养土上,将土压实压紧,然后盖上地膜。推荐盖地膜种植,可以提高地温,幼苗长得快,还可以防除杂草,节约除草人工费用,同时施肥不易流失,提高肥料利用率。

（三）苗期管理

1. 水肥管理

种植后及时浇定根水,在距离幼苗 10cm 处的四角,插上 4 条 50cm 左右长的竹棍,再用两头连通的薄膜袋套下,底部周围用土覆盖压紧。采用套袋措施既能避风防寒保温,又能防虫害和护苗,有效促进幼苗尽快生根发芽和提高种植成活率。一般配置授粉树按照每 100 株搭配 2 株雄株的比例来安排。

在 5 月前把棚架搭好,要求棚高在 2m 左右,方便施肥、喷药、人工授粉等农事操作。选用 2.4m 长的水泥桩,按 2m×3m 的间距立杆,埋入土中 40cm,桩顶横竖拉铁丝固定,选几根铁线深埋入土中防雷雨天时打雷伤人,然后铺盖上尼龙网即可。

当苗长到 5cm 时要除掉薄膜袋,经常抹除侧芽,以免影响苗株生长。种后 6d 左右可施第 1 次叶面肥或稀土微肥,防止出现僵苗,离苗 5 ~ 8cm 淋下,以后每隔 7d 施一次,掌握"少量多次,由稀到浓,由近至远"的原则,防止施肥离苗基部过近和浓度过高烧苗。一般在种后 15d 后开始挖坑追肥。

第 1 次追肥:每株施腐熟加水沤制的人粪尿 2kg 左右。

第 2 次追肥:在主蔓 50cm 高时,每株施腐熟加水沤制的人粪尿 4.5kg。

第 3 次追肥：7 月中下旬进入盛花期，重施催花肥，每株施腐熟沤制人粪尿 0.5kg、麸肥 0.5kg 兑水 8kg，复合肥 0.3kg，在距主干 50cm 处开环状浅沟施入。

第 4 次追肥：在 8—9 月大批果实迅速发育膨大阶段，再追施 1 次壮果肥，每株施腐熟沤制人粪尿 0.5kg、麸肥 0.5kg 兑水 8kg，复合肥 0.3kg，在距主干 50cm 处，开环状浅沟施入。

合理的水肥管理可以提高罗汉果产量，改善罗汉果品质。早期阶段，对罗汉果水肥管理没有太多研究。种植者只是凭借经验灌溉、施肥，没有相关试验结论支撑。21 世纪初，科研人员进行罗汉果主要产地土壤肥力状况与罗汉果产量和品质关系调查，初步研究罗汉果产量与品质和肥料的关系。探索罗汉果不同生长发育阶段规律和营养元素需求关系，初步确定罗汉果施肥时间和不同生长阶段所需营养种类。近年来有学者研究在栽培中使用特定肥料如硅肥、枯草芽孢杆菌肥对罗汉果的影响；也有研究人员研究微量元素对罗汉果生长发育的影响，进一步提高罗汉果水肥管理科学水平。

罗汉果栽培产业的迅速发展离不开研究人员几十年来不断对罗汉果栽培经验与技术的总结与改进，由早期的完全凭借经验栽培罗汉果发展到科学的水肥管理与有效的病虫害防治。目前罗汉果一直采取的是传统的棚式种植，这种栽培方式占用的空间和土地资源较多。有科研人员尝试了在种植罗汉果时套种或间作一些作物，如栽培砂糖橘时套种罗汉果，种植罗汉果间作生姜、花生、金钱草等作物，充分利用土地与空间资源。随着罗汉果栽培技术研究的发展，研究人员用系统的研究探索了整枝疏剪对罗汉果产量的影响，用试验结论代替了部分种植经验。

2. 留蔓

在主蔓上棚架前要及时抹除侧芽和卷须。留蔓要注意让所有的三级蔓平棚往一个方向斜向生长。苗上棚后要进行疏剪，剪除所有的细弱枝，铺好藤蔓，达到通风、透光、透气。

3. 打顶控长

一般二、三级侧蔓为主要结果枝，在长至 4 ~ 15 片叶时会结籽；如果不结籽，可等到三级蔓长至 7 ~ 8 片叶时对三级蔓留 3 片叶进行短截，让其长出下一级侧蔓，在每条结果枝结籽 8 ~ 10 个时要及时进行打顶处理，以集中养分充分供应幼籽生长，促进提早开花结果。

4.掌握结果特点

每年的 6 月中旬至 8 月中旬,是罗汉果开花结果最旺盛的时期。一般从 6 月中下旬至 7 月中旬、8 月下旬至 9 月中旬是罗汉果结果最理想的 2 个时期,这个时候结的果实果肉肥厚,内部种子也特别强壮。7 月下旬至 8 月中旬为高温天气,受不利气候因素影响,会结籽不整齐,坐果率低,果实小。

(四)授粉

罗汉果的花朵是雌、雄异株单性花,无法自花授粉,且花粉黏重无味,不能依靠风或昆虫授粉。人工栽培罗汉果必须依靠人工点花授粉。研究授粉时间对罗汉果坐果率影响,探讨合理运用人力为罗汉果授粉的方法,以及罗汉果人工授粉其他相关研究很有必要性。

1.花粉采集

在雄花含苞待放或微开时采摘,一般在早上 5:00—9:00 为宜。采后放置在阴凉处备用。

2.授粉方法

将雄花花瓣剥除后固定在自制的竹竿上,用雄花柱头轻轻抹到雌花柱头(花心)即可,1 朵雄花可以授粉 10 ~ 20 朵雌花;或在技术员的指导下进行喷雾授粉。

3.授粉时间

一般每人 1d 可授粉 500 ~ 800 朵花,授粉工作要在上午完成,以早上 7:00—11:00 为宜。在下午进行授粉坐果率不高。授粉时要求及时对侧芽摘心、打顶并疏剪掉所有的细弱枝条,使散射光能透过棚架,促进高产,否则会因藤蔓多、荫蔽少光而挂果少。

罗汉果一直以来采用人工授粉,近年来由于雇佣劳动力成本迅速提升,人工授粉成为制约罗汉果栽培产业发展的重要因素之一,有研究人员研究出罗汉果免点花栽培技术,并进行大田试验,取得一定进展,但具体方法在文献中没有阐述,也有研究人员研究罗汉果花粉活性,提出人工喷雾授粉技术,在实践中取得一定进展。

（五）病虫害防治

1. 根结线虫

在种植前施基肥时先用菌克 5g 与土拌匀撒入种植坑；5 月上旬、7 月中旬用 3.2% 阿维菌素 500 倍液与稀薄肥水一起淋一次种植坑；6 月下旬苗上棚后，要用手扒开根周围的土，让 2/3 的根部暴露在外，注意排水防渍，避免根部积水腐烂。

2. 棉铃虫

5—8 月期间喷施多角体病毒 750 倍液防治棉铃虫。

3. 果实蝇

8—11 月期间悬挂黄色粘虫板或糖醋液防治果实蝇。

4. 黄守瓜、红蜘蛛、蚜虫、叶蝉、象鼻虫、椿象

从 4 月下旬开始，每隔 7 ~ 15d 防治 1 次黄守瓜、红蜘蛛、蚜虫、叶蝉、象鼻虫、椿象等害虫，交替施用 90% 敌百虫 1 000 倍液、3.2% 阿维菌素 750 倍液或 80% 敌敌畏乳油 800 倍液，连续喷药 3 ~ 4 次。

5. 霜霉病、疫病

4—5 月期间喷施霜尿·锰锌或烯酰吗啉 1 000 倍液，防治霜霉病、疫病。

6. 炭疽病

5—6 月期间喷施阿米西达 800 倍液，防治炭疽病。

7. 病毒病

一是要加强肥水管理培育壮苗，增强植株抗病能力；二是喷施菇类多糖或盐酸吗啉呱 1 000 倍液防治病毒病。

8. 细菌性角斑病

喷施农用链霉素 1 000 倍液防治细菌性角斑病。

9. 根腐病、枯萎病、白绢病

喷施来霉灵、福美双防治根腐病、枯萎病、白绢病。

10. 青枯病

5—7月期间采用农用链霉素、宁南霉素、中生菌素 750 倍液淋根部防治青枯病。

11. 灰霉病

喷施木霉菌 1 000 倍液防治灰霉病。

（六）采收

果实在授粉后 60 ~ 70d、果柄枯黄、充分成熟时即可采收。采收时要注意轻拿轻放，用剪刀剪下，把花柱与果柄剪平，避免损伤。果实收回后要摆在木板上摊开，适时销售和加工。

早期受制于贮存技术不发达与罗汉果产业规模小的束缚，罗汉果采摘后多进行烘烤处理，便于贮藏运输。长期以来罗汉果采收后多采用柴火烘烤，烘烤果实品质难以控制，而且严重浪费木材，污染空气，这种现象直到电烘烤加工技术的出现才得以改变。电烘烤罗汉果技术的推广促使科研人员研究烘烤温度对罗汉果品质的影响，进一步优化电烘烤罗汉果干燥工艺参数。随着科技发展，更多干燥技术被运用到罗汉果产业中，研究人员研究了不同干燥技术对罗汉果干品质的影响。近年来有研究人员研究了鲜罗汉果的贮藏技术，并取得一定进展。

第二节　薏　苡

薏苡（*Coix lacryma-jobi* L.）（图 4-2）俗称薏苡米、药玉米、川谷、苡米，是一年生粗壮草本，味甘、淡，性微寒的一种古老的药食两用作物，属禾本科（Poaceae）薏苡属（*Coix*），是 C4 草本植物。有很好的药用价值、营养价值，具有健脾、利湿、清热、排脓、保健、抗癌等功效。

我国地域辽阔，薏苡栽培历史悠久，既是食品也是药物，是我国重要的小杂粮之一。种植区主要分布在湿润、温暖地区，主产区有贵州、福建、广西等。我国薏苡栽培种有栽培薏苡、小果薏苡，野生种有水生薏苡和野生薏苡。

1. 植株；2. 雌小穗；3. 种仁。

图 4-2 薏苡

我国的薏苡种植分布广泛，主产区在贵州、云南、福建、河北、广西、浙江等省份。贵州省安龙县薏苡生产环境好，产量高，品质好，是薏苡生产的优势产区，《稻乡安龙县粮食生产"十三五"规划》已将薏苡列为安龙县特色发展的主要作物，2018 年薏苡种植面积达 8 000hm² 以上，安龙县的薏苡主要栽培品种多为当地农户自留的农家品种，高产地区推广使用黔薏 2 号、兴仁小白壳等品种。

一、化学成分

目前，国内外学者对薏苡植株的化学成分及其生物活性已经有了诸多研究，研究发现，薏苡植株中主要有脂肪酸类、酰胺类、木脂素类、黄酮类、酚酸类、甾体类及其他一些化合物。

（一）脂肪酸类化合物

薏苡中含有大量的脂肪酸及其酯类化合物。1961 年，日本研究人员首次从薏苡仁中分离出薏苡仁酯。1990 年，研究人员从薏苡中分离出 1-亚油酸甘油单酯。随后人们从薏苡中分离得到十六烷酸、十六烷酸甘油酯、硬脂酸、硬脂酸甘油酯、油酸、油酸甘油酯、亚油酸、亚油酸甘油酯、壬二酸。

（二）酚类化合物

研究人员从薏苡糠壳中分离到 7 个酚酸类化合物，它们分别是丁香醛、3,4- 二羟基苯甲酸、对香豆酸、绿原酸、对羟基肉桂酸、咖啡酸、反式阿魏酸，同时证明了此类化合物有抗过敏活性。

（三）甾体类化合物

研究人员从薏苡仁中分离得到两个甾体类化合物：阿魏酰菜籽甾醇和阿魏酰豆甾醇，研究表明这两个化合物有促排卵功效。

（四）其他类化合物

薏苡仁中还有黄酮类化合物、木脂素类化合物等。

二、栽培技术

为了解决当前存在的种质混乱、种植技术不统一、滥用农药化肥、中药材质量低且不稳定等问题，应推行药用植物规范化栽培。随着需求量的逐年升高，薏苡获得了越来越多的关注，关于薏苡栽培技术方面的研究报道也越来越多，这对薏苡的规范化栽培产生了积极的影响，也为提高和稳定薏苡产量和质量奠定了基础，现主要从品种选育、适期播种、合理密植、田间管理、病虫害防治和适时采收六方面对薏苡栽培技术研究情况进行叙述。

（一）品种选育

薏苡作为我国传统药食同源作物，由于各地长期使用地方种，出现了品种混杂和退化以及病害加重的现象，产量和品质得不到保障，严重阻碍薏苡种植业的发展。

近年来随着国家相关行业对中药材品种选育工作的重视，科研院校培育出了一批薏苡优良品种，如"浙薏1号""龙薏1号""浦薏6号""仙薏1号""翠薏1号"等，并且进行了大面积的推广，产生了良好的经济和社会效益，保障了薏苡的生产发展。

此外还有由中国医学科学院药用植物研究所使用安国地方薏苡品种经搭载"实践八号"返回式卫星处理后系统选育的"太空1号"（京品鉴药 2012022），该品种属于北方旱田早熟型，具有高产、早熟、抗倒伏、耐旱等特点,品质优良,生育期 140d 左右,平均亩产 306kg。

（二）适期播种

播种时期的选择是药用植物栽培首先要考虑的问题。播期过早,温度较低,种子推迟出苗、出苗不齐、苗子长势较弱,成活率不高;播期过迟,生育期缩短,不利于生物产量和经济产量的积累,甚至到后期不能正常结实,严重影响药用植物的产量。

研究者通过设置 5 个不同的播种日期研究发现播期对薏苡产量和生长都有很大的影响。播种期晚将导致无效分蘖增多、侧枝减少、穗粒数降低、空瘪率提高和千粒重减小,最终产量和质量降低。贵州地区的播期应选择在清明节之前。另有研究者也得出相似的研究结果,即兴仁白壳薏仁米品种于 4 月上旬播种时能很好地协调个体发展与群体优势,发挥该品种的产量潜力。

（三）合理密植

合理密植可以使作物形成良好的群体结构,有利于协调作物群体和个体的关系,是增加单位面积产量的有效途径,密度过低或过高均会抑制产量的提高。研究人员等设计了 4 个种植密度,密度梯度分别为 160 080 株 /hm²、133 395 株 /hm²、106 725 株 /hm² 和 9 375 株 /hm²。结果表明:薏苡最佳密度为 133 395 株 /hm²（行距 × 窝距 =60cm×50cm）,该密度下 15m² 的小区产量最高可达到 7.77kg,比其他 3 个处理高 10.04% ~ 21.24%。还有研究人员以种植密度 2.78 万穴 /hm² 为对照,采用 4 个不同的密度,即 2.085 万穴 /hm²、2.780 万穴 hm²、3.126 万穴 /hm² 和 4.169 万穴 /hm² 进行田间小区试验。结果表明,种植密度对薏苡产量影响显著,其中以 4.169 万穴 /hm² 为最好,产量比对照增产 37.36%;其次是 2.085 万穴 /hm²,产量比对照增产 16.45%。

（四）田间管理

田间管理是根据药用植物不同生育时期的特点,因地、因时及因品种制宜,采用促进和控制相结合的综合措施,以满足药用植物生长发育所需要的环境条件,从而达到丰产的目的。

1. 中耕除草

在薏苡生育期一般需要进行 3 次中耕除草,如没有喷芽前除草剂,当苗高 5 ~ 10cm 时要进行第 1 次中耕除草,要浅中耕,除净杂草,促进分蘖。第 2 次中耕在苗高 15 ~ 20cm 时进行。第 3 次中耕在苗高 30cm 时结合追肥、培土进行,以促进根系生长,防止倒伏。

2. 合理施肥

药用植物的生长发育离不开养分,但土壤中的养分含量有限,且经过长期的耕作和反复种植,土壤的养分已不能满足药用植物的需求。通过合理施肥,有针对性地补充药用植物所需的养分是提高产量的重要途径。

前人对薏苡的施肥做了大量研究,并取得了良好的增产效果。研究人员设置了每亩施纯氮 25kg、20kg、15kg 和不施氮(CK)4 个处理,研究不同施氮量对薏苡产量的影响,结果发现 3 种施氮量下的薏苡产量分别比不施氮的对照处理增产 32.8%、40.8% 和 27.5%,结实率也比对照高7.2%、8.2% 和 2.8%,单株实粒数和千粒重也明显高于对照。最佳亩施氮量为 20kg(基肥和追肥用量比为 1∶2),其产量显著高于其他处理。

设置 4 个相似的施肥水平,分别为不追肥、追 $10kg/667m^2$ 尿素、追 $20kg/667m^2$ 尿素及追 $30kg/667m^2$ 尿素,研究认为随着追肥水平的增加,产量随之增加,差异达极显著水平,当追肥超过一定水平时,产量反而下降。生产上应适量施肥,薏苡追肥量在 10 ~ 20kg/ 亩比较合适。

以 "3414" 配方施肥方案("3414" 是指氮、磷、钾 3 个因素,4 个水平,14 个处理)研究 N,P,K 对薏苡产量性能的调控效应,以两个品系的薏苡为研究材料,I 号薏苡各处理组合的平均产量在 284.4 ~ $120.1kg/667m^2$,II 号薏苡各处理组合的平均产量在 211.1 ~ $113.9kg/667m^2$,各处理组合间和 N、P、K 处理水平间的产量等性状的差异达显著或极显著水平,反映了试验土壤施用 N、P、K 的效应明显。同时研究发现:氮主要促进分蘖的形成,增加粒数,氮肥过量结实率下降;磷主要促进粒数增加,磷肥过量结实率下降;钾主要提高结实率,钾肥过量会导致粒数降低。

"3414" 试验设计是全国农业技术推广服务中心推荐的主要田间施肥试验方案,其试验结果不仅可以用三元二次肥料效应函数拟合,而且可以用二元或一元肥料效应函数拟合。而不同地区土壤环境、不同品种特性均存在差异,各地应因地制宜,结合本地实际情况开展薏苡 "3414" 配方施肥研究,得出最佳合理的施肥方案,以期增加薏苡栽培产量,提高经济效益。

3. 水分调节

如果不能保证水分供应,在生产上采用旱地栽培,会导致薏苡因为需水量常常得不到满足而产量低下。因此,在生产上要注意根据薏苡的习性,田间水分以湿、干、水、湿和干相间管理为原则,即采用湿润育苗、干旱拔节、有水孕穗、湿润灌浆及干田收获的方法。

（五）病虫害防治

病虫害会影响薏苡的生长发育,尤其是大面积种植的薏苡病虫害发生的情况尤为严重,为此,一定要及时合理地防治病虫害,保证薏苡产量与质量。

1. 黑穗病

黑穗病又名黑粉病,病原为真菌中的一种担子菌,主要危害穗部,也可危害茎、叶。例如,安龙县常年雨量充沛,雨热同期,时空分布不均,年降雨量1 200mm,相对湿度较大,影响了薏苡黑粉菌冬孢子萌发。长期以来,安龙县薏苡在种植过程中黑穗病发生普遍,研究发现以3年以上薏苡连作黑穗病发病率更高,严重影响了薏苡的质量和产量。黑穗病可导致产量下降30%～50%,发生严重时可减产高达80%。要注意:播种前进行种子处理;忌连作,也不宜与禾本科作物轮作,应与豆类、蔓类作物轮作,降低菌源指数;发现病株及时拔除并烧毁。

2. 叶枯病

叶枯病由薏苡平脐蠕孢菌(bipolariscoicis)侵染引起,主要危害叶片。要注意:避免连作,应与非禾本科植物轮作;另外,合理密植,注意通风透光,增施有机肥,提高植株抗病力可减轻病害发生。

3. 叶斑病

薏苡叶斑病是由薏苡尾孢侵染引起,主要危害叶片,叶片初为半透明的水渍状小斑点,周边有淡黄色晕圈,随后白色小点出现在小斑点中心。后期病斑不断扩大,最终形成中间白色,边缘褐色,外有黄色晕圈的病斑。

防治叶斑病和叶枯病可用30% 丙环唑 - 苯醚甲环唑 EC 喷雾。对薏苡叶枯病生物农药筛选研究表明,1% 申嗪霉素 SC 对薏苡平脐蠕孢菌的抑制率为100%,5% 中生菌素对病原菌的抑制率为97.65%。

4. 薏苡炭疽病

薏苡炭疽病主要由胶孢炭疽菌引起,主要危害叶片和茎秆,侵染茎秆形成病斑后,导致植株易折断倒伏,进一步导致薏苡减产。田间试验表明,80% 克菌丹 WG、80% 代森锰锌 WP、0.5% 氨基寡糖素 AS、竹醋液 4 种药剂对薏苡炭疽病防治效果达 75% 以上,其中 80% 克菌丹 WG 防效 82.39%,80% 代森锰锌 WP 防效 83.61%。

5. 玉米螟和黏虫

玉米螟和黏虫是薏苡比较容易发生的虫害。

玉米螟防治方法:4 月下旬前,处理去年留下的薏苡及间作物等秸秆,以消灭越冬虫口;在 5 月和 8 月成虫产卵以前,用黑光灯诱杀;心叶展开时,用 50% 可湿性西维因粉 0.5kg 加细土 15kg,配成毒土灌心叶,或用 50% 可湿性西维因粉 500 倍液喷雾。

黏虫防治方法:诱杀法——用糖 3 份、醋 4 份、白酒 1 份及水 2 份拌匀,做成糖醋毒液诱集捕杀成虫;喷 90% 敌百虫 800 ~ 1 000 倍液毒杀幼虫;在幼虫化蛹期,挖土灭蛹。

(六)适时采收

薏苡具有分枝性强、花期长、籽粒成熟不一致的特点,收获过早,青秕粒多;收获过迟则先期成熟的种子容易脱落,造成减产,因此适时收获极为重要。一般,可在田间下部叶片叶尖变黄、80% 籽粒变成黑色或原种壳色时收获。收割时采用全株或分段收获方法。全株收割是用镰刀齐地割下,然后捆成小捆立于田间或平置于土垄上,晾晒 3 ~ 4d 后用人工在稻桶甩打脱粒。分段收割是先割下有果粒的地上部,捆后运回场院,晾晒 3d 后用拖拉机或压辊碾压脱粒。

第五章　皮类中药优质栽培

皮类中药历来在中医学中应用广泛,从有本草文献记载的秦汉时期开始,此类药物历用不衰,从药性理论到临证应用,都取得了长足的发展。

第一节　杜　仲

杜仲(*Eucommia ulmoides* Oliv),别名丝棉皮、玉丝皮和扯丝皮,为杜仲科植物,是我国特产药材,树皮入药,有补肝肾、健筋骨和降血压等功用(图5-1)。自然条件下杜仲树高大,初期生长缓慢,10～20年进入速生期,20～50年渐次下降,50年后基本处于停滞状态。杜仲树皮具有较强的再生能力,一般剥皮后2～3年可恢复生长,达到原树皮厚度。

一、化学成分

(一)木脂素类

杜仲中含量最丰富的活性物质是木脂素类化合物。迄今分离得到的木脂素类化合物共32种,多为苷类。木脂素类化合物按其结构可分为双环氧木脂素、单环氧木脂素、环木脂素、新木脂素和倍半木脂素。其中,松脂醇二葡萄糖苷是杜仲药材质控的重要指标。

(二)环烯醚萜类

杜仲中分离得到的环烯醚萜类化合物有29种,包括京尼平苷、去乙酰车叶草酸、哈帕苷丁酸酯、杜仲醇、京尼平、京尼平苷酸、杜仲醇苷、桃叶珊瑚苷和地支普内酯等。其中,京尼平苷酸、京尼平苷和桃叶珊瑚苷是研究最多的化学成分。

1.果枝；2.雄花；3.雌花；4.种子；5.树皮(示胶丝)。

图5-1　杜仲

（三）黄酮类

黄酮含量是判断杜仲生药材及其产品质量的重要指标,因此很多研究者着眼于杜仲中各黄酮化合物分离与含量的测定。黄酮类化合物也是杜仲的主要有效成分之一,它是由两个具有酚羟基的苯环通过中央三碳链相互联结而成,大部分为色原酮的衍生物。

（四）萜类及其他成分

杜仲植物体内,在发现木脂素类化合物、黄酮类化合物、环烯醚萜类化合物、苯丙素类化合物的同时还有其他的化学成分,类型比较复杂,大部分为萜类和甾体类化合物。

二、栽培技术

（一）选　地

种植地选择土质肥沃、疏松,土壤较湿润且排水良好的地方。施基肥,确保土壤有足够的肥力。疏松细化土壤后,将种植地整平做成畦,畦宽1m左右。在北方年降水量少、气候较干旱且蒸发旺盛的地方应采用平床,方便灌溉,同时做好保水工作,为杜仲的生长提供充足的水分。南方年降水量较多,应采用高床,方便排水,以免造成洪涝等灾害。

(二)种苗培育

杜仲种苗的培育可以用种子培育、腋芽离体培养和组织培养等方法获得。

1. 种子培育

(1)种子采收,采用树龄较大(25年),在树木较稀疏的向阳处株选采种母树,果实完全成熟。

(2)种子处理,由于果皮含有胶质,须经清水浸泡,200mg/L萘乙酸浸泡,再用自来水冲洗干净,播种后喷水、加盖稻草保湿这种方法处理过的种子出苗率92%,成苗率达100%。

2. 腋芽离体培养

从生长健壮的成龄杜仲树上取下当年生幼枝,除去叶片,用75%乙醇迅速漂洗,再置于0.1%升汞液中消毒15min,无菌水冲洗后,切成带1~2个腋芽的茎段,以MS为基本培养基,诱导侧芽和丛芽的分化,附加2,4-D等;诱导根的分化采用液体培养基加滤纸桥的方法,附加IBA等。培养温度25±1℃,每日光照9h左右。将带腋芽的茎段接种在培养基上,12d后长成2~3片叶,高2~3cm的嫩枝转移至液体培养基上,液体培养基中架上滤纸做的纸桥,15d左右在滤纸上生根。

(三)繁殖技术

杜仲适宜的繁殖方式较多,一般采用种子繁殖,也可采用扦插、压条、嫁接等繁殖方式。

1. 种子繁殖

每年10月至12月或翌年2月至3月进行种植。种植时日平均温度应达10℃以上。在气温较高的地方适合冬季播种,在寒冷的地方则适合春季播种。春播播种前2~3d用20℃左右的水浸泡种子,每天换水2次。播种时将种子与沙土按1∶10的比例混合,在种子发芽膨胀后,沥干水分即可进行播种。行间距25cm左右,播种量约135kg/hm²,播种后用草覆盖保湿,播种 28d 后检查种子是否发芽。

2. 扦插繁殖

每年 4 月、5 月进行扦插为宜。选择充实、粗壮的 1 年生雌株嫩枝,剪枝前 4 ~ 5d 摘除顶芽,确保扦插成活率。接穗长 8cm 左右,上部截平,下端剪成斜面,然后将插穗斜插在 25℃ 左右的沙土中。每天浇水 1 次,确保沙土足够湿润。大约 30d 左右生根后将其移栽到苗圃中。

(四)定植管理

杜仲苗高于 80cm 时,在冬季和春季树叶还未展开前进行定植。每穴栽 1 株壮苗,深度比原土痕稍高,但是不能过深。在填土掩埋时,确保其根系舒展、完整,之后浇足水。

一般,在 4 月上旬春季发芽前,选择高 50 ~ 100cm 壮苗栽植。按行株距 3m×2m 挖穴,穴深和直径均为 50 ~ 80cm,在整地的基础上,施足底肥,每穴施有机肥 15kg、过磷酸钙和农家肥各 1kg,使用前将有机肥和农家肥混匀穴施。施足底肥关系到杜仲移植后前几年对肥料的需求量。边起苗边移栽,确保移栽成活率,每穴栽苗 1 株,扶正苗木,用熟土覆盖苗根。

(五)抚育管理

当立地条件较好,气候温暖时,采用乔林作业,目的是获得树皮和种子;立地条件较差、气候较冷时,采用矮林作业,目的是获得叶片和枝皮;介于二者之间采用头木作业。

1. 抚育管理

栽植后,要及时清除侧芽。如果栽植后 1 ~ 2 年因受外部因素影响导致幼树生长不良,进行平茬,以促进不定芽萌发长成直立的新干。3 ~ 4 年内,每年松土除草 2 次(4 月、5 月中旬),追肥 2 次(与除草结合进行),每株沿树冠投影边缘环状施尿素 0.1kg,适时灌溉浇水。经常对根蘖枝及侧枝进行疏剪,根蘖枝有蘖即除,干上侧枝进行适量修剪。对头木作业林分,树龄达到 8 年进行第一次抚育间伐,每 667m² 保持 50 株左右。对乔林作业的林分,树龄达到 10 年进行第一次抚育间伐,保持郁闭度 0.7 左右;15 ~ 20 年进行第二次抚育间伐,保持郁闭度 0.6 左右。

2. 栽植前准备

选择低山高丘,避风向阳的缓坡山脚、山坡中下部,土层深厚,排水良好的微酸性土壤作为造林地,在秋末冬初对林地进行清除杂草杂树。后进行带状整地,整成带宽 2 ~ 3m,再挖穴(80cm×60cm),每穴施农家土杂肥 10kg。

3. 栽植

栽植一般在春季土壤解冻后进行。栽植前根系沾泥浆,植苗时将表土和基肥混合填没根系,再轻轻提苗,分层填土、踏实,覆一层薄土,培土高度稍高于苗期根系留土的深度。4 ~ 5 年郁闭后,再移栽。移栽于春季、冬季均可。栽植密度,乔林作业采用 2m×2m 的株行距,矮林作业采用 1.5m×2m 的株行距,头木作业采用 2m×3m 的株行距。

(六)田间管理

杜仲生态气候适应性较强,具有耐干旱、耐涝和耐寒的特性。喜阳光充足、雨量充沛、温和而湿润的生态气候环境。

1. 苗期管理

苗出齐后及时揭去覆盖物,要注意间苗,并及时松土、锄草、浇水、适时追肥和病虫害防治。间苗 2 次(幼苗长出 3 ~ 4 片叶、速生期),每 667m^2 保留 20 000 株左右。根据幼苗生长情况,酌情施肥,第一次在长出 4 片真叶进行(1kg/hm^2 尿素)。此后,30d 左右施 1 次(由 1kg/hm^2 增至 10kg/hm^2)。特别要注意 6—8 月苗木速生期追肥。杜仲播种 2 个月左右后,进入幼苗管理阶段。种子出苗后及时除草,在夏季气温较高时适当用草遮盖。干旱时及时进行灌溉,多采用喷灌和滴灌的方式,避免对土壤肥力造成影响。在雨季降水量较多时建立排水沟,做好排水工作,以防洪涝等灾害。

拔除弱小苗和过密苗,确保株间距 5cm 以上,以促使杜仲苗更好地生长。

2. 中耕除草

每年进行 2 次中耕除草,第 1 次在杜仲树高生长最快的 4 月进行,第 2 次在杜仲直径生长最快的 5 月至 6 月进行。

杜仲苗栽植后,6 月中旬中耕除草 1 次。同时,667m^2 施用农家肥 2 000kg。中耕深度不能太深,小苗耕深 2 ~ 4cm,大苗耕深 7 ~ 8cm。

3. 施肥管理

每年春季和夏季都要结合施肥中耕除草。对成年树也应逐渐追肥。移栽后,结合中耕除草追肥,生长季每 667m² 施农家肥 1 000 ~ 1 500kg、复合肥 20 ~ 30kg。

在冬季对杜仲苗进行培土时,施加腐熟肥 450 ~ 600kg/hm²。为确保杜仲苗有足够的养分,需适当追加三元复合肥 6.1 ~ 7.5kg/hm²。在苗木快速生长期,每月施加 1 次肥料。

4. 修　剪

修剪旺长枝,同时清除周围杂草。刚移栽的苗木较小,可与农作物间作套种,以提高土地利用率。入冬前,在幼树根部培土,成年树干从地面到地上 1m 处包裹草毡,预防发生冻害。

5. 温　度

日平均温度稳定通过 15℃时,杜仲迅速生长发育,日平均气温在 25℃左右时为杜仲生长发育旺期,日平均气温低于 10℃时,杜仲生长变缓,低于 5.0℃时,进入休眠期。

6. 灌　水

年降水量 ≤ 400mm 的干旱地区,杜仲生长速度缓慢。

移栽完成后灌定根水,到收获前共灌水 3 次。4 月 10—15 日灌第 1 次水,667m² 灌水 30m³,保持穴内土壤湿润,有利于提高移栽成活率。5 月中旬灌第 2 次水,667m² 灌水 40m³,在 6 月应减少灌水量,667m² 灌水 20m³。以后视苗情及气候适当灌水。灌水采用高标准节水滴灌,不仅可节约用水量,大大降低成本,而且可减少土传病害的发生。

(七)病虫害防治

杜仲是著名的药用经济林树种,栽培经济效益高。该树成年期抗性强,病虫较少,但苗期则极易受病虫为害。杜仲苗期主要病虫害为猝倒病、立枯病及蝼蛄等。根据林农的实践经验,采取以下方法有效防止或减轻杜仲苗期病虫害。

(1)选用新垦荒地做苗床。苗床是幼苗生长的基础,要防止病虫为害杜仲,必须选用近 3 年内未耕作过的荒地,以减少病虫源。

(2)防止苗床积水。积水是沤根发生的直接原因,同时也加重立枯病和猝倒病的发生和蔓延。苗床要设在地势较高排水良好的地方，保证灌水或降雨后不长时间积水。

（3）施用充分腐熟的有机肥。有机肥肥效长且营养全面，有利幼苗生长。但若腐熟不好，则常常带有病菌虫卵，并易诱发蝼蛄等地下害虫为害。特别值得注意的是：严禁生粪入苗床。

（4）药物防治。猝倒病和立枯病发生发展很快，在苗地发现有病株时，应立即拔除病株，并即施药防治。可用抗枯宁 600 倍液或 75% 白菌清可湿粉 600 倍液喷洒幼苗根茎及地面，每隔 10d 喷 1 次，连续 3 次，防治立枯病效果良好。蝼蛄为害时，一是用 50% 辛硫磷乳剂 500 倍液灌根。二是用毒饵诱杀。毒饵配制方法：5kg 麦麸用少许食用油炒香，再将 90% 敌百虫 50g 溶于 2.5kg 水中，然后加入炒香的麦麸中，充分拌匀，傍晚放于苗床，每 2m² 放一小堆即可。

（八）采收加工

杜仲是一种中药材，所采收的部位是树皮和树叶，5 年以上树木才可以剥皮。8 ～ 20 年生的杜仲，4 月至 7 月树木生长旺盛期最适合剥皮。此时树皮比较容易剥脱，且空气湿度较大，昼夜温差较小，杜仲被剥皮后，容易再次愈合生长，成活率较高。杜仲剥皮多采用环状割皮法，在树干高 20 ～ 200cm 处，沿着树皮环割一圈进行大面积环剥。环割过程中需要准确把握剥皮深度，不能伤害木质部，以免影响新皮的形成。杜仲生长到 4 ～ 5 年生时可以采收其树叶，最适宜的采摘时间是每年的 9 月至 10 月。

对杜仲树皮进行加工时，需要先用开水烫 1 ～ 2min，然后将杜仲树皮的内面相对、重叠，堆放在干燥的地方，用石块等闷压发汗 7 ～ 8d，直至树皮变为紫褐色或暗紫色。杜仲树叶采集后放在平坦的地方进行晾晒，之后于干燥处进行贮藏，加工前需要对树叶进行清理。

第二节　肉　桂

肉桂是亚热带常绿乔木，树皮可入药，枝叶可蒸油，产值较高，用途较广，销路好。一般，种植 5 年可收获桂皮。进口肉桂属樟科。

肉桂（图 5-2）是樟科常绿乔木，树皮灰褐色，叶革质，长椭圆形、披针形，离基三出脉。花小，聚伞形圆锥花序，9—10 月份开花，翌年 2—3 月份成熟。种子紫黑色、黑褐色。适生年平均温度为 20 ~ 26℃，年降雨量为 1 600 ~ 2 000mm，能耐 0℃以下的低温，多在海拔 500m 以下的低山丘陵区种植。肉桂幼树喜荫蔽，随树龄增加而逐渐喜光照。肉桂适应性强，对土壤要求不严，在土壤肥沃，土层深厚，通透性良好的山谷及偏阴坡生长较好。

图 5-2　肉桂

一、化学成分

（一）挥发油

肉桂含丰富的挥发油，油中以肉桂醛为主，肉桂醛是肉桂的主要活性成分，也是《中国药典》规定的指标性成分，肉桂挥发油中还含多种其他芳香族化合物包括肉桂醇、邻甲氧基肉桂醛和邻甲氧基肉桂酸等几十种。

（二）萜　类

瑞诺烷类二萜是樟科樟属植物的特征性成分。肉桂中的瑞诺烷类二萜及其苷类成分主要有肉桂新醇 D4-2-*O*-β-D- 吡喃葡萄糖苷，肉桂新醇 D4、E、A、B、C1、C2、C3、D1、D2 和 D3，肉桂新醇 A-19-*O*-β-D- 吡喃葡萄糖苷等几十种。

（三）黄酮及其苷类

肉桂包含黄酮及其苷类化合物，如芹菜素、槲皮素、芫花素、山奈酚、山奈酚 -3-O-L- 鼠李糖苷、山奈酚 -3-O- 芦丁苷和荭草苷等。

（四）木脂素类

肉桂中也发现了多种木脂素类化合物，如 Cinnamophilin、Cinnamo-mumolide 和（＋）-syrmgaresmol 等。

（五）脂肪酸类

从肉桂中鉴别出 13 种脂肪酸类化合物，占肉桂脂类成分的 72.68%。其中，不饱和脂肪酸占 13.83%（棕榈烯酸、月桂酸、亚麻酸、亚油酸和油酸）；饱和脂肪酸占 58.85%（花生酸、十六烷酸、9- 甲基十四烷酸、硬脂酸、十四烷酸、3- 羟基十八酸、二十七烷酸和14- 甲基十六烷酸）。

二、栽培技术

（一）采　种

选择生长迅速、主干通直、粗壮和皮厚多油，无病害的优良单株为母树。成熟的种子呈黑褐色、紫黑色，采种在每年 2—3 月间。采回的种子应随即除去种皮。种子宜随采、随调和随播，不宜进行贮藏，否则严重降低发芽率。确需临时贮藏的，可采用湿沙分层法贮藏。选用干净湿河沙，于阴凉处，一层种子一层沙地分层堆放，堆放厚度在 30 ~ 40cm 为宜，但贮藏时间不能过长，最多 1 个月左右。

（二）育　苗

大田育苗选择便于管理和运输、排水良好、偏阴、水源洁净的低产田或地势平缓、土层深厚及接近水源的荒坡地作苗圃地。播种前圃地整成苗床，苗床要便于操作，以宽 1 ~ 2m，高 25cm 为宜，留 30cm 步行道，育苗前必须整地，包括翻土、打碎、平整、起畦和镇压，要求清除草根、石块，苗床面垫铺黄泥心土 5m，播种前用石灰粉进行土壤消毒。播种时间应在 3 月中旬左右为宜，培育一年生苗木。播种前先把苗床淋透水，采用点播，规格 8cm×8cm 以每平方米苗床播种 100 颗为宜。播种后用幼细的黄泥心土覆盖,厚度以不见种子为宜,覆土后即用新鲜蕨草覆盖苗床。肉桂苗耐阴性强,为防止日灼,需要搭棚架遮阴,在畦边立支柱(可用竹)高 1m 顶用竹条横跨搭架,间隔以 20cm 为宜。

容器育苗是将种子点播于育苗袋,其他育苗管理措施和大田育苗相同。

（三）苗床管理

苗床管理期间,要防鼠害,可用敌鼠钠盐混稻谷堆放于畦边诱杀或人工捕杀。另外,注意排放苗地积水和掌握浇水,播种、盖草后,用喷雾式细花洒每隔 15d 左右浇水 1 次。在幼苗出土前,只要地面处于湿润状态,就不必浇水。播种后 15 ~ 20d 种子发芽,待长出一对真叶,苗高 3cm 即可将苗地盖草置于棚架顶上。用喷雾器喷施农药和化肥,复合肥浓度应掌握在 1 ~ 3g/L,甲基托布津 1.25g/L。待幼苗长出两对真叶时,将上述浓度加倍。在苗木出圃前 40d 除去棚顶上的盖草或遮光网。苗木出圃前 15d 用多菌灵 1g/L 喷施,苗高 30 ~ 50cm,地径 0.5cm 以上,顶芽完好,主杆粗壮,叶色青绿,根系发达,无病虫害的为一级苗木,即可上山种植。

（四）病虫害防治

肉桂主要病虫害是桂枝枯病和桂尺蠖。要注意病虫害监测,及早发现、及早防治,以防蔓延。剪除病枝直至基部,清理地下枯枝及林间感病的植株,清理物要搬离林地烧毁,用代森胺 1.6g/L 液喷施控制病菌侵染传播。

（1）桂尺蠖。桂尺蠖防治关键是掌握好时机,在低虫龄、低虫口的虫害时进行喷杀,老熟幼虫、高虫口期防治难度大,一般在 5 月上旬开始,可用氯氰菊酯混煤油 600 ~ 800 倍液喷杀。

（2）木蛾：①用注射器将配好的药液(80% 敌敌畏乳油或 50% 辛硫磷 1 ~ 8 倍液)1m 左右注入蛀道内,然后用稀泥封口,以杀死幼虫;②6—7 月,用 90% 敌百虫结晶 300 倍液,或 50% 氧化乐果乳油 800 倍液喷施于枝干表皮上,以毒死夜出取食的幼虫。

从有关参考文献的记述内容来看,我国各地栽培的多种香料肉桂,可能包括樟科（Lauraceae）樟属（*Cinnamomum* Presl, *Cinnamomum* Bl.）的菌桂（*C. zeylanicum* Nees,又名锡兰肉桂）,桂（*C. cassia* Presl, *C. cassia* Bl,又名肉桂、牡桂、筒桂）,土肉桂（*C. japonicum* Sieb, *C. pedunculatum* Nees,又名山桂）,川桂（*C. wilsonii* Gamble,又名桂皮树）,等；但可能不

包括桂皮树（*C. argenteun* Gamble），肉桂（*C. loureirii* Nees，又名桂、桂仔）等。

（五）采收加工

第一次采收在植后第 5 年，时间在春季 3 月中旬到 4 月。第一次采用皆伐，以后采收宜用"砍大促小"的择伐方式。采伐时伐桩高应掌握在 20 ～ 40cm，在伐桩离地面 2 ～ 3cm 处进行环割，剥离环割处上方的桂皮，留下伐桩，防止人畜践踏。

肉桂具有相当强的萌芽能力，可通过伐桩萌芽更新培育。采收后即可进行施肥，每株施复合肥 15 ～ 20g，以后抚育管护方法同前。伐根萌条一般不用间苗定株，如萌条太多，则去弱留强。

（六）提高肉桂效益的栽培方式

春季造林开始之前，林农已完成炼山整地，准备种植肉桂。根据桂农栽培经验，选择好栽培经营方式十分关键。

1. 合理密植

目前，大多数林农已逐步改变传统稀植习惯，从 250 ～ 350 株 /hm²，增加到 500 ～ 600 株 /hm²，实践证明，栽 600 株 /hm² 左右是肉桂比较合理的种植密度。采用该种植密度，能最有效地利用阳光和地力，桂皮、桂叶等桂产品的产量均比稀植肉桂林高，且质量也相对较好。

2. 采用复层林相作业方式

所谓复层林相，即是在肉桂林中高矮或高、中、矮几种层次并存。在肉桂复层林相经营作业方式中，又有纯肉桂林和混交林两种形式。

（1）纯肉桂林复层林相作业方式。纯肉桂林复层林相效益最理想的是大桂、中桂和矮桂林并存方式。

通常的经营做法是：肉桂栽植（以每亩 600 株计）4 ～ 5 年后，首先进行第一次（批）间剥，收取小桂通。这次间剥先伐去弱桂、病虫桂，然后采用均匀疏间的方法，每亩间剥 300 ～ 350 株左右，保留 250 ～ 300 株。过 2 ～ 3 年，萌芽桂林逐渐长起，保留的桂树即可采剥，获得优质桂通及部分板桂。这次采剥，在林地中特别注意选择干型好、无病虫害、生势旺盛的桂树保留，每亩保留 20 ～ 30 株左右即可，以将来砍伐获得经济价值更高的板桂、油桂等高档桂品。由于肉桂再生能力强，萌芽林 4 年左右即可采伐，因此，若计划得好，肉桂林可保持年年有收。而通过有计划的择伐，肉桂林即可形成大桂(乔林)、中桂和矮桂三层次并存的复层林相,取得最佳经济收益。以后往复循环,可保持高产出。

(2)肉桂混交林复层林相经营方式。肉桂树的树高、冠形均属中等类型,要形成以肉桂为主的复层林相混交林,一般应选择较低矮的林树种混交。目前,桂区采用比较多的是肉桂和茶叶林混交。采取与纯桂林基本相同的择伐作业方式,即可获得复层林相肉桂混交林,桂茶双丰收,效益十分显著。

3. 抚育施肥管护措施跟上

土壤肥力对肉桂生长很重要,要获得高产优质桂产品,必须抓好抚育施肥。除种后3年内每年铲草、抚育施肥外,每次采伐后均需进行垦覆及施肥,以利萌芽林长出及保留的桂树速生快长。另外,还要抓好病虫防治等管理工作,确保肉桂林正常生长。

第六章　花类中药优质栽培

外用作为临床中药一大用药方式,具有举足轻重的作用,花类中药具有质地轻清、芳香怡人、不良反应小的优点,无疑是中药外用治疗皮肤病的优良选择。

第一节　菊　花

菊花是菊科多年生宿根花卉(图 6-1),为短日照植物,是我国的传统名花之一,早在 3 000 前的春秋战国时期已有栽种。目前,培育的菊花品种繁多,共有 25 000 种左右,大多数分布在亚洲的东部地区,而我国栽培的菊花品种就有 7 000 个以上。

1.花枝;2.舌状花;3.管状花。

图 6-1　菊

一、化学成分

（一）黄酮类化合物

菊花中含有大量黄酮类化合物，是菊花药用的重要活性部位。菊花中所含黄酮类化合物如图 6-2 所示。

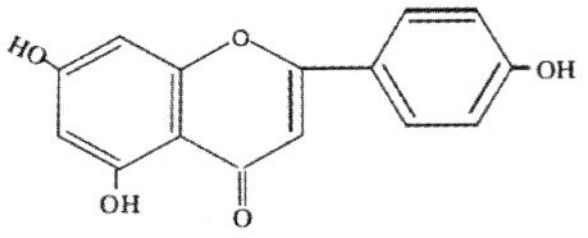

(a)芹菜素 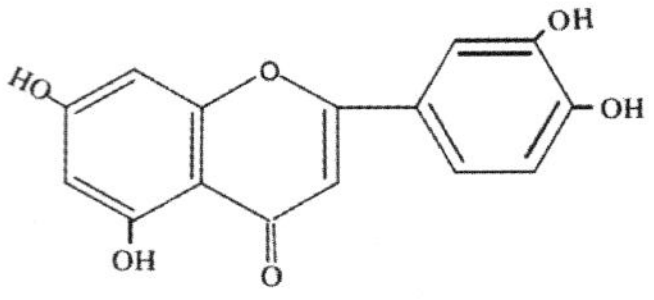   (b)木樨草素

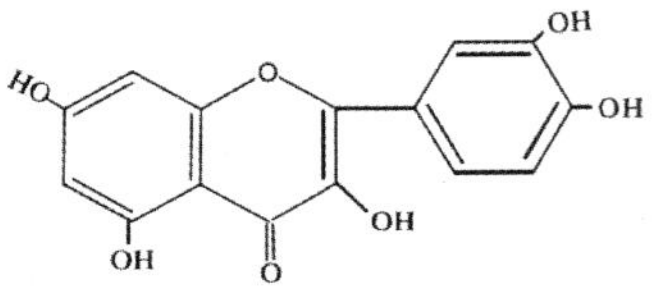

(c)槲皮素 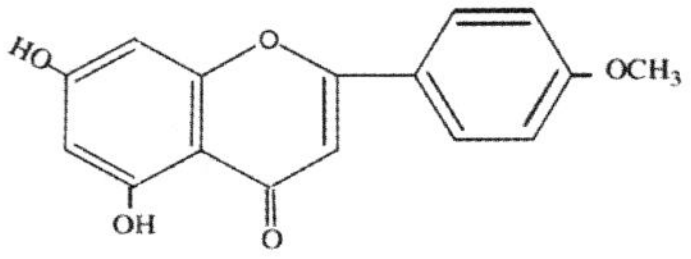   (d)刺槐素

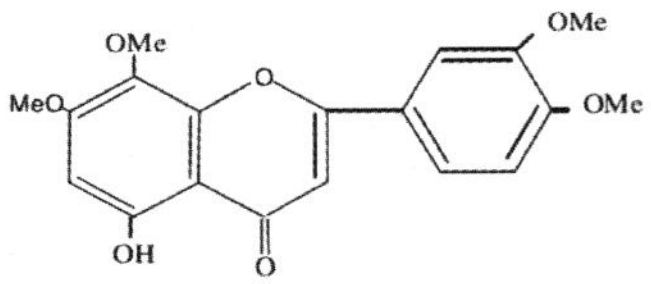

(e)5-羟-3，4，6，7-四甲氧基黄酮 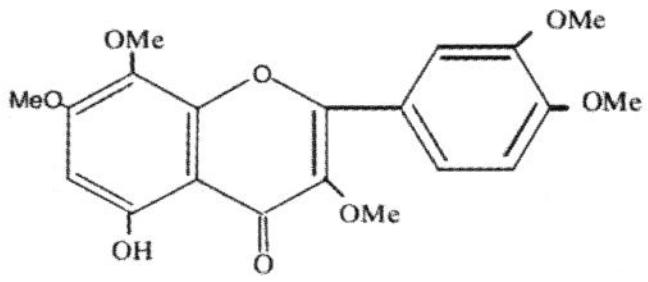   (f)棉花皮素五甲醚

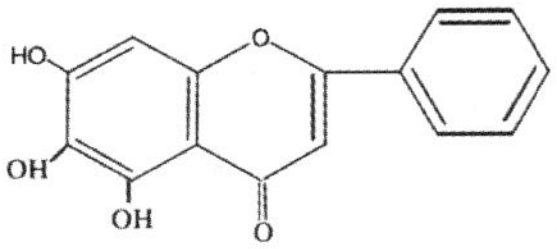

(g)黄芩苷

图 6-2 黄酮类化合物

（二）挥发油类

菊花挥发油的化学成分可分为倍半萜和单萜类及其氧化物和烷类化合物三大类，其中倍半萜类及其氧化物含量相对最高。单萜、倍半萜的含氧衍生物多具有较强的生物活性和香气，是医药、化妆品和食品工业的重要原料。

（三）三萜类化合物

菊花中分离得到40个三萜类化合物：五环三萜24个，有蒲公英赛烷型[10个蒲公英赛烷型（Ⅰ、Ⅱ、Ⅲ）]、齐墩果烷型[7个齐墩果烷型（Ⅳ、Ⅴ、Ⅷ）]、乌苏烷型和羽扇豆烷型，3个乌苏烷型（Ⅵ）和4个羽扇豆烷型（Ⅶ）；四环三萜16个，有8个环阿屯烷型（Ⅸ、Ⅹ、Ⅺ、ⅪⅩ）、3个达玛烷型（ⅪⅤ、ⅩⅥ、ⅩⅦ）、1个葫芦烷型（Ⅻ）、1个甘遂烷型（ⅩⅢ）和3个羊毛脂烷型（ⅩⅧ和ⅩⅤ）。

二、栽培技术

（一）选地及基质处理

选择冬季温度不低于10℃的冷温室。先进行地面消毒，用厩肥作为基肥搅拌在土中，园土与沙的比例3∶1；用混合好的基质打成高15cm左右的垄。栽培菊花的土地做好修整工作，清理垃圾，做好排灌设施。

（二）母株的养护

秋菊花期过后，剪掉母株上的残花，挖出植株后除去多余的须根，留直径10cm的宿土球；均匀喷布1°Be石硫合剂后，将植株根部埋入湿润的沙土中，在温室或阳畦内假植越冬，次年4月初进行露地栽培。

（三）扦插繁殖

菊花繁殖方法分有性繁殖和无性繁殖两种。3月底，采穗前，对种株进行修茬，并做好肥水管理，以便收到更多的插穗。4、5、6月进行扦插，选择生长健壮、发育充实、无病虫害的采穗母株剪取长6～7cm新梢为插穗，每插穗3～4节，留上部2/3的叶片，反复采插穗。扦插前，去掉插穗基部的两片叶片，保留2～3片完整叶，以减少蒸腾的水分损失，保持插穗的鲜活。采下的插穗如果不能及时扦插，需要放4℃冷库冷藏保存，随采随插。

（四）养护管理

1.合理施肥

菊花的施肥应重施基肥，轻施苗肥，追施分枝肥，重施蕾肥。在种植前期以有机肥、农家肥为主，后期则以速效肥为主。在施基肥的基础上，

8月在每次摘心后施入追肥,结合灌水,施复合肥,用量为150kg/hm²。9月中旬进入生长盛期及生殖生长期,需肥量增大,施用尿素或平衡型复合肥,用量为225 ~ 300kg/hm²,促使花蕾增多增大,开花整齐,可视生长状况施1 ~ 2次。磷、钾肥能更好地提高花朵质量。

2. 强化水分管理

菊花在整个生长季节里,应始终节制浇水,时间为上午10:00前后浇水较佳。如出现大雨情况,须及时排水,避免菊花根部水淹过长时间,造成"秃腿"现象。

3. 摘心疏蕾

菊花苗长到25cm左右时,对菊花进行第一次摘心处理,第1次摘心只留3 ~ 5片叶,在第一次摘心后15d再次对菊花进行摘心处理。进入深秋,菊花的花蕾很多,枝顶端称主蕾,其下面的为副蕾,当主蕾有黄豆大小时,在梗略有伸长,主蕾与副蕾易于辨别时进行疏蕾,把副蕾剥去。疏蕾应在晴天的下午进行。

4. 矮化处理

不同品种随着摘心次数的增加,花期逐渐推迟,株高降低,株型更紧凑;但摘心次数过多会使单株花朵数减少,降低观赏品质。

（五）品种性状

叶片长度、宽度的最大值都为红心菊,长度和宽度最小的为小亳菊,即22个药用菊花类型中,红心菊的叶片最大,小亳菊的叶片最小。除特种亳菊外,药用菊花叶片长度与宽度的变化趋势基本相近;锯齿数、叶柄长度、叶片长、宽和叶裂数中叶片长度和宽度有一定的相关性（$r=0.766$）,其他性状之间相关性则不明显。花序直径与外舌状花长度（$r=0.920$）和宽度（$r=0.721$）、内舌状花长度（$r=0.801$）和宽度（$r=0.682$）有较强相关性;舌状花数目与舌状花层数具有一定相关性（$r=0.875$）;管状花数目与管状花群直径（$r=0.932$）、花序直径与外舌状花长（$r=0.920$）、内外舌状花长比和宽比（$r=0.715$）、外舌状花长与内舌状花长（$r=0.846$）、外舌状花宽与内舌状花宽（$r=0.788$）都具有一定的相关性。

22个药用菊花栽培品种之间的关系由近到远,其中早小洋菊和晚小洋菊、早贡菊和晚贡菊以及大洋菊和小白菊3对药用菊花在植物学形态上很相似。

（六）病虫害防治

每年 6—9 月，菊花易感染叶枯病，受蚜虫、夜蛾类等侵害。叶枯病防治需注意做好轮作、合理密度和排水降湿。药剂防治叶枯病可用 50% 多菌灵 500 倍液，或 70% 甲基托布津 800 倍液。蚜虫多在 9 月上旬至 10 月发生，2% 以上叶、花蕾有蚜虫为防治适期，视蚜虫发生情况，每隔 7d 防治 1 次，连续防治 2 ~ 3 次，一般用 10% 吡虫啉 1 000 ~ 1 500 倍液防治。

（七）采收加工

传统的干燥方式是将植株整株割起，悬挂后阴干，然后采摘花序。在实际调研中发现，为满足大量药材快速干燥的要求，目前产地不再使用传统阴干方法干燥亳菊，较普遍的加工方法主要为两种：一种是将菊花蒸制杀青以后烘干或晒干（少量）；另一种是采摘鲜花后直接烘干（较多）。这两种方法基本可以满足大规模生产的需求，但是由于菊花加工方法是形成菊花各自道地药材的主要原因之一，菊花产地传统加工炮制方法的变化（如烘干，蒸干，硫黄熏蒸等），就可能会引起菊花药材内在品质的变化。

第二节　西红花

西红花为鸢尾科番红花属多年生草本植物，原产地为西班牙、伊朗、希腊等，14 世纪经西藏引入我国，故又名藏红花、番红花（图 6-3），又译作泊夫兰、撒馥兰。西红花在我国有悠久的药用历史，其以花柱和柱头入药，具有改善微循环、抗动脉粥样硬化、保护血管内皮细胞、抗氧化、降脂减肥、降低血糖、抗肿瘤、提高免疫力、改善睡眠质量及保肝强肾等功效。目前，以西红花提取物为主要成分的西红花总苷片已获批药准字，对防治心血管疾病疗效显著，同时以西红花为原料开发的产品还涉及食品、美容、保健、高级染料和香料等多个领域，应用前景十分广阔。

1.植株；2.花剖开；3.柱头。

图6-3 西红花

一、化学成分

（一）萜 类

萜类成分是西红花中含量最高的一类化合物,包括单萜类、二萜类、三萜类和四萜类成分。西红花主要的有效成分西红花酸和藏红花醛均属于萜类化合物。西红花中主要萜类成分的化学结构如图6-4所示。

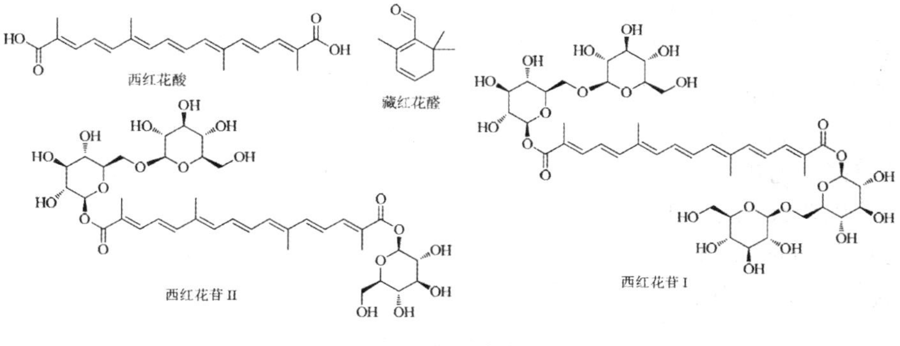

西红花酸

藏红花醛

西红花苷 II

西红花苷 I

图6-4 主要萜类成分

（二）黄酮类成分

黄酮类成分主要存在于西红花花瓣中，以黄酮（醇）及其糖苷和花色苷为主，西红花中的黄酮类成分主要包括黄酮醇及其苷类、黄酮及其苷类，目前已分离鉴定得到 19 个化合物。

二、栽培技术

（一）选地整地

选择阳光充足、便于排灌、保水保肥性好、肥沃疏松的壤土或沙壤土种植，pH=5.5 ～ 7.5 为宜。选用地块不得有含甲磺隆的化学除草剂残留，能与花生、玉米或水稻等作物轮作。栽种前将土壤深翻，土块打碎，拣除前期作物残根，耙平地面。并起沟整平作畦，畦宽 1.20 ～ 1.30m、沟宽 0.25m、深 0.25m 左右为宜，并开好横沟。

（二）种植技术

西红花为多年生草本，浅根系，株高 10 ～ 15cm，植株地下球茎的整个生长期为 7 个月左右，最适生长温度为 10 ～ 15℃，开花的最适温度为 15 ～ 18℃，湿度 80%，花期在 10 月底—11 月下旬，一般栽培条件下不结实。

采花结束后（一般为 11 月下旬），将种球移栽到整好的土壤中，种植密度根据种球大小而定。8g 以上的大球与 8g 以下的小球分开种植，一般行距 20cm，株距 10cm，种植深度 6 ～ 8cm。667m^2 栽植 250kg，可收种球 375kg。先在畦上横向开沟，将种球放入沟内，主芽向上，覆盖稻草或草木灰，再加盖细土，轻压。

翌年 2—3 月为西红花种球膨大期，要及时松土、人工除草，全程不施除草剂，一般不灌水。如遇干旱天气土壤干燥时灌沟水，以促进根系生长；土地湿润则不需要灌水；雨水过多时注意开沟排水，防止淹没种球而引起烂球。1 月中旬 667m^2 再施入畜粪 2 000kg，以促进种球膨大。除磷肥外一般不施其他化肥，全程实施无公害生产。

（三）品种选择

（1）选用优质高效品种，搞好种球精选，因此须推广应用提纯复壮技术，搞好选种和纯种繁殖。

（2）搞好播种，为夺大球打基础。

（3）施足基肥，基肥应在播种前 10 ～ 15d 施用，每 667m² 施充分腐熟的农家肥 2 500 ～ 3 000kg 或饼肥 75 ～ 100kg、过磷酸钙 50kg。

（4）科学运筹肥水，争壮苗、防早衰，追肥的同时要拔除田间杂草。

（四）引种培育

目前，国内西红花种植主要包括室外育种和室内培育两个阶段（图 6-5）。

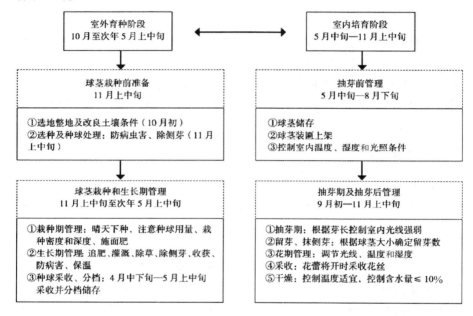

图 6-5　西红花培育工作过程

1. 室外育种阶段

为保证引种西红花的质量，根据各地区的物候条件，因地制宜地探索、实践西红花种植技术与栽培管理条件控制。

（1）做好选地整地和土壤改良工作。

①选地。不宜与地下球根或蔬菜等作物轮作。以湘中地区为例，主要农作物为水稻，引种试验采用水稻 - 西红花轮作模式。选择向阳平坦的水田，土壤类型为水稻土，黏性略大，浸水后呈泥糊状，耕作时可在土壤中掺入适量细沙或锯末，增强土壤排水能力，使土壤条件符合壤土或沙壤土的种植要求。检测土壤 pH 值为 6.5，符合 pH=5.5 ～ 7.0 的要求；土壤

重金属、农药残留和苯并(a)芘限值符合《土壤环境质量农用地土壤污染风险管控标准》(GB15618—2018)中水旱轮作地的要求。

②整地及土壤改良。水稻收割后及时清除水稻残株和其他杂草,进行第一轮耕作(旋耕 25cm),拣除水稻残根。将土壤完全打碎,耙细,撒生石灰粉翻入土中,进行土壤消毒,并暴晒 10d 以上。栽种前 10d,应对所选大田再深耕 1 次,要求土壤细碎疏松;同时施基肥,按每亩施基肥 45% 硫酸钾型复合肥 50kg、腐熟栏肥 1 000kg,也可用消毒过的腐熟秸秆替代腐熟栏肥,同时按芽孢杆菌 1kg 加入生防菌,将肥料和生防菌均匀撒在大田中,然后翻入土壤中,使肥料与土壤充分混匀。施好基肥和生防菌后作畦开沟,畦形龟背状,畦高 0.3m,畦宽 1.2m,畦间 0.4m,畦四周开宽 0.3m、深 0.3m 的排水沟。

(2)做好种球茎栽种前处理及栽种工作。将干瘪、过小和有病斑的种球茎挑出,按质量进行分档。种球茎主要有 A 类(单球重 ≥ 25g)、B 类(单球重 < 15g)两个级别。对 A 类种球主要考察西红花开花及种球茎繁育情况,B 类种球仅考察种球茎繁育情况。分档后的种球茎剥除外层苞衣,根据球茎大小合理留芽,25g 左右球茎留 2 个主芽,小于 15g 的球茎留 1 个主芽,抹去球茎四周的侧芽。栽种前将种球在阳光下暴晒一遍,再用 50% 多菌灵 500 倍液浸种 20 ~ 30min 后,将种球茎摊置于匾中,晾放 2d,选择天气晴好的上午,将种球茎移栽入田中。栽种密度为 A 类种球茎行距 25cm、株距 20cm、深度 10cm,B 类种球茎行距 20cm、株距 15cm、深度 8cm。栽种前,在畦上开种植沟,沟内每亩施用 100kg 钙镁磷肥。栽种后,每亩用腐熟栏肥 4 000 ~ 5 000kg 覆盖行间作面肥,也可用消毒晾晒后的稻草覆盖,上覆少量碎泥土。

2. 室内培育阶段

(1)种球茎贮存条件控制及抽芽前管理。种球茎室内摊放 20h 后,即可按不同分档上匾。

种球茎贮存期内要注意防控腐烂病的发生,尤其是南方夏季高热,6 月下旬—8 月下旬,都是球茎腐烂病的高发期,要做好防控工作。种球茎上匾前用 50% 多菌灵 500 倍液喷布匾盘及架子,用 25% 的吡唑醚菌酯 2 000 倍液浸泡球茎 1h,以降低贮存期内球茎腐烂病的发生率。按种球茎分档大小分开上匾,球茎头朝上,整齐地摆放一层,然后按从小到大的顺序将分档上匾的种球茎置于多层匾架上,最小的种球茎置于最下层。匾架距地面 50cm,层间距 40cm。西红花种球茎在贮存期应严格控制温度、湿度及光照条件,以降低贮存期内球茎腐烂病的发生率。

6—7月中旬为西红花休眠期,室内光照要弱,可挂深色门帘和窗帘减弱光照;室内温度控制在30℃以下,湿度控制在60%以下。

(2)抽芽期管理。7月中旬至8月中旬,球茎开始萌芽,花芽开始分化,室内温度控制在22~28℃,湿度控制在70%~80%,室内遮阳,避免光照;8月下旬至9月下旬,雌雄蕊分化基本完成,室内温湿度控制及光照条件基本不变;至10月中旬,花器官形成,此时室内温度宜略降低,控制在20~25℃,湿度控制在70%~80%,地面和墙面经常喷水,也可将浸湿的草垫摊于地面以保持空气湿度。喷水时注意种球上切忌沾水,以免导致种球提前长出营养根,影响开花与繁殖。注意8g以下种球茎一般当年不开花,可在9月直接移栽到大田,以促进球茎的生长,保证翌年高产。

光照条件应根据芽的生长情况来调节,芽短时应减少光照强度,芽长时应增加光照强度。当芽长超过3cm时,可逐渐增强室内光照,但应注意避免光线直射,同时匾要经常调换位置,以使种球茎受光照强度基本一致。主芽长到6~7cm长度时应及时抹掉一部分,同时摘除球茎四周长出的侧芽,需根据种球茎大小合理确定主芽保留数目,30g以上的种球茎留芽3个,20~30g的种球茎留芽2个,20g以下的种球茎留芽1个,以减少后期开花数量,保证花丝质量。

(3)花期管理。10月下旬至11月中旬是西红花的花期,此时室温宜控制在15~18℃,温度过低或过高,均影响开花速度,可通过关闭门窗或其他加温措施升高室温,通过机械喷水雾或其他降温措施降低室温,使温度到规定范围以促进开花;湿度控制在75%~80%,光照可随着花期的推进逐渐增强。花芽开始萌发时,光照强度较弱,室内保持阴暗;花芽萌发后,增加光照强度以促进芽鞘生长,自然光照强度不够时,可开灯人工补光。芽鞘长度控制在7~12cm,有利于开花。

(4)花丝采收。西红花从花蕾初现到开花需1~3d,花蕾在完全开放的前一天生长最快,应趁花蕾将开时,即花蕾刚露出红色的花丝时进行采收。采收最佳时间为上午9:00—11:00,采摘时先采下整朵花,再用手指轻轻撕开花瓣,取出花丝(即雌蕊的花柱和柱头),注意断口宜在花柱的红黄交界处。采收后的花丝薄摊于洁净烘焙油纸上,上覆一张油纸,以减少西红花挥发性物质的散失,降低其香味和功效。采收后的匾盘及时放回匾架,且调换位置。

(5)花丝干燥。采收后的西红花花丝应及时干燥。鲜花丝在室温下保存不得超过24h,4℃以下冷藏时间不得超过48h,-20℃以下冷冻时间不得超过7d。在实践中发现,即便符合以上规定保存时间,花丝采收后在保存期间仍会逐渐呈现弯曲状态,若未及时干燥,会严重影响花丝的品相。

关于西红花花丝干燥的方法,目前研究的焦点是干燥的温度。如低温冷冻干燥(-40℃),虽然产品品相最好,西红花苷含量也较高,但干燥设备昂贵,且干燥时间长(12h),不适用于生产实践。国内常用的方法是60℃以下烘干,控制含水量<10%,干燥的设备有热风烘箱、水浴烘箱、恒温加热板等;也有报道90℃热风烘干8min,西红花苷的含量较高。

（五）田间管理

1. 灌排水

西红花栽种后要及时浇透水,以利生根。日常灌溉需适度及时,保持土壤湿润。在较为干燥的秋冬季,采用沟灌的形式灌溉,在沟中灌水1～2次,以沟全部淹没为度,使水徐徐渗入植株根部;在雨水较多的春季,注意及时清沟排水,必要时可造简易薄膜雨棚挡雨,以免过多雨水渗入土壤,浸泡植株根部造成植株死亡。

2. 除　草

日常勤除杂草,应徒手拔草,且做到全株拔出,运出大田。注意除草过程中不宜拨动西红花植株叶片。至翌年4月中下旬,西红花老叶由青转黄时即可不再除草。除草同时应及时抹除球茎四周长出的侧芽,以减少繁育过小的球茎,保证球茎质量符合要求。除草后应及时中耕松土,增加土壤通气性,促进植株根系伸展,促进水分和养分有效输送。对因除草而露出表土的球茎,应及时进行培土。

3. 及时追肥

1月中下旬植株叶片开始返青时进行第一次追肥,按每亩20kg兑水浇施45%硫酸钾型复合肥。2月上旬根据植株生长情况,若苗弱,可再追施(浇施植株)15kg硫酸钾复合肥。2月中旬至3月上旬,每隔10d用0.2%磷酸二氢钾溶液喷施叶面,共喷施2～3次。

4. 冬季保温

西红花虽为耐寒植物,但温度低于-10℃时,对植株生长不利,尤其是新种球会变小。湘中地区冬季湿冷,有时还有冻雨,地面温度极低,严重影响西红花的生长繁育,因此冬季应做好西红花的保温工作,可将已暴晒消毒的稻草覆盖在田间,防止西红花植株冻伤。

（六）病虫害防治

西红花种植过程中最常见的严重病害是由细菌引起的球茎腐烂病,俗称根腐病。一般,发病从西红花植株下部或侧部开始腐烂,常伴发根蛆;植株地上部分叶片瘦弱扭曲,茎秆部发白、基部发黄,近土层处茎秆表面可见椭圆形病斑。根腐病的发生原因有：

（1）种球质量问题,如种球茎采收后未进行及时的清洁处理,导致土壤、根系等携带的微生物污染种球;或种球茎栽种前未进行杀菌和干燥,导致种球茎携菌。

（2）种植地土壤未进行消毒处理。

（3）在栽培管理过程中,浇水过多或排水不畅,导致植株处于高湿环境,尤其是在冬季,低温高湿的环境更易导致水分难以蒸发,发生沤根的现象,进而诱发根腐病的发生。为预防根腐病的发生,应做好种球和土壤的消毒除菌处理,也可将生防菌（如淀粉芽孢杆菌）在整地时与土壤混合,以提高植株的抗病能力,改良土壤,同时适度浇水,及时做好排水工作。对已经发生根腐病的植株,应将病株连根拔除,带出田地销毁,并用生石灰对病穴进行浇灌消毒。对发病较轻或没有发病的植株,每亩按 20% 乙酸铜 2 000g+1% 联苯噻虫胺 2 000g 的量与细土混合后撒施,并在撒后及时进行灌溉;同时每亩配合使用 68% 噁霉·福美双 40g+80% 克菌丹 30g,兑水 30kg,均匀喷洒。

一般情况下,不需要喷农药防病治虫,但为防止种植过程中发生腐败病、腐烂病、菌核病、病毒病和蚜虫等病虫害,可用 5% 石灰乳液或波尔多液浸种 10 ~ 15min。

（七）采收加工

4 月中下旬至 5 月上中旬,待西红花植株地面部分全部转黄并枯萎时即可采收种球茎。选择晴天且土壤呈半干燥状态时采收,从畦的一端开始,按顺序采挖,注意不要损伤球茎。挖出的球茎及时运到通风的室内摊放,摊放高度不超过 10cm。

1. 采收与贮藏

5 月上旬,当西红花叶片枯萎后于晴天收获,按种球大小分级,将 8g 以下的小球分出,因其当年不能开花,需继续培养 1 年。种球在夏季进入休眠期,收获的种球应放入室内,放在阴凉、不见阳光却又通风透气的房间中贮藏,可采用沙藏,铺一层沙放一层种球,高度 0.5m。控制好温度(室温在 30℃以下)和湿度,特别要注意湿度,经常检查,防止因烂球造成损失。

2. 上架与采花

8 月份,将 8g 以上的种球上架,放置在木匾内,芽朝上,可使用多层支架,层间距 50cm,底层离地 15cm。9 月初发芽,10 月下旬开花,开花最适温度为 15 ~ 18℃,湿度 80%,超过 20℃开花慢或不开花,因此生产上要注意降温。采花宜在上午 8—9 时进行,当花朵呈半开状态时,连花冠筒一起采下,注意不要使种球倒伏。采收可一直持续到 11 月底。

3. 加工与抹芽

当天采收当天烘干,但不宜过干,以防破碎。将烘干后的柱头与花柱贮存在干燥容器内,密闭,置于阴凉干燥处避光保存。采花结束后,抹除种球上的侧芽,待种。

4. 分　档

室内摊放约 1 周左右,去掉球茎表面泥土,齐顶端剪去枝叶,剥去残根,剔除干瘪、破损、病害球茎,将拣选好的健壮无损的球茎用 50% 多菌灵 500 倍液浸泡 20min 左右,进行消毒。捞出种球茎,按大小、质量分为 4 个档:一级,单球重 ≥ 35g;二级,35g >单球重 ≥ 25g;三级,25g >单球重 ≥ 15g;四级,15g >单球重 ≥ 8g。将不同档次的种球茎分开后,置于通风干燥、阴凉少光的室内贮存。

第七章　中药化学成分的一般研究方法

中药作为中华民族的瑰宝,其疗效已经过 2 000 多年的临床实践验证,但中药现代化还处于初级阶段,目前亟须解决的问题是快速阐明中药药效的物质基础以及建立系统、可控的质量标准。

第一节　中药化学成分概述

中药化学成分在中药现代研究中是必不可少的研究内容,它是中药实现防病、治病的物质基础。中药包含多种化学成分,按照有效成分组学的研究,可以将其划分为有效成分、辅成分和无活性成分。对中药进行研究主要包括提取中药所含有的有效成分进而分析它的作用原理。对中药的研究不能脱离单体化学成分,包括单体化学成分的质量控制、药理研究和作用靶点等,只有这样才能更好地研究中药及其复方的物质基础和作用机制。近年来,高压制备液相色谱、超高效液相色谱(UHPLC)的使用,加快了中药化学成分有效分离,在一定程度上可以整体、直观地表征中药复杂组成的成分,如指纹图谱。

第二节　中药化学成分的提取方法

中药化学成分的提取指的是在中药原料中提取出有效成分的过程,

这会直接影响产品中有效成分的含量,进而对其产品内在质量、临床疗效和经济效益等产生影响。

一、索氏提取法

索氏提取法又称为连续回流提取法,提取装置主要包括冷凝管、带有虹吸管的提取器和烧瓶,如图 7-1 所示。

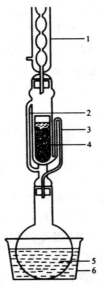

1. 冷凝管;2. 通气侧管;3. 虹吸管;

4. 药材;5. 圆底烧瓶;6. 水浴。

图 7-1 索氏提取器示意图

在索氏提取法中,由于提取溶剂是连续回流的新鲜溶剂,提取效果较好。而且,样品是在滤纸袋中,样品粉末不能进入提取液中,无须过滤,减少了实验步骤。但是,索氏提取法提取温度取决于溶剂的沸点,使用沸点高的溶剂,提取温度也就高,提取溶剂沸点低,提取温度也就低,而且提取过程只能在常压下进行。此外,在利用索氏提取法提取中药有效成分的过程中,需要不断加热溶剂,使溶剂连续回流,被提取出来的成分在烧瓶中被长时间存留,这样就会使一些热不稳定的化合物发生化学变化,影响此类化合物的收率。

二、超声辅助提取法

超声提取法是利用超声波的空化作用将植物细胞壁达到破碎的状态，热作用使萃取体系中的温度升高从而更易提取活性成分，机械作用使介质之间更易扩散与传导，通过以上作用来提高对活性成分的萃取率。此方法具有操作简便、溶剂用量少、萃取时间短、萃取温度低、收率高等优点，已成为实验室供试样处理的主要手段，但工业放大有一定的困难。不足之处在于对有的物质其提取率并不高，并有较大噪声污染。此法多用于黄酮类、多糖类、皂苷类等多种天然产物的萃取。有学者采用超声提取法对茄子皮中的果胶进行了提取，使用 Box-Behnken 设计方案得到的最优工艺条件为：超声功率为 50W，时间为 30min，pH 为 1.5。最终果胶的提取收率为 $33.64 \pm 1.12\mu g/100\mu g$。

三、微波辅助提取法

微波能量作为热源被用在分析实验室最早始于 1975 年，Abu Sanra 利用微波加热进行酸消化。1986 年，Ganzler 等首次发表了用微波进行溶剂提取，探索了从土壤、种子、食物以及饲料中提取各类化合物，他们用微波加热样品及溶剂 30s 后，将容器浸入冰浴冷却 2 ~ 5min，然后再进行微波加热，如此重复 5 次，以得到最佳萃取效率。

微波具有穿透、吸收和反射三种特性，因此利用其特性，采用高频电磁波穿透萃取介质到达物料内部，吸收微波产生热能，细胞内部温度迅速升高，从而造成细胞壁内部压力高于外部，细胞壁内的活性物质向外扩散，同时微波能够促进极性分子的转动，加速萃取介质对活性成分的溶解以及扩散，最终以高效、环保、节能和加热迅速等优点对活性成分进行了微波提取，该方法称为微波提取法。有学者利用微波辅助方法对石榴皮中的酚类化合物进行萃取，研究发现最佳操作条件为：50% 乙醇水溶液，溶剂与物料比为 60：1（mL/g），功率为 600W。结果发现与传统提取方法相比，处理时间缩短了 60 倍以上，与超声辅助提取（时间为 10min）相比，微波法在较短的处理时间（4min）获得的产量高了约 1.7 倍。通过 SEM 分析观察得到，这些差异在于微波强烈地破坏了处理过的植物细胞。

（一）微波提取方法的原理

溶质和溶剂的介电常数越大（表7-1），微波提取的效率就越高。微波加热时分子的偶极转动还促进了氢键的断裂。但高黏度的介质可阻碍分子的转动，从而降低这种作用。

表7-1　一些常用试剂的介电常数和偶极距

溶剂	介电常数（20℃）	偶极矩 （25℃，Debye）
己烷	1.89	<0.1
甲苯	2.4	0.36
二氯甲烷	8.9	1.14
丙酮	20.7	2.69
乙醇	24.3	1.69
甲醇	32.6	2.87
水	78.5	1.87

此外，离子的迁移增强了溶剂向基质渗透，促进有效成分向溶剂中扩散。在溶液中电场还能够诱导离子流的产生，当介质阻碍这种离子流时，就产生了摩擦，从而释放热量。这种现象受溶液中离子的大小和所带电荷影响。微波的作用很大程度上依赖溶剂和基质的性质，可用的溶剂极性范围较宽，从庚烷到水都可以使用。大多数情况下，采用的溶剂都应满足较高的介电常数以及较强的吸收微波能力。在一些情况下，基质本身与微波作用，而溶剂的介电常数较低，使得基质周围的温度较低。微波作用导致极性分子吸收微波能，局部的加热导致了细胞的膨胀和细胞壁的破碎，随后，药材中的精油便可以进入溶剂。进行微波提取时，若样品中含有水分则可以使得局部过热，有助于活性成分进入提取介质中，因而，样品中含有一定量的水分是必要的。

（二）微波辅助提取法的分类

目前，使用的微波辅助提取方法，按操作压力一般分为常压提取法和高压提取法，按提取溶剂状态分为溶剂固定型和溶剂流动型提取法。

常压微波辅助提取法是在敞口容器、常压状态下进行的，从而有效降低危险性。提取容器的体积可从几毫升到几百毫升，样品用量范围也较宽。提取溶剂状态可以是固定型的，即一定量的溶剂盛装在容器中，也可以是流动型的,即提取溶剂连续不断地流过装有样品的容器中。溶剂固定型微波辅助提取可以使用较大的容器,对于大量样品的制备较适用。溶剂流动型微波辅助提取法中,提取溶剂连续流入提取容器中,提取液总是新鲜的,提取效果较好;提取液在流出微波炉后被冷却,从而防止被提取物由于受热时间过长分解成其他物质。

高压微波辅助提取法是在密闭提取罐、高压状态下进行的。在密闭、高压的条件下,被提取的样品和提取溶剂的温度都很高,使被提取物的溶解度增大,可在更短的提取时间内,取得更高的提取效率。

高压提取法利用微波消解装置,可同时处理 9 ~ 12 个样品。但是,使用这种提取方法,在提取完成后,提取液需要经离心或过滤才能进一步地分析或提纯。

四、超临界流体提取法

超临界流体是指物质在超过临界压力和临界温度时形成的流体,同时具有气体的扩散性以及液体的溶解性。利用具有溶解能力的超临界流体作为萃取剂对活性成分进行提取分离,此方法称为超临界流体提取法。常见的超临界流体包括 CO_2、N_2O、$CH_2\!=\!CH_2$、$CHCl_3$、C_2F_6、N_2、Ar 等,由于 CO_2 具有无毒、无味、安全、廉价、与大部分物质不发生反应等优点,是超临界流体提取法中普遍使用的气体。超临界 CO_2 流体萃取工艺流程如图 7-2 所示。超临界流体提取法广泛应用在中药领域,包括对挥发油、黄酮类、有机酸类、含苷类及萜类、香豆素类等天然产物的提取。该方法具有萃取效率高、操作温度低、节约有机试剂等优点,但缺点也十分明显,如生产成本高、操作程序复杂、设备清洗困难等。因此超临界流体提取法在产业化生产中的应用受到了一定的局限。有学者对 15 种果实(包括甘薯果肉和果皮、番茄、杏、南瓜、桃以及绿色、黄色和红辣椒的果肉和废料)中的类胡萝卜素进行超临界流体提取,在最佳工艺参数条件(59℃,35MPa,15g/min CO_2,乙醇作为助溶剂,提取时间为 30min)下,对于大多数样品,总类胡萝卜素回收率均大于 90%。更多极性的类胡萝卜素,如叶黄素和番茄红素,显示出较低的提取率。有学者利用超临界流体提取法对沙枣中的油进行了萃取,最优工艺参数为:压力为 30MPa,温度为 50℃,时间为 150min,40g/min CO_2 流速。最终沙枣油的收率达到 29.35%。

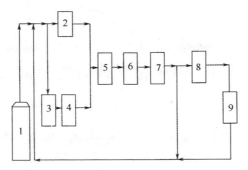

1.钢瓶；2.压缩机；3.冷枢；4.高压液体计量泵；5.预热器；

6.萃取器；7.分离器；8.流量计；9.循环泵。

图 7-2　超临界 CO_2 流体萃取工艺流程

五、酶提取法

酶提取法是利用酶对植物细胞壁中的成分进行酶解,破坏细胞壁,加速萃取介质对植物细胞壁内活性成分的溶解与扩散。在酶提取法中常常使用的酶包括纤维素酶、半纤维素酶、果胶酶等。酶提取法具有提取高效、反应温和、工艺简单等优点。有学者比较了热水提取、酶辅助提取、超声辅助提取和超声酶辅助提取方法对绞股蓝多糖提取率的影响,结果表明,酶辅助提取和超声酶辅助提取法均显著提高了绞股蓝多糖的提取率,得到酶辅助提取法的最佳条件为:纤维素酶量为 155（mg/g）,时间为 48.4min,pH 为 7.9,最终提取率为 12.03%。

六、超高压提取法

超高压提取法通过升高的压力对萃取物细胞形成较大的作用力,造成细胞壁的破裂,加速基质内的活性成分与溶剂的接触,从而提高活性成分在萃取试剂中的溶解度。超高压提取法具有高效、低耗能、操作简单、环保等优点。有学者采用超高压提取法对荔枝果皮中原花青素进行提取,采用四因素三水平的响应面法优化最佳工艺条件,明显提高了产率。

第三节 中药化学成分的分离方法

中药提取液仍然是混合物,需进一步分离才能得到有效成分的单体。

一、溶剂分离法

(一)固液溶剂分离法

固液溶剂分离法的原理为,根据"极性相似相溶"这一规律,选择多种具有不同极性的溶剂,按极性由低到高的顺序对总提取物的粉末进行抽提,从而实现多种化学成分的分离。

某些水提取物和乙醇提取物往往是胶体物质,难以在低极性溶剂中均匀分散,所以不能完全提取。通常加入适量的惰性填料,如硅藻土或纤维粉,然后置于低温或自然干燥条件下,粉碎,最后用固液溶剂法分离。

(二)两相溶剂萃取法

1. 简单萃取法

简单萃取法是指使用普通的分液漏斗等器皿进行的非连续性萃取操作。例如,提取物中包含难溶于水的酸性或碱性成分,可采用 pH 梯度萃取法进行分离(图 7-3)。

2. 逆流连续萃取法

逆流连续萃取法的原理为,利用两种互不相溶的溶剂相对密度的不同,将相对密度小的相液作为移动相,逆流连续穿过相对密度大的作为固定相的相液,从而依靠交换溶质达到分离的目的(图 7-4)。

如果利用分液漏斗进行多次转移,操作过程并不方便,此种情况可以使用 Craig 逆流分溶仪,其是由上百个萃取单元(图 7-5)组成的全自动连续液 - 液萃取装置。图 7-6 为逆流分溶仪萃取单元的工作过程。

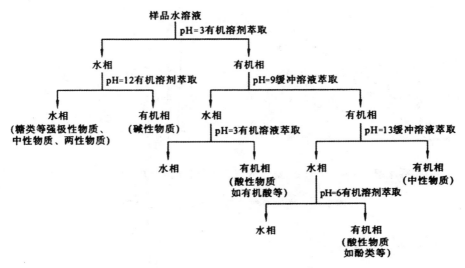

图 7-3 pH 梯度萃取法原理图

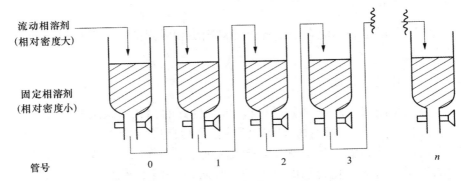

图 7-4 逆流分配法分离过程示意图

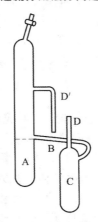

图 7-5 逆流分溶仪萃取单元

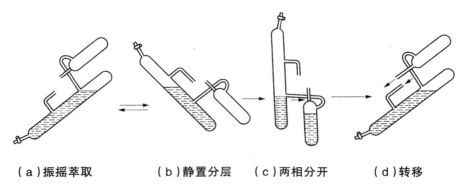

（a）振摇萃取　　（b）静置分层　　（c）两相分开　　（d）转移

图 7-6　逆流分溶仪萃取单元的工作过程

二、色谱分离法

（一）吸附色谱

吸附色谱是利用混合物中各组分对固定相吸附能力的差异而达到分离的方法。

1. 大孔吸附树脂法

大孔树脂属于功能高分子材料，具有良好的大孔网状结构和较大的比表面积，可以有选择地物理吸附活性化合物，包含非极性、中极性、极性和强极性几种类型。大孔吸附树脂法通过分子间作用的范德华力以及氢键的作用力对活性化合物的分子进行吸附，利用不同孔径及不同极性的树脂对不同类型的化合物进行分离纯化。该方法具有操作方便、成本低、可重复利用等优点。有学者通过大孔吸附树脂法纯化了乌拉草中的多糖类物质，最优条件为：洗脱体积为 2.74BV，流速为 1.88BV/h，样品浓度为 2.10μg/mL，最终多糖类物质的纯度为 63.59%。

2. 聚酰胺柱色谱法

聚酰胺是一类酰氨基发生聚合反应形成的高分子物质。聚酰胺柱色谱法利用酰胺基与各类化合物形成氢键，通过吸附作用对化合物进行分离纯化（图 7-7）。该方法特别是对黄酮类、酚类、醌类化合物等具有较强的分离纯化效果。有学者利用聚酰胺树脂法对黑莓中的花青素进行纯化，使用 60 ~ 100 目聚酰胺树脂纯化花青素的最佳工艺参数为：处理体积为 5BV，吸附流速为 5BV/h，吸附温度为 15℃，洗脱液体积为 3.5BV，洗脱速度为 5BV/h，最终得到每克黑莓提取物中含有 432mg 的花青素，该方法优于大孔吸附树脂法（176mg/g）。

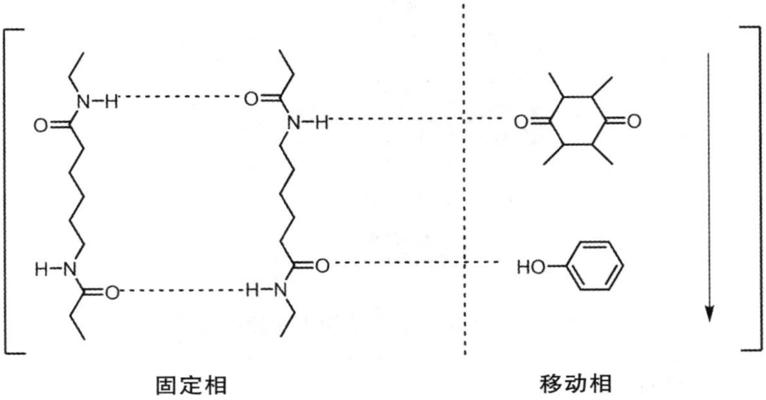

固定相   移动相

图 7-7 聚酰胺吸附色谱的原理

（二）分配色谱

分配色谱是利用混合物中各成分在两种互不相溶的液体中分配系数存在差异而进行分离的一种方法。

高速逆流色谱法（high-speed countercurrent chromatography，HSCCC）以液 - 液萃取的方式进行分离纯化，利用一种特殊的流体动力学现象使两相溶剂在螺旋管中高效地接触、混合、分配和传递，当流动相通过特定的速率经过固定相时，根据分离物质中各组分分配系数不同而得到分离纯化的效果（图 7-8）。该方法具有操作成本低、溶剂体系多样性、无损失、无污染、高效等优点。有学者研究了离子液体修饰的高速逆流色谱法对荷叶中的生物碱进行分离纯化，两相溶剂体系组成为：石油醚：乙酸乙酯：甲醇：水：$[C_4mim][BF_4]$ 为 1∶5∶1∶5∶0.15（$V/V/m/V/V$），最终从 100mg 粗品中获得四种生物碱，纯度都达到 90% 以上。结果表明离子液体修饰的高速逆流色谱法适用于从荷叶中分离生物碱。

（三）离子交换色谱

离子交换色谱是利用各种离子型化学成分与离子交换树脂进行交换反应时，因交换平衡的差异或亲和力差异而达到分离的一种分离方法（图 7-9）。

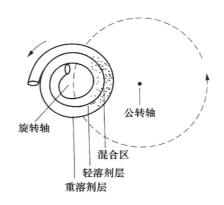

图 7-8　HSCCC 分离物质原理模拟图

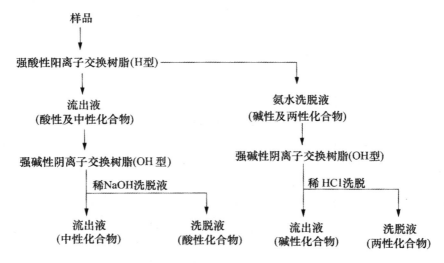

图 7-9　离子交换树脂法分离物质模式图

（四）凝胶色谱

凝胶色谱（gel filtration chromatography，GFC）是利用多孔凝胶作为固定相，当多组分物质流经凝胶柱后，根据活性物质分子的大小不同而达到分离纯化的目的（图 7-10）。

○ 代表凝胶颗粒
◎ 代表大分子物质
● 代表小分子物质

1　2　3

图7-10　凝胶柱色谱法简单原理图

1. 待分离的混合物分布在色谱床上；2. 试样进入色谱床，小分子进入凝胶颗粒内部，大分子分布在溶液中；3. 大分子物质行程短，流出色谱床，小分子物质仍在缓慢移动

三、结晶法

结晶是指从非结晶状物质经处理得到结晶状物质的过程。其中，反溶剂重结晶法是指活性成分在主溶剂与反溶剂的体系中达到过饱和状态而重新析出晶体，利用不同活性成分在体系中的不同过饱和度来分离纯化目标化合物。有学者从石榴皮中提取鞣花酸，进行酸水解，然后通过反溶剂重结晶法对鞣花酸进行纯化，最终得到高纯度的鞣花酸。有学者以乙醇为溶剂，正己烷为反溶剂，通过反溶剂重结晶法对银杏叶提取物中的黄酮类化合物进行了纯化，在最优条件下，黄酮类化合物的含量得到了显著的提高。

四、膜分离法

膜分离法是利用一张特殊制造的滤膜，在外力推动下对活性成分中不同粒径大小的分子进行选择性透过，从而实现对活性成分各组分的分离纯化。膜分离法包括超滤、反渗透、渗析、液膜技术等。该方法具有高效率的能量转化、适合热敏物质、工艺简单等优点，缺点为膜的成本较高，在工业化生产中投资较高。有学者使用膜分离法对石榴汁中的多酚类、花青素、糖类进行了分离纯化，首先进行了所选膜的初步筛选，最终证明截留分子质量为2 000Da的DesalGK膜显示出更高的渗透通量、更低的结垢指数和糖与酚类化合物良好的分离效率。最终根据浓缩和渗透的方法,在截留物中多酚和花青素的产率分别为 84.8% 和 90.7%,渗滤步骤中对葡萄糖和果糖的回收率分别为 90% 和 93%。

五、高效毛细管电泳法

高效毛细管电泳法是指利用高压电场作为推动力、毛细管作为分离纯化的通道,通过活性成分中所带不同电荷的各组分在电场中具有不同的迁移速度,进而实现分离。目前高效毛细管电泳法逐渐成为一种高效的分离分析技术,它能够将结构上存在极小差别的物质加以分离,广泛应用到分离黄酮、生物碱、香豆素、酚类等活性化合物。

六、分子印迹法

分子印迹法是指聚合物单体与印迹分子形成结合位点,经过聚合反应生成分子印迹聚合物,通过除去印迹分子形成具有一定空间构型的空穴,形成的空穴对类似空间构型的化合物具有特定的选择性,利用此特性对活性成分进行分离纯化。分子印迹聚合物的制备材料包括模板分子、溶剂、功能单体和交联剂,制备过程为通过功能单体与印迹分子结合,利用交联剂形成聚合物起到固定的作用,最终脱去印迹分子形成分子印迹聚合物。有学者采用分子印迹法对苏打木质素中的香草醛进行了纯化,选用香草醛作为印迹分子,DMSO 为溶剂,异丁烯酸作为功能单体,乙二醇 HEMA- 甲基丙烯酸酯作为交联剂,合成分子印迹聚合物对香草醛进行纯化,最后通过气相色谱、质谱、红外对纯品进行表征。

第四节　中药化学成分的鉴定

中药成分的鉴定是用微量、快速、简便、可靠的方法对中药成分进行分析,并确定其所属的化合物类型,以区分中药的真伪与优劣。

一、化学分析法

由于中药成分具有不同的结构,能够与某些特定的试剂反应,从而产生特殊的颜色或沉淀物以供鉴定。通常采用少量中药干粉、切片或经过初步处理的样品,进行特定的化学反应。

二、光谱分析法

光谱分析法是选取某个波段波长的光,测定中药提取物对光的吸收并记录其吸收光谱。中药化学成分鉴定采用的光谱分析法通常有以下几种。

(一)可见 – 紫外分光光度法

中草药中的部分化学成分具有不饱和结构,其在可见 - 紫外光区产生选择性吸收,从而表现出特征吸收光谱。不同中草药中含有的成分各不相同,其不饱和度也就有所不同,也就使得吸收曲线具有不同的形状、峰位和峰强。因而,可以根据紫外 - 可见光谱的一系列特征数值鉴别中药材。

(二)红外分光光度法

中药材中包含多种成分,不同产地的同种药材所含成分也存在差异,但只要主要成分属于同一类型,则具有相似性很高的红外光谱。

三、色谱分析法

色谱分析法具有高效、快速、灵敏、样品用量少、自动化程度高等优点,常用于鉴定中药含有的化学成分。

(一)薄层色谱法

薄层色谱法(thin layer chromatography, TLC)多是以吸附剂作为固定相的一种液相色谱法,通过比较样品和对照品的保留因子实现定性鉴别。

(二)纸色谱法

纸色谱法(paper chromatography, PC)是将滤纸作为载体,将滤纸上的水分或其他物质作为固定相,有机溶剂作为流动相的分配色谱。待测样品经展开后,可用保留因子表示各组分的位置。

（三）气相色谱法

气相色谱（gas chromatography，GC）定性分析多用于鉴定样品中含有的组分,也就是鉴定色谱峰所代表的化学成分。此法适用于分析本身具有挥发性和热稳定性的成分。

（四）高效液相色谱法

高效液相色谱法（high performance liquid chromatography，HPLC）是将一定条件下的保留值与其对照品在同一条件下的保留值进行比较,从而实现定性鉴定。

第五节　中药化学成分的含量测定

中药化学成分的含量测定是通过化学、物理或生物化学方法测定样品中有关成分的含量,是评价药品质量的标准之一。

一、化学分析法

化学分析法主要有重量分析法和滴定分析法。测定前,应对样品进行提取、分离、净化、富集、衍生化或消化等操作。

（一）重量分析法

重量分析法的原理为,称取一定质量的样品,再通过一定的操作分离出待测成分,进而转化为某种称量形式进行称重,最终求出该组分在样品中的含量。

（二）滴定分析法

滴定分析法的原理为,向待测样品溶液中滴加标准溶液,直到两种溶液能够满足反应式中的化学计量关系,也就是恰好反应完全,则可以依据标准溶液的体积和浓度计算出待测样品中所测化学成分的含量。

二、光谱分析法

(一)紫外－可见分光光度法

分光光度法是以被分析物质在紫外、可见光区中对某一束单色光辐射的吸收特性所建立的,紫外-可见分光光度计产生的可见光和紫外光照射到不同的待测溶液中时,由于不同浓度溶液吸收光谱的差异而产生不同的吸收峰,根据吸收强度值与溶液浓度的正比关系来确定相应组分的含量。紫外-可见分光光度法操作简单,成本低且易于普及。对多数药物来说,本法具有较高的灵敏度和准确度,适合做定量分析。在中药分析中,以单波长光度法应用最多。

(二)荧光分析法

荧光分析法适用于测定本身具有荧光或可以转化生成荧光衍生物的物质,具有灵敏度高、操作便捷的优点。

1. 标准曲线法

采用标准曲线法,是将所测样品的荧光强度作为纵坐标,将对照品浓度作为横坐标来绘制标准曲线,从而根据标准曲线确定待测样品中荧光物质的含量。

2. 比例法

若荧光强度和浓度呈现出良好的线性关系,则可以在进行测试前,用一定浓度的对照品溶液校正仪器的灵敏度,再于同一条件下,分别测得对照品溶液及其空白试剂的荧光强度(R_r 和 R_{rb})与样品溶液及其空白试剂的荧光强度(R_x 和 R_{xb}),按下式得出样品溶液的浓度:

$$c_x = \frac{R_x - R_{xb}}{R_r - R_{rb}} \times c_r$$

式中,c_x 为样品溶液浓度,c_r 为对照品溶液浓度。

第八章 糖和苷类成分分析

　　多糖和皂苷的分离纯化是非常重要的分离纯化技术，只有获得单体的多糖、皂苷成分，才可进行下一步研究应用或者工业生产。本章主要对中药多糖和皂苷的提取、分离、鉴定进行详解。

第一节 概　述

　　多糖是一种天然的高分子聚合物，广泛存在于自然界的动物、植物和微生物中，由于是从植物中提取的，植物多糖具有无害、无残余及无副作用的优点，近年来，它已成为研究的热点。国内外大量研究证明多糖在免疫调节、抗肿瘤及病毒、降血糖、抗炎、抗凝血等方面疗效显著。研究发现，红藻中的多糖可以对牛肉香肠起到保鲜的作用，可以作为有效的天然添加剂并代替食品工业中的合成抗氧化剂；牡丹皮中的多糖成分可通过调节氧化应激和调节炎症因子对糖尿病大鼠起到肾脏保护作用；大枣中的阿拉伯聚糖、圆锥绣球树皮中提取的黏质多糖都可以显著加强机体免疫功能。

　　例如薯蓣植物中存在的多糖近期受到人们的广泛关注。研究发现，山药中的多糖具有明显的抗氧化性，在 DPPH、ABTS、OH 自由基去除和还原能力测定时均表现良好。研究表明，薯蓣多糖可对少弱精子症患者起到精子的活化作用，口服实验已经取得较好的疗效。胡国强等[①] 使用从薯蓣中提取的多糖接连给糖尿病模型实验动物灌胃，结果发现薯蓣多

---

① 胡国强，杨保华，张忠泉．山药多糖对大鼠血糖及胰岛释放的影响 [J]．山东中医杂志，2004（4）：230-231．

糖可以修复受损的细胞活性,同时胰岛素的分泌也得到促进。韩晓娟[1]发现在100℃条件下提取4h时,穿龙薯蓣多糖的提取率最高,且三年生的穿龙薯蓣内多糖含量较高。邓寒霜[2]利用水提法提取穿龙薯蓣多糖,最佳工艺条件为液料比25∶1,提取温度95℃,提取时间106min,多糖得率为2.115%,超声波辅助法优化条件为超声时间41min,温度72℃,功率380W,液料比为25∶1,多糖提取率为2.297%。但目前国内外对于盾叶薯蓣的多糖研究还比较少,如果能找到适合盾叶薯蓣多糖的提取工艺,将会为未来盾叶薯蓣多糖的有效利用打好基础。

多糖的提取方法与黄酮提取方法相似,同样包括有机溶剂提取法、微波提取法、超临界萃取法和超声波辅助提取法等。但由于多糖的来源物可能有较多杂质,在提取之前要进行一些预处理,包括粉碎和脱脂的工艺,目的是破坏细胞的结构、打破细胞壁,使生物质间孔隙变大、增加接触面积,充分溶解多糖,以此提高植物多糖的提取率和纯度,获得更好的提取效果。一般选择乙醇等有机溶剂进行脱脂处理,干燥后进行提取试验,重复合并滤液方能得到粗制多糖。

研究发现,不同的预处理方法可能对多糖的产率产生影响。适合的预处理技术能有效提高多糖得率和纯度,为后续多糖的结构分析、功效评估和机理探究奠定基础。

"皂苷"是由英语中"saponin"译成的,其最初来源于拉丁语中的"sapo"一词,中文译成"肥皂"。皂苷作为腺苷类化合物中最为特别的一种,其主要存在于植物体内和部分菌类体内,类别丰富,组成复杂。皂苷主要由皂苷元与糖构成。其中皂苷中常见的糖类有葡萄糖、半乳糖、鼠李糖、阿拉伯糖、木糖、葡萄糖醛酸和半乳糖醛酸等。

皂苷主要是根据皂基的不同进行分类,螺旋甾烷类苷元,又名C-27甾体化合物,是甾体皂苷的主要代表物,普遍存在于薯蓣科、百合科和玄参科中。甾体皂苷的化学结构中没有羧基,pH约为7,其中燕麦皂苷和薯蓣皂苷最为常见。三萜皂苷多存在于远志科、豆科和五加科等。三萜皂苷种类繁多,多数呈酸性,少数呈中性。除此之外,不同种类的皂苷根据苷元上糖基链数目的差别,又分为单糖链皂苷、双糖链皂苷及多糖链皂苷。

① 韩晓娟.穿龙薯蓣多糖提取工艺及药理活性初步研究[D].长春:东北师范大学,2012.
② 邓寒霜.穿山龙多糖提取、纯化工艺及其体外抗氧化活性研究[D].西安:西北大学,2015.

第二节 糖和苷类成分的提取与分离

一、多糖的提取分离方法

多糖一般可用热水提取。根据多糖具体性质的不同,也可用稀醇、稀碱、稀盐溶液或二甲基亚砜提取。另外,还可采取酶解法以及超声波或微波辅助提取的手段。多糖一般可用纯化法(沉淀法、膜分离法、蛋白质的去除等)、色谱法、电泳法等进行分离。例如,图 8-1 所示为采用色谱法对灵芝中的多糖进行提取。采用 DEAE-Sephadex A-25 离子交换柱色谱和 Sepharose CL-6B 凝胶柱色谱分离纯化灵芝粗多糖,得到 2 个灵芝多糖二级组分。Sepharose CL-6B 为交联琼脂糖凝胶,是琼脂糖凝胶和 2,3- 二溴丙醇反应而成,增强了琼脂糖凝胶的物理化学稳定性,特别适合含有机溶剂的分离,能承受较强的在位清洗,可以高温灭菌,且流速明显高于传统的琼脂糖凝胶。

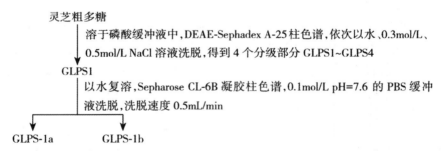

图 8-1 灵芝粗多糖的提取与分离

图 8-2 所示为采用 Sevag 法蛋白质去除的沉淀法对枸杞中的多糖进行提取分离。其中,三氯甲烷 - 甲醇(2：1)回流提取用于脱脂。过氧化氢处理起脱色作用。除蛋白采用了经典方法 Sevag 法,条件比较温和,不易影响多糖活性。

枸杞粗粉

↓ 三氯甲烷-甲醇(2∶1)回流提取 8 h,过滤

药渣

↓ 挥干溶剂,分 3 次加 15、12、10 倍量的蒸馏水于 90℃水浴提取,
↓ 每次 2 h,合并提取液

水提取液

↓ 减压浓缩,加 4 倍量 95% 乙醇沉淀 12 h,抽滤

沉淀

↓ 无水乙醇、丙酮、无水乙醚洗涤,过氧化氢处理,Sevag 法除蛋白质,透析

枸杞多糖

图 8-2 枸杞多糖的提取分离

图 8-3 所示为采用离子交换树脂法对刺五加中性多糖 ASPS-1 与酸性多糖 ASPS-2 进行提取分离。蛋白质是两性物质,可通过调节溶液 pH 而处于阴离子状态,增大阴离子交换树脂对其的吸附性;色素含有酚型化合物,大多呈负性离子,因此采用 D941 阴离子交换树脂除蛋白和色素。此法工艺简单,易实现放大提取,为多糖类化合物的除杂提供了一个新思路。利用 D941 阴离子交换树脂还可同时去除其他一些能与阴离子树脂发生离子交换或能与树脂表面基团形成氢键的无机物和小分子有机化合物。

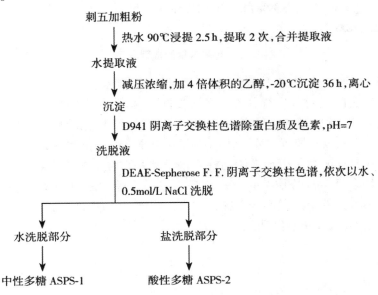

刺五加粗粉

↓ 热水 90℃浸提 2.5 h,提取 2 次,合并提取液

水提取液

↓ 减压浓缩,加 4 倍体积的乙醇,-20℃沉淀 36 h,离心

沉淀

↓ D941 阴离子交换柱色谱除蛋白质及色素,pH=7

洗脱液

↓ DEAE-Sepherose F. F. 阴离子交换柱色谱,依次以水、
↓ 0.5mol/L NaCl 洗脱

水洗脱部分   盐洗脱部分

↓   ↓

中性多糖 ASPS-1   酸性多糖 ASPS-2

图 8-3 刺五加中性多糖 ASPS-1 与酸性多糖 ASPS-2 的提取分离

图 8-4 所示为采用胃蛋白酶与 Sevag 法联用加 DE52 柱色谱脱色法对黄芪中的多糖进行提取。蛋白酶与 Sevag 法联用去除蛋白质的方法,具有经济、快速、高效安全、样品损失小等优点,是一种比较有前途的方法,在多糖精制过程中发挥着越来越重要的作用。另有研究的前处理中采用的是提取后直接以 DE52 柱色谱脱色,但由于无法加热,脱色效果较差,本工艺采取 DE52 煮沸脱色,操作简便、效率高,且多糖损失低,但也存在再生困难、成本高等弊端,实际操作中需综合考虑选择。

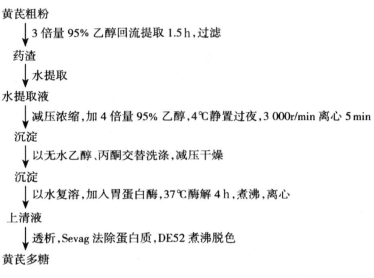

图 8-4　黄芪多糖的提取分离

图 8-5 所示为采用乙醇提取法对商陆中的多糖进行粗提取,然后再采用蛋白质去除法对其进行分离。多糖极性大,提取前先用石油醚、乙醚分别回流脱脂,然后用热水抽提,再利用乙醇沉淀获得粗多糖。采用活性炭脱色及 5% 三氯乙酸沉淀除去蛋白质等方法纯化得到精制多糖。

图 8-6 所示为采用水提法与柱色谱分离法对党参中的多糖进行提取分离。用多糖常规提取纯化方法制备党参粗多糖,并以 DEAE 纤维素柱色谱分离得到五个洗脱部分。在正式水提取前,先以 95% 乙醇提取,除去色素等脂溶性、小极性杂质。

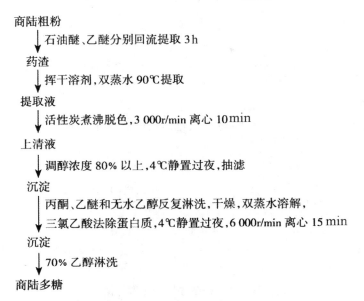

图 8-5　商陆多糖的提取分离

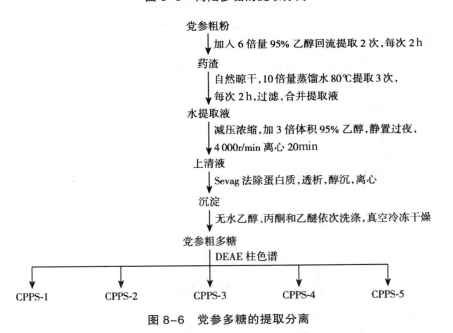

图 8-6　党参多糖的提取分离

图 8-7 所示为茯苓多糖的提取分离流程。DEAE 柱色谱使相对分子质量大小不同的多糖在分离过程中不断扩散和排阻,从而实现多糖的分级纯化。以上四种提取产物分别用 Sevag 法除去蛋白质,并结合透析法

进一步纯化。

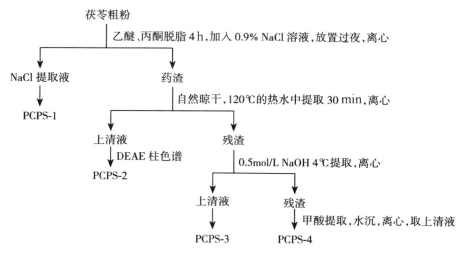

图 8-7　茯苓多糖的提取分离

图 8-8 所示为采用冷水浸提法对山药中的多糖进行提取分离的流程。本工艺采用冷水浸提法提取山药多糖,在多糖提取方面报道较少。与传统热水提取相比,虽然提取率稍低,但却避免了由于温度高而引起的多糖的降解,并可相应减少提取液中淀粉、蛋白质等杂质的含量,因此具有一定的优势。

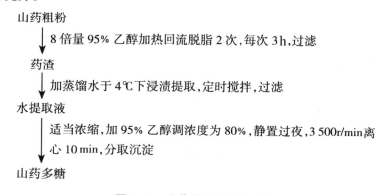

图 8-8　山药多糖的提取分离

图 8-9 所示为马勃中的多糖提取分离流程。马勃多糖的提取采用经典的水提取方法,并结合透析纯化以及经典的 Sevag 法除蛋白质。醇沉后得到粗多糖,继而通过 DEAE-Sepharose F.F. 柱色谱得到分级的各多糖洗脱部分。

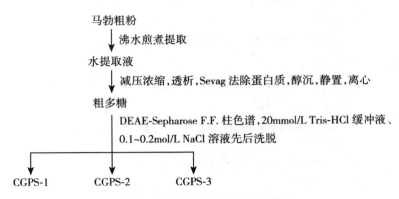

图 8-9 马勃多糖的提取分离

图 8-10 和图 8-11 所示为采用水提醇沉法对玉竹中的多糖进行提取分离。图 8-10 中玉竹粗多糖依次经过大孔树脂、分级醇沉、DEAE-52 柱色谱和 Sephadex G-100 柱色谱的分离纯化，得到主要酸性多糖级分。洗脱需在碱性条件下进行。图 8-11 中采用水提醇沉经典方法提取总多糖，通过 DEAE-52 纤维素柱色谱和 Sepharose CL-6B 柱色谱分离纯化，得到一种玉竹中性多糖。

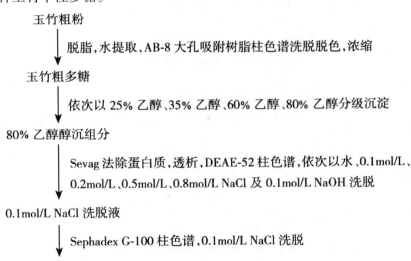

图 8-10 玉竹酸性多糖的提取分离

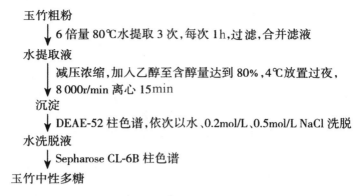

图 8-11　玉竹中性多糖的提取分离

图 8-12 所示为采用超声波法对龙眼肉中的多糖进行分离。超声波提取法与传统的热水浸提法相比具有提取率高、耗能低、时间短等优点,且可克服传统的热水浸提法高温易引起多糖结构改变的缺点。采用蛋白酶水解法除多糖中的蛋白,操作简单、节省时间,还可提高多糖得率和脱蛋白效率。

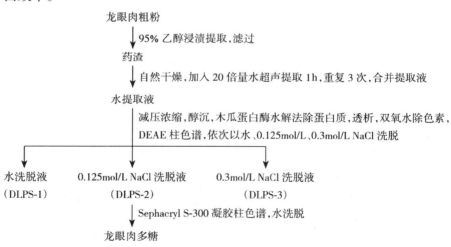

图 8-12　龙眼肉多糖的提取分离

图 8-13 所示为采用酶解法对金樱子中的多糖进行提取分离。采用纤维素酶对金樱子进行提取,旨在裂解 β-D- 葡萄糖苷键,破坏植物细胞壁,有助植物有效成分的浸出,以提高多糖的提取率。正交实验结果表明,酶解最优工艺条件为酶解时间 140min、酶解温度 65℃、酶添加量 594U/g。

金樱子粗粉

　　↓　纤维素酶法提取

提取液

　　↓　减压浓缩,加入 3 倍量 80% 乙醇,静置过夜,抽滤

沉淀

　　↓　Sevag 法除蛋白,离心

上清液

　　↓　再次醇沉,沉淀分别以 95% 乙醇、无水乙醇、丙酮、乙醚洗涤

金樱子多糖

图 8-13　金樱子多糖的提取分离

　　图 8-14 所示为鸡骨草多糖的提取分离流程。通过热水提取乙醇醇沉,制得粗多糖。先后以 Sevag 法除蛋白、D353FD 树脂脱色、DEAE-Cellulose-52 柱色谱分离纯化,最终得到鸡骨草的中性多糖组分和酸性多糖组分。D353FD 树脂是一种聚苯乙烯大孔结构的弱碱性阴离子交换树脂,具有较大的孔径和比表面积以及优良的机械强度,吸附率一般可达 80% ～ 95%,洗脱率可达 95% 以上,特别适合于在糖液中除盐和脱色。

鸡骨草粗粉

　　↓　30 倍量水 92℃恒温提取 3 h,提取 3 次,5 000 r/min 离心
　　　　15 min ,过滤,合并提取液

水提取液

　　↓　减压浓缩,Sevag 法除蛋白质,振荡 20 min ,重复操作 12 次

上清液

　　↓　D353FD 柱色谱脱色,减压浓缩,加无水乙醇调乙醇浓度为
　　　　75%,静置沉淀,离心

沉淀

　　↓　无水乙醇、丙酮、无水乙醚依次洗涤数次,减压干燥

鸡骨草多糖粗品

　　↓　去离子水溶解,离心除去不溶物,DEAE-Cellulose-52 阴离
　　　　子交换柱色谱,不同浓度 NaCl 溶液洗脱,透析,冻干

中性多糖组分 ACPS-1　　　酸性多糖组分 ACPS-2

图 8-14　鸡骨草多糖的提取分离

二、皂苷的提取分离

（一）皂苷的提取

1. 煎煮法

　　煎煮法提取溶剂大多数以水为主，其方法主要是将药材用提取溶剂浸泡、加热、煮沸一定时间从而得到药材的提取液。该方法利用相似相溶的原理使皂苷易溶解在水中。煎煮法具有溶剂简单、成本低、操作易行等优点，但也存在费时费力、适用范围窄等缺点。随着科学技术的发展，通过现代实验技术的加持，煎煮法越来越科学合理化。皂苷作为有效成分的中药方剂采用煎煮法进行提取的应用由来已久，例如温经汤、小柴胡汤、千金文苷汤等方剂，均采用煎煮法提取有效成分。周婷等[①] 对中医传统方剂千金文苷汤的提取工艺进行研究与优化，在传统方法水煎煮法的基础上优化工艺，使提取药物更澄清，提高主要成分保留率。

2. 回流法

　　回流提取法作为另外一种传统提取方法，在提取溶剂种类和极性上较煎煮法有了很大的进步。回流法常用于皂苷的提取，例如酸枣仁皂苷的提取、藜麦总皂苷的提取、重楼中甾体皂苷的提取等。梁霞等[②] 采用响应面法优化乙醇回流法提取藜麦皂苷工艺条件，由回流提取藜麦中皂苷成分。重楼的主要有效成分为重楼皂苷，为提高重楼皂苷的提取率，王仕宝等[③] 优化了重楼药材中甾体皂苷类化合物回流提取工艺。

3. 浸渍法

　　利用浸渍法提取皂苷，方法简单，价格低廉，因此，浸渍法在皂苷的提取中运用十分普遍。为了节约生产成本，学者在优化浸渍法提取皂苷的研究中做了大量的工作。张春红等[④] 研究了浸渍法提取人参皂苷的工艺

①　周婷，刘贺，郭建鹏 . 朝医传统方剂千金文苷汤提取和精制工艺研究 [J]. 中国民族医药杂志，2018，24（6）：53-56.
②　梁霞，周柏玲，刘森，等 . 响应面法优化藜麦总皂苷提取工艺研究 [J]. 中国粮油学报，2017，32（11）：40-45.
③　王仕宝，苏莹，李会宁，等 . 响应面法优化重楼药材中甾体皂苷的回流提取工艺研究 [J]. 陕西农业科学，2019，65（1）：46-52.
④　张春红，张崇禧，郑友兰，等 . 浸渍法提取人参皂苷最佳工艺的研究 [J]. 吉林农业大学学报，2003，25（1）：73-74.

条件,大大提高了人参皂苷的提取率。杨丽玲等[①] 考察了红参中人参皂苷的提取工艺,同样采用了浸渍法。李克明等[②] 研究了在浸渍法提取柴胡皂苷的过程中,浸渍工艺对提取物的影响,通过正交试验研究的提取方法很大程度地提高了柴胡皂苷的提取率。

4. 罐组逆流提取法

在皂苷的提取研究中,为了减少能耗,达到节能减排等要求,学者利用了罐组逆流提取(MCCE)技术,这是一种新型提取技术[③]。MCCE 技术在皂苷的提取中应用广泛,陈勇等[④] 利用 MCCE 技术研究人参皂苷的提取工艺,在原来的基础上大大提高了人参皂苷的提取效率,潘俊杰等[⑤] 比较了 MCCE 和其他提取方法在人参皂苷提取中的差别,发现 MCCE 能有效节约溶剂,降低能耗。

5. 闪式提取法

马艳平等[⑥] 在研究丹宁的过程中,为了提高丹宁的提取效率,根据细胞组织破碎的原理,提出了组织破碎提取法,具有高效快速提取药材的特点,提取速度是传统提取法不可比拟的,故称为闪式提取法。苏柘僮[⑦] 等人在研究提取地榆皂苷的工艺时,采用闪式提取法进行实验,提高了提取效率。

6. 生物酶解提取法

生物酶解技术运用到皂苷的提取研究中也越来越普遍,酶使皂苷的溶出更容易,具有提取效率高、成本低等优势,且有大规模工业化生产的

① 杨丽玲,吴铁.浸渍法提取人参皂苷最佳浸泡时间的研究[J].云南中医学院学报,2009,32(5):39-42.
② 李克明,陈玉苷,张永文.正交试验优选浸渍法提取柴胡皂苷的工艺条件[J].中成药,2003,25(7):588-589.
③ 杜梅娟,郑雪,谢明辰,等.综合评分法优化罐组逆流提取银杏叶工艺研究[J].时珍国医国药,2018,29(2):336-338.
④ 陈勇,蔡铭,刘雪松,等.罐组逆流提取工艺参数的多指标优化方法研究[J].中国药学杂志,2006,41(13):998-1000.
⑤ 潘俊杰,郑琴,杨明.三七中三七总皂苷的提取、分离纯化及分析方法的研究进展[J].世界科学技术-中医药现代化,2007,9(6):77-82.
⑥ 马艳平,张叶琪,张蜻娴,等.闪式提取法在中药复方制剂中的研究进展[J].中医药导报,2020,26(5):106-109.
⑦ 苏柘僮,刘英,徐佳丽,等.应用 Box-Behnken 设计优化地榆皂苷的闪式提取工艺研究[J].中草药,2012,43(3):501-504.

潜力。王颖莉等[①] 在研究远志总皂苷的提取中,使用了 SPE-001 植物复合酶,结果表明该酶的使用大大增加了远志的提取效率。张黎明等人研究薯蓣皂苷元的提取法,运用酶解法提取与其他提取方法相比,对薯蓣皂苷元的提取效率有很大的增幅。

7. 超声提取法

超声提取法是利用超声振动产生的超声能量使提取溶剂与提取物充分接触,从药材中提取皂苷等有效成分。萃取温度低,避免了有效成分因温度高而被破坏的不良影响,适用于对提取温度有要求的物质的提取。其次,超声提取法是一个物理过程,在整个过程中不存在化学反应,避免了多数药用成分生理活性的破坏。但因在提取过程中具有噪声,只适用于实验室小剂量提取,不适合工业生产。

8. 仿生提取法

仿生提取法是一种模拟生物体肠胃体外环境提取皂苷成分的过程。该方法提取的皂苷成分能够更好地被生物体吸收,相比于传统提取方法中有机溶剂作为提取溶剂,仿生提取法一般采用体外人工配制的胃液作为提取溶剂,具有无毒、环保等优点。但是,由于人工胃液对温度、pH 等要求高,因此只适合小剂量的提取,不适合大工业的生产。陈自泓等[②] 采用正交实验结合仿生提取法对黄芪皂苷的提取工艺条件进行优化,研究发现,在人工配制的胃液中对黄芪皂苷进行仿生提取的实验中,提取液选用人工配制的胃液,料液比 1∶30(g/mL),提取温度 100℃,提取时间 60min。与传统煎煮法比较,仿生法提取黄民总皂苷提取率更高。

9. 超临界流体提取法

超临界流体提取法作为一种新型的提取技术,当萃取温度和萃取压力达到定值时,形成的单相态为超流态。超流体具有黏度低、扩散性强等优点,具有较强的溶解能力,可以稳定、快速、高效地提取草本中的皂苷成分。蒙英等[③] 采用超临界 CO_2 结合正交实验法对黄芪皂苷进行了提取,结果表明,首先将黄芪皂苷过 250μm 筛,然后在压力 40MPa,温度 50℃,

① 王颖莉,张丹丹.复合酶法提取远志总皂苷的工艺研究[J].世界科学技术-中医药现代化,2009,11(6):885-888.

② 陈自泓,黄可儿.多指标正交设计优化黄芪半仿生提取工艺的研究[J].广州中医药大学学报,2019,36(11):1820-1826.

③ 蒙英,赵旭壮,李明元.超临界 CO_2 萃取黄芪皂苷的工艺研究[J].食品与发酵科技,2011,47(4):42-44.

提取液为 90% 乙醇,料液比为 1 : 5（g/mL）, CO$_2$ 流量 3.7L/h,萃取时间 150min 的条件下提取率最高,达到了 0.234mg/g。

10. 超高压提取法

超高压和高压提取法都是通过增大提取溶剂和被提取物的压力,加压一段时间迅速泄压进行提取的过程。该方法具有提取快、绿色、温度低、成本低、易操作等优点。但同时又存在设备价格昂贵,不能将提取物与农药分离等缺点。王志娟等[①] 通过超高压萃取法对藜麦皂苷进行了提取。响应面实验表明,当提取时间为 8.27min,提取压力为 294MPa 时,藜麦皂苷提取率达到了 78.12mg/g。超高压提取法具有时间短、产率高、操作简单等优点,是天然产物提取方法中的一种简单有效的方法。

（二）皂苷的分离纯化

皂苷的传统分离纯化方法包括分段沉淀法、胆甾醇沉淀法、溶剂分离法和泡沫分离法等,为了提高皂苷的分离效率,常用到一些皂苷分离纯化新技术,例如大孔树脂色谱法等。

1. 分段沉淀法

分段沉淀法是先将皂苷溶于极性较大的甲醇或乙醇中,然后逐渐加入极性较小的溶剂,让皂苷逐渐析出。常用的极性较小的溶剂有乙醚、石油醚、丙酮等。分段沉淀法主要是利用不同类型的皂苷在极性不同的溶剂中溶解度不同,通过调整溶剂的极性,分离不同类型的皂苷。苏永昌等[②] 采用分级沉淀法对从海参中提取的海参皂苷进行了纯化。发现分段沉淀法虽简单易行,但皂苷分离困难,不能得到皂苷纯品。

2. 胆甾醇沉淀法

先将皂苷溶解在少量热的乙醇中,然后逐滴加入胆甾醇,随着胆甾醇的加入,皂苷沉淀逐渐析出,加到沉淀全部析出为止,过滤得到沉淀,依次用水除去沉淀中的糖类和色素,用乙醇和乙醚除去沉淀中的油脂、胆甾醇等,对洗涤后的皂苷进行干燥,利用回流提取法分离出胆甾醇,使皂苷脱解下来,剩下的物质即为较纯的皂苷。Wagner 和 Bosse 用胆甾醇沉淀法

---

①　王志娟,张炜,田格,等.超高压法提取藜麦皂苷的工艺研究[J].中国粮油学报,2020,35(6):45-50.

②　苏永昌,刘淑集,吴成业,等.海参皂苷的分离提取与生物活性[J].福建水产,2008（1）: 66-69.

来分隔七叶皂苷。胆甾醇沉淀法操作复杂,收率低,应用较少[①]。

3. 溶剂分离法

溶剂分离法主要是通过加入其他溶剂从而改变提取液的极性,使皂苷能够更好地溶于提取液中。其中成分在两相溶剂中分配系数相差越大,则分离效率越高。罗晨曲等[②]采用溶剂萃取法从甘草酸原油中提取甘草素。以 4 倍冰醋酸为原料,在 60℃下熔融,甘草素的收率为 10.2%。溶剂萃取具有选择性好、操作简单、速度快等优点。

4. 泡沫分离法

泡沫分离法主要是基于表面吸附原理,其分离纯化溶质的方法是基于皂苷液相形成的气泡。王玉堂等[③]以正丁醇和醋酸乙酯为浮选剂,采用动态泡沫浮选法对人参皂苷二醇进行分离纯化,收率在 90% 以上。泡沫分离法虽然种类繁多,由于选择性较差、产率低,所以仅对部分皂苷的分离有一定影响。

5. 大孔树脂柱色谱法

大孔树脂柱色谱法是近年来皂苷纯化分离最常用的方法,首先用大孔树脂硅胶柱吸附提取的皂苷粗溶液,然后用蒸馏水除去水溶性杂质,再用洗脱剂纯化梯度洗脱树脂,回收不同浓度的洗脱液,浓缩得到高纯度皂苷。陈勇等[④]利用不同类型的大孔树脂对柴胡皂苷进行了纯化分离,结果表明,AB-8 型大孔树脂对柴胡皂苷的分离纯化效果最好。大孔树脂柱色谱法具有吸附量大、循环利用等优点。

6. 高效液相色谱法

分离皂苷类化合物常用高效液相色谱法作为分离手段,由于皂苷类成分的相对分子质量较大,一般采用反相色谱。根据所分离的皂苷极性的不同,配制出不同极性的洗脱剂,并将其带着被分离物通过固定相,分

① 刘克明,佟继铭,刘永平,等.三萜皂苷分离纯化方法的研究进展[J].承德医学院学报,2017,34(2):154-156.
② 罗晨曲,李仙娟,蒋明冬.甘草甜素提取工艺的改进[J].湖南中医学院学报,2000(1):27-28.
③ 王玉堂,刘学波,岳田利,等.动态泡沫浮选法分离富集人参提取液中的二醇型人参皂苷[J].高等学校化学学报,2009,30(9):1713-1716.
④ 陈勇,邱燕,陈建伟,等.柴胡总皂苷纯化方法研究[J].现代中药研究与实践,2016,30(1):67-69.

离得到了不同的化学成分,并通过色谱检测器进行检测。在对皂苷进行液相色谱法分离的过程中,多使用反相色谱柱对其分离。周渊等[1]建立了以高效能液相色谱法测量毛冬青根6种有效成分(包括三萜皂苷类化合物)的方法,并对高效能液相色谱法测量毛冬青根6种有效成分进行了回收,收率在99%以上。

7. 溶剂分离法

溶剂分离法是根据皂苷在两种不同溶剂中的分配系数不同,从而对皂苷进行分离,在皂苷的分离中运用普遍。

8. 泡沫分离法

泡沫分离法通常是分离皂苷特有的方法,利用皂苷良好的起泡性,从溶液中将皂苷溶质分离出来。

9. 凝胶色谱法

凝胶色谱法的原理主要是根据组分相对分子质量的大小不同,通过凝胶床的顺序也不同,即分子筛效应。凝胶色谱法在皂苷的分离过程中运用广泛,付容容等[2]在研究短梗菝葜的甾体皂苷类成分过程中,使用了葡聚糖凝胶(Sephadex LH-20)柱色谱法对短梗菝葜中的成分进行分离,分离得到10个甾体皂苷化合物。

10. 高速逆流色谱法

高速逆流色谱(HSCCC)是一种液-液分配色谱分离技术,具有连续高效的特点,唐鹏等[3]采用HSCCC对楤木中的总皂苷中的楤木皂苷A进行分离纯化,结果表明楤木大孔树脂提取物经过HSCCC一步纯化,得到的楤木皂苷A纯度为95.81%,证明HSCCC分离纯化总皂苷中的楤木皂苷A效果显著。张敏等[4]应用HSCCC分离人参中的人参皂苷,高速便捷,对产物进行纯度分析,纯度达到95%,表明HSCCC分离效果

[1] 周渊,李宁,张加余,等.RP-HPLC-DAD法同时测定毛冬青根中4种三萜皂苷和2种木脂素的含量(英文)[J].Journal of Chinese Phamaceutical Sciences,2014,23(12):866-872.

[2] 付容容,罗德杰,黄慧莲.短梗菝葜的甾体皂苷类成分及细胞毒活性研究[J].中华中医药杂志,2020,35(10):5180-5183.

[3] 唐鹏,陈光友,何兵,等.高速逆流色谱法分离纯化楤木总皂苷中的楤木皂苷A及活性研究[J].中国医院药学杂志,2020,40(6):672-675.

[4] 张敏,陈瑞战,窦建鹏,等.人参中的人参皂苷高速逆流色谱法分离[J].时珍国医国药,2012,23(2):403-405.

显著。

11. 色谱联用技术

联合应用多种色谱法分离三萜类化合物具有单独使用一种色谱法不可比拟的优点,这种技术叫作色谱联用技术。付文卫等[1]在研究桔梗根中的皂苷类化学成分的过程中,采用多种色谱联用技术,对皂苷类化合物进行分离纯化,显著提高了桔梗皂苷的分离效率。

第三节 糖和苷类成分的含量测定

一、糖含量测定

(一)总多糖的测定

多糖的含量测定多采用比色法,在样品中加入适当的试剂显色后,在可见光区测定吸光度,计算含量。常用的比色方法有苯酚-硫酸比色法、蒽酮-硫酸比色法、3,5-二硝基水杨酸(DNS)比色法等。

1. 苯酚-硫酸比色法

苯酚-硫酸试剂可与游离的己糖、戊糖或多糖中的己糖、戊糖、糖醛酸起显色反应,己糖在490nm波长处、戊糖及糖醛酸在480nm波长处有最大吸收,吸收度与糖的含量成正比。该方法简便,快速,灵敏。苯酚-硫酸比色法为测定多糖的经典方法之一,苯酚、硫酸的用量、显色时间、温度、放置时间等因素均会影响测定结果。

2. 蒽酮-硫酸比色法

蒽酮-硫酸比色法是测定样品中总糖量的一个灵敏、快速、简便的方法。其原理是糖类在较高温度下被硫酸作用脱水生成糠醛或糠醛衍生物后与蒽酮缩合成蓝色化合物,在620nm处有最大吸收。溶液含糖量在每毫升150μg以内,与蒽酮反应生成的颜色深浅与糖量成正比。蒽酮不仅能与单糖,也能与双糖、糊精、淀粉等直接起作用,样品不必经过水解。

[1] 付文卫,窦德强,侯文彬,等.桔梗中三萜皂苷的分离与结构鉴定[J].中国药物化学杂志,2005,15(5):297-301.

3. 3,5- 二硝基水杨酸比色法

DNS 方法适合用在多糖(如纤维素、半纤维素和淀粉等)水解产生的多种还原糖体系中。取样品(含糖 50 ~ 100μg),加入 3mL DNS 试剂,沸水浴煮沸 15min 显色,冷却后用蒸馏水稀释至 25mL,在 550nm 波长处测吸收度。以葡萄糖作对照,计算样品中糖含量。该方法为半微量定量法,操作简单、快速、杂质干扰小,尤其适合批量测定。如样品中含酸,可加入 2% 的氢氧化钠。显色剂不能放置太久。

4. 氧化 - 还原滴定法

将多糖水解后可利用氧化 - 还原滴定法测定含量。

(二)单体多糖的含量测定

单体多糖多采用 HPLC 法(凝胶柱、离子交换柱),以已知相对分子质量的多糖对照品作对照,确定其相对分子质量。再将其酸水解后进行 HPLC 法测定,确定其组成(单糖种类、比例),以单糖的量推算多糖的量。测定多糖的检测器多用示差折光检测器,通常用氨基键合硅胶柱分离,但其稳定性差,可在流动相中加入 0.01%TEPA(四乙酸胺)来避免这一问题。如乙腈 - 水(85∶15,含 0.01%TEPA)为流动相,果糖、蔗糖、葡萄糖、山梨糖醇均能得到良好分离。

二、皂苷含量测定

近年来,超高效液相色谱 - 飞行时间质谱(UPLC/Q-TOF-MS)等新型定量分析方法得到广泛应用,这为皂苷定量分析提供了新方法。

(一)溶血法

刘萍等[①]在鉴别柴胡与大叶柴胡的实验研究中,根据两者溶血作用的不同,测试柴胡与大叶柴胡的溶血值,依次进行鉴别。溶血法可以用于测定含有已提纯的标准品的皂苷混合物含量。

---

① 刘萍,张雅芳.溶血法鉴别柴胡与大叶柴胡 [J].中成药,1995,17(3):25-26.

（二）HPLC 和 GC 法

高效液相色谱（HPLC）和气相色谱法（GC）的特点是快速、灵敏，适用于非挥发性极性化合物的检测。李华锋等[1] 在研究剑麻皂苷元的定量分析方法时，采用 HPLC 作为分析测试手段。施崇精等[2] 采用 HPLC 特征指纹图谱技术揭示川牛膝与伪品的化学特征成分差异。唐宇等[3] 采用反相气相色谱（IGC）测试补阳还五汤中黄芪皂苷的溶度参数，结果表明 IGC 测定成分溶解度参数结果有效、准确。张建民等[4] 运用 GC 测定人参皂苷 Rg1 中的有机残留量，使用 GC 检测微量物质的含量简便灵敏，具有可靠性。

（三）显色反应法

显色法是利用皂苷配基与香草醛和硫酸反应得到紫红色产物，应用比色法测定相对皂苷含量。黑晶等[5] 采用显色反应法检测胡卢巴中总皂苷含量，优化制备胡卢巴总皂苷的工艺。

（四）TLC 法

TLC 法是指将皂苷溶液点在玻璃盘上，使用适合的溶剂系统并喷上适当的显影液来显影，通过光密度计测量这些点来测定皂苷的含量。

（五）绿色木霉分析法

皂苷的生物测定法主要基于其对真菌的活性，其中绿色木霉对皂苷最为敏感，因此，皂苷对绿色木霉的抑制作用可用来检测皂苷的含量。这种方法不能用于精确测量皂苷的含量。

① 李华锋，蔺旺梅，卢瑞，等.高效液相色谱法测定剑麻皂苷元的含量 [J].应用化工，2018，47（7）：1541-1544.

② 施崇精，王姗姗，程中琴，等.HPLC 特征指纹图谱结合化学计量学比较川牛膝及其混淆品、掺混品化学成分差异 [J].中国中药杂志，2018，43（11）：2313-2320.

③ 唐宇，胡超，廖琼，等.反相气相色谱法（IGC）测定补阳还五汤中黄芪皂苷溶度参数的评价 [J].中国中药杂志，2015，40（2）：240-244.

④ 张建民，张宇佳，相莉，等.气相色谱法测定人参皂苷 Rg1 中的有机溶剂残留量 [J].中国实验方剂学杂志，2013，19（24）：118-120.

⑤ 黑晶，陈挚，雷亚亚，等.胡卢巴总皂苷的提取纯化工艺考察 [J].Chinese Journal of Experimental Traditional Medical Formulae，2014，20（5）：11-13.

（六）超高效液相色谱－四级杆－飞行时间质谱法

高效液相色谱法用于分析皂苷类成分最为普遍，但存在着分析时间长、分离效率低等缺点，使用超高效液相色谱-四级杆-飞行时间质谱法（UPLC-Q-TOFMS）可以完美地避开这些缺点。赵静等[1]采用 UPLC-Q-TOFMS 快速分析三七中 17 种化合物，结果表明，UPLC-Q-TOFMS 可以完全分离测试样品与对照品（包含多种同分异构体皂苷）。

第四节 含糖和苷类成分的中药实例

一、桦褐孔菌多糖的提取、分离、鉴定

桦褐孔菌粗粉 2 000g，乙醇提取后的残渣，按 1∶30（m/V）的比例，加入水回流提取（2h/ 次，提取 3 次）。将水提取物旋转蒸干，和 95% 的乙醇按 1∶4（V/V）的比例混合，过夜后，将沉淀物溶于去离子水，然后用 Sevag 法除去蛋白，除蛋白后的溶液浓缩后按 1∶4（V/V）的比例再次加入 95% 乙醇，过滤沉淀，离心后，将沉淀物依次用无水乙醇、丙酮和石油醚洗涤，然后将洗涤后的物质溶于少量去离子水，冷冻干燥得到桦褐孔菌多糖（*Inonotus obliquus* polysaccharide，IOPS）97g。桦褐孔菌的提取过程如图 8-15 所示。

（一）桦褐孔菌多糖的分离纯化

采用 DEAE-52 纤维素阴离子交换柱层析色谱对桦褐孔菌多糖进行纯化。其纯化的具体过程如下。

（1）柱材料预处理。将层析柱洗净垂直固定在层析架上，加入少量去离子水，打开下出水口，将适宜浓度的 DEAE-52 缓慢导入层析柱中，使其自然沉降，直到层析柱上端 2～3cm 处，平衡流速为 1mL/min。再用 0.5mol/L 的盐酸溶液冲洗 2 个柱体，去离子水洗至中性，再转用 0.5mol/L 的 NaOH 溶液冲洗两个柱体，去离子水洗至中性，备用。

① 赵静，秦振娴，彭冰，等 . 基于 UPLC-Q-TOFMS 技术的三七中皂苷类成分质谱裂解规律研究 [J]. 质谱学报，2017，38（1）：97-108.

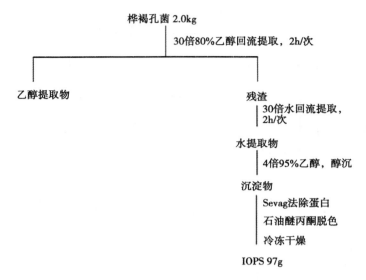

图 8-15　桦褐孔菌多糖提取过程

（2）上样。桦褐孔菌多糖 300mg 溶于最小体积的去离子水中,离心 3 500r/min×15min,上清液过 0.4m 滤膜,缓慢加入层析柱中。溶液全部流下时,依次用去离子水、0.1mol/L、0.2mol/L、0.5mol/LNaCl 溶液洗脱,10mL/ 管收集,每管用硫酸苯酚法测定糖含量。将收集到的四个组分分别命名为 IOPS-1、IOPS-2、IOPS-3 和 IOPS-4。

（二）桦褐孔菌多糖 IOPS-2 的化学修饰

1. 乙酰化 IOPS-2 的制备

准确称取桦褐孔菌多糖 IOPS-2 200.0mg 置于反应瓶中,放入搅拌磁子,加入无水吡啶于 50℃搅拌 20min 充分溶解之后,分别滴加 10.0mL 吡啶和乙酸酐。于 60℃恒温搅拌反应 4h。冰浴结束反应后,加入 150.0mL 去离子水分解过量乙酸酐,通过减压浓缩除去过量吡啶和乙酸酐。然后经过自来水透析和去离子水透析,醇沉,溶解沉淀,冻干,得到乙酰化产品（Ac-IOPS）。

2. 硫酸化 IOPS-2 的制备

将桦褐孔菌多糖 IOPS-2 于吡啶中与硫酸化试剂结合(氯磺酸)。在路易斯碱溶液中用 SO_3H 取代多糖羟基中的 H,加入 NaOH 中和得到的硫酸化多糖。实验过程:向装有搅拌磁子的 50.0mL 反应瓶中加入 10.0mL

无水吡啶,充分冷却后,滴加氯磺酸 2.0mL,约 10min 滴完。搅拌反应产生大量的淡黄色固体。将 100.0mg 多糖样品悬浮于 20.0mL 无水吡啶中,搅拌 15min 使之充分溶解,然后缓慢加入酯化试剂中,于 50℃ 恒温搅拌反应 6h。于冰浴中冷却,结束反应后,用 15%NaOH 中和。用自来水透析48h,再用去离子水透析 24h。用 BaCl$_2$ 检测 SO$_4^{2-}$,无沉淀时透析结束。浓缩透析液,加入 4 倍乙醇沉淀,过滤收集沉淀。冻干,得到 IOPS-2 的硫酸化衍生物(Su-IOPS)。

3. 羧甲基化 IOPS-2 的制备

100.0mg 桦褐孔菌多糖 IOPS-2 中加入 90% 的乙醇 40mL。搅拌30min 后加入 NaOH 100.0mg。在剧烈搅拌下碱化 50min,向溶液中加入一氯乙酸 100.0mg,继续搅拌 30min 后加热至 45℃ 酯化反应 5h。置入冰浴,冷却结束反应,用 5mol/L 盐酸调其 pH 到 5.0,将混合液置于透析袋中自来水透析 48h,去离子水透析 24h,透析液浓缩醇沉后冻干,得到 IOPS-2的羧甲基化产物(Ca-IOPS)。

4. 桦褐孔菌多糖 IOPS-2 的物理修饰

(1)热处理 IOPS-2 的制备。准确称量桦褐孔菌多糖 IOPS-2 200mg,溶于适量的蒸馏水中。对多糖溶液进行热处理:100℃,3h。处理后的多糖冻干,得到热处理后的多糖(Ho-IOPS)。

(2)超声处理 IOPS-2 的制备。准确称量桦褐孔菌多糖 IOPS-2 200mg,溶于适量的蒸馏水中。对多糖溶液进行超声处理:100W,30min。处理后的多糖冻干,得到热处理后的多糖(Ul-IOPS)。

(3)酸处理 IOPS-2 的制备。桦褐孔菌多糖 IOPS-2 溶于适量的去离子水中,用 0.5mol/L 的 HCl 溶液调节多糖溶液的 pH 到 10.0,保持30min。之后再用 0.5mol/L 的 NaOH 溶液调节 pH 到 7.0。处理后的多糖冻干,得到热处理后的多糖(Aci-IOPS)。

(4)碱处理 IOPS-2 的制备。桦褐孔菌多糖 IOPS-2 溶于适量的去离子水中,用 0.5mol/L 的 NaOH 溶液调节多糖溶液的 pH 到 3.0,保持30min。之后再用 0.5mol/L 的 HCl 溶液调节 pH 到 7.0。处理后的多糖冻干,得到热处理后的多糖(Al-IOPS)。

(三)IOPS-2 及衍生物的相对分子质量测定

采用 Sephadex G-100 葡聚糖凝胶色谱法对 IOPS-2 及其衍生物的相对分子质量进行测定。以葡聚糖 T10、T40、T70 和 T500 作为标准品绘制标准曲线。多糖样品溶于最小体积的去离子水中，3 500r/min×15min 离心。上清液过 0.45μm 滤膜，缓慢加入层析柱中，样品溶液全部流下时，以磷酸盐缓冲液（pH=6.0，0.2mol/L）洗脱。自动收集。流速为 6mL/h，每 3mL 一管。对每管用硫酸苯酚法检测糖含量。以洗脱体积为横坐标，以吸光度为纵坐标作洗脱曲线。根据标准曲线，计算 IOPS-2 及其衍生物的相对分子质量。

（四）实验结果

1. 桦褐孔菌多糖的分离纯化

DEAE-52 阴离子交换柱色谱对 IOPS 的纯化，依次用去离子水、0.1mol/L、0.2mol/L、0.5mol/LNaCl 溶液洗脱，得到的四个组分分别命名为 IOPS-1、IOPS-2、IOPS-3 和 IOPS-4，其中 IOPS-2 的回收率和糖含量最高，因此选择其作为本实验的研究对象，进行构效关系的研究。

2.IOPS-2 及衍生物的化学成分及单糖组成分析

结果显示 IOPS-2 的中性糖、酸性糖、蛋白质含量分别为 30.01%、14.47% 和 8.45%。羧甲基化修饰的 Ca-IOPS 的中性糖、酸性糖和蛋白质含量都有所降低。可能是由于在碱性条件的羧甲基化的过程中发生了 β- 降解。在制备硫酸化修饰的 IOPS-2 的过程中，有轻微降解发生。Su-IOPS 的中性糖、酸性糖含量分别为 27.87% 和 11.05%，与 IOPS-2 相比，其含量有所降低。硫酸化会降低多糖中的中性糖和酸性糖含量。乙酰化后的 IOPS-2 的中性糖含量上升，可能是酸性糖和蛋白质的含量降低造成的。酸水解后的多糖 Aci-IOPS 的酸性糖含量有所降低，而中性糖含量没有明显变化，可能是由于在酸性条件下连接中性糖和酸性糖的糖苷键的水解系数不同。Aci-IOPS 的蛋白质含量在酸性条件下明显下降，大概是 O 和 N 极易在酸性条件下水解，并被透析掉造成的。碱水解后的多糖 Al-IOPS 的中性糖含量无明显变化，酸性糖和蛋白质含量则明显降低，这与 Aci-IOPS 的现象基本一致。Th-IOPS 的中性糖含量显著提高，蛋白质含量显著降低，而酸性糖含量变化不大。经过超声处理的多糖 UI-IOPS 的中性糖含量和酸性糖含量分别由 30.01% 和 14.47% 上升到了 36.20% 和 16.28%，而蛋白质含量则明显降低。

多糖作为三种生物大分子之一，表现出很多有益健康的活性。对桦褐孔菌多糖 IOPS-2 及其衍生物的单糖组成分析结果显示，IOPS 由鼠李糖、阿拉伯糖、木糖、甘露糖、葡萄糖和乳糖组成，其物质的量比例为

2.67∶3.20∶6.57∶21.60∶48.00∶17.90。另外,结果显示不同修饰方式并没有改变 IOPS-2 的单糖组成,而是对其组成比例造成了一定的变化。桦褐孔菌多糖是一个中性杂多糖,β- 葡聚糖是其主要的活性成分。不同方法修饰后的多糖的葡萄糖比例上升会提高其生物活性,如化学方法修饰后的 Ac-IOPS、Su-IOPS 和 Ca-IOPS。单糖在物质的量比例上的变化可能还会引起多糖的构象变化。

3.IOPS-2 及化学修饰行生物的取代度和红外光谱分析

对 Ac-IOPS、Su-IOPS 和 Ca-IOPS 的取代度测定结果显示,其取代度分别为 0.31、0.35 和 0.34。对比 Ac-IOPS 与 IOPS-2 的红外光谱发现,3 600 ～ 3 000cm^{-1} 糖类的 O—H 和蛋白质的 N—H 的伸缩振动峰基本消失,表明 IOPS-2 上的大部分羟基不取代;1 717cm^{-1} 左右出峰,推断为乙酰基 C=O 的伸缩振动峰;1 238cm^{-1} 左右出现弱的吸收峰,可能为酯基的 C—O 伸缩振动峰;1 048cm^{-1} 左右的吸收峰推断为 C=O—H 的弯曲变形振动。因此,结果证实了 Ac-IOPS 中乙酰基的存在。对比 Su-IOPS 与 IOPS-2 的红外光谱发现,3 600 ～ 3 000cm^{-1} 糖类的 O—H 和蛋白质的 N—H 的伸缩振动峰基本消失,表明 IOPS-2 上的大部分羟基被取代;1 299cm^{-1} 出现 S=O 伸缩震的弱峰;808cm^{-1} 为 C—O—SO$_3$ 的拉伸振动。结果证实了 Su-IOPS 中硫酸基的存在。对比 Ca-IOPS 与 IOPS-2 的红外光谱发现,3 600 ～ 3 000cm^{-1} 糖类的 O—H 和蛋白质的 N—H 的伸缩振动峰基本消失,表明 IOPS-2 上的大部分羟基被取代;2 927cm^{-1} 左右的峰为甲基或者亚甲基的 C—H 伸缩振动;1 550cm^{-1} 左右的峰推测为羧基的伸缩振动。结果证实了 Ca-IOPS 中羧甲基的存在。

二、地榆总皂苷的提取分离

（一）地榆总皂苷的提取

地榆中的皂苷类成分极性较弱,其提取液通常使用水和乙醇的混合溶液。王明力[1]采用浸泡提取法,用 25% 的乙醇溶液浸泡提取 5 次,单次浸泡时间为 2 ～ 3h。经后续纯化处理后,最终的皂苷得率为 0.86%。浸泡提取的耗时较长,加热提取法一般只需要 1.5h。迟玉霞[2]采用了加热

① 王明力 . 地榆中活性物质皂苷的柱分离与紫外分析 [J]. 食品工业科技,2003,24（5）：89-90.
② 迟玉霞 . 多指标优化提取地榆有效成分工艺研究 [J]. 中国林副特产,2012,（1）：26-28.

回流法,考察出来皂苷的最佳提取条件为:药材粉碎粒径为 20 ~ 40 目,60% 乙醇为溶剂,料液比为 1:60,80℃ 下浸提 1.5h。在该条件下的提取率为 1% 左右。而代良敏等[1] 通过研究发现最优的回流提取工艺为:70% 乙醇回流提取 2 次,溶剂量为地榆粉末的 8 倍,每次 1.5h。原承维等[2] 选用了超声提取法,以鞣质和皂苷的提取率为指标,发现先用 60% 浓度的乙醇浸泡 7h,再超声提取 100min(功率为 60W),总皂苷的提取率可以达到 6.39%。高虹等[3] 研究了微波辅助提取(MAE)法下的影响条件,发现溶液的 pH 对地榆皂苷的提取率具有显著性影响,其次是提取时间、提取功率、提取剂浓度、料液比,最优提取条件为在 pH=7 的 70% 乙醇、在料液比为 1:267、微波功率为 800W 的条件下提取 30s,获得的地榆皂苷量是传统溶剂提取法的 2 倍。

(二)地榆总皂苷的纯化

地榆中的主要成分是鞣质、黄酮和皂苷,地榆总皂苷的纯化主要是通过地榆总皂苷与其他 2 种成分的分离柱色谱。王明力[4] 用 Al_2O_3 柱分离皂苷和鞣质,因为 Al_2O_3 对鞣质和黄酮等其他成分的吸附能力高于皂苷,研究发现干柱的吸附能力强于湿柱,且淋洗液的 pH 有明显影响。高虹等[3] 用大孔树脂进行吸附,通过研究,他们发现 S-8 树脂对地榆皂苷的吸附效果最好。当树脂和皂苷溶液的质量比为 1:16 ~ 1:20 时,以 S-8 树脂为吸附柱,吸附 2h,吸附率可达 85% 以上。

在强碱条件下,五环三萜类皂苷可以生成有机盐,这种有机盐可溶于高浓度乙醇,但是不溶于低浓度乙醇。代良敏等[1] 利用这一性质,通过“三步碱沉”法简便地制备出了地榆总皂苷。他们先在高浓度乙醇中用 NaOH 溶液将其 pH 调至 12 ~ 14,静置后鞣质缩合沉淀;高浓度乙醇稀释后,继续用 NaOH 溶液调至强碱性,静置后地榆皂苷沉淀,用乙醇回流萃取后,地榆总皂苷纯度可达 90% 以上。该方法可以简便、快速地获得高纯度的地榆总皂苷,不需要复杂的柱层析技术,降低了有机溶剂的使用量。

---

① 代良敏,熊永爱,杨桂燕,等.三步碱沉法制备地榆总皂苷的工艺优选 [J].中国实验方剂学杂志,2016,22(18):9-12.

② 原承维,彭诚,杨康,等.地榆中主要止血成分的优化提取及含量测定的研究 [J].甘肃科技,2017,33(18):44-47.

③ 高虹,黎碧娜,郑鹏,等.微波联合树脂提取地榆中皂苷化合物的研究 [J].中药材,2007,30(7):868-870.

④ 王明力.地榆中活性物质皂苷的柱分离与紫外分析 [J].食品工业科技,2003,24(5):89-90.

（三）地榆皂苷单体的制备

姬建新等[1]发明了一种结晶制备地榆皂苷Ⅰ的方法,他们先用乙醇溶液热提,经大孔吸附树脂吸附分离后获得地榆总皂苷,由于地榆总皂苷中的主要成分是地榆皂苷Ⅰ,因此再经醇水重结晶即可获得98%以上的地榆皂苷Ⅰ。有学者通过一系列步骤制备出了地榆皂苷Ⅰ——他们先用50% ~ 80%的乙醇回流提取1 ~ 3次,每次1 ~ 3h,碱沉法去除鞣质后,减压回收乙醇,让碱性稀醇溶液在80℃左右加热回流1 ~ 5h,冷却至室温后调节pH至1 ~ 3,即可获得地榆皂苷Ⅱ粗品,经水洗后,用有机溶液萃取即获得纯度为98%的地榆皂苷Ⅰ。有学者建立了制备地榆皂苷Ⅰ的流程方法,他们用CO_2超临界萃取法提取地榆皂苷2 ~ 3h;之后用Al_2O_3柱纯化,30%甲醇溶液为洗脱剂;获得地榆总皂苷后用高速逆流色谱分离相应组分,由于地榆皂苷Ⅰ是无/弱紫外吸收类物质,在分离过程中以ELSD为检测器。

三、薯蓣皂苷的提取分离

在自然状态下薯蓣皂苷元以薯蓣皂苷的形式存在。20世纪30年代中期日本学者Tsukamoto等[2]首次于D.tokoro中分离出一种甾体皂苷元——薯蓣皂苷元,并成功采用简便、经济的流程将薯蓣皂苷元转化为甾体激素,从那之后薯蓣皂苷元就被广泛应用于激素药物的合成,这也推进了对薯蓣植物以及内部皂苷元的研究。以被称为"激素之母"的薯蓣皂苷元为原料可以合成300余种甾体激素。近年临床试验表明,薯蓣皂苷元在抗血小板凝结、降血脂、抗肿瘤、保肝、抗病毒、脱敏等方面均有显著功效。研究发现,薯蓣皂苷不仅对肺动脉高压患者的血管有保护作用,对阿尔茨海默病有着意想不到的作用,还可以起到抗艾滋病的作用。

鉴于甾体激素的大量应用及目前国际国内市场上对于薯蓣皂苷元的大量需求,盾叶薯蓣又是目前已知的薯蓣皂苷元含量最高的植物之一,寻找薯蓣皂苷元的最佳提取工艺是十分必要的,既可以避免现有资源的浪费,又可以为相关的工业规模化生产提供指导。现在工业生产上提取薯

① 姬建新, 刘智勇, 李启发, 等.地榆总皂苷及地榆皂苷Ⅰ的制备方法：CN10186 2385A[P].2013-07-24.

② Tsukamoto T. Glycosides of Diosorea tokoro. I Dioscin. Dioscoreasapotoxin and diosgenijn[J]. 3 Pharm Soc Jpn, 1936, 56：135-140.

蓣皂苷元依然采用直接酸水解法,其他的方法与大多数中药提取的方法相同。直接酸水解法存在资源利用率低、产量低、污染严重等问题,严重制约了相关产业的发展。近年薯蓣皂苷提取技术有一些创新点,例如雷蕾等[1]利用阶梯生物催化联合超声提取胡卢巴中的薯蓣皂苷,发现提取量比只超声提取增加了33.88%;她还应用了复合酶联合超声提取胡卢巴中的薯蓣皂苷,发现提取量增加了36.3%[2]。由于生物酶专一性强、条件简单、催化效率高、不产生污染等优点,已经逐渐应用于薯蓣皂苷的提取工艺中。赵国强等[3]研究发现使用酶解法时薯蓣皂苷元得率可达0.845%,比恒温自然发酵下提高了69%。刘国际等[4]在研究中发现,复合酶法相对于单一酶法收率更高,并且用时更短。酶解法不仅可以提高薯蓣皂苷元提取率,还可以有效降解盾叶薯蓣内部的淀粉、糖苷键,有助于分离皂苷元,缓解了酸水解方法环境污染的问题。

　　盾叶薯蓣内含有丰富的药用物质,尤其是其根茎部位,更是作为药用部位使用多年。药用成分包括黄酮、多糖、鞣质、多酚等多种化学成分,最重要且被利用最多的是薯蓣皂苷,含量为目前薯蓣类植物中最高的。目前国内外对盾叶薯蓣成分的研究集中在薯蓣皂苷上,黄酮类物质和多糖作为常用的药用成分也应引起盾叶薯蓣研究者的重视。赵卓雅[5]采用响应面法确定盾叶薯蓣黄酮类物质、多糖的提取的最佳工艺,为盾叶薯蓣黄酮及多糖的应用奠定理论基础。目前学者对盾叶薯蓣中黄酮的提取工艺研究较少。有学者采用响应面法优化杨树花的总黄酮,确定其提取黄酮的最佳工艺并成功应用。Dinh等[6]采用响应面法从扁桃斑鸠菊的叶中提取黄酮类化合物,发现最优工艺下黄酮类化合物可达到96.78+1.39mg/g。

① 雷蕾,张炜,高中超,等.阶梯生物催化协同超声提取胡卢巴中薯蓣皂苷的工艺研究[J].天然产物研究与开发,2017,29(8):1385-1395.

② 雷蕾,张炜,陈元涛,等.复合酶协同超声提取胡卢巴中薯蓣皂苷的工艺研究[J].化学世界,2017,58(6):331-335.

③ 赵国强,王常高,林建国,等.黄姜中薯蓣皂苷元提取工艺的优化[J].中成药,2017,39(9):1834-1837.

④ 刘国际,罗娜,陈俊英,等.不同酶法酶提取薯蓣皂苷元的研究[J].郑州大学学报(工学版),2005(4):48-50.

⑤ 赵卓雅.盾叶薯蓣快繁技术的研究及药用成分提取工艺的优化[D].延吉:延边大学,2021.

⑥ DINH C D, YEN N T, DUC L T, et al.Extraction conditions of Polyphenol, Flavonoid compounds with Antioxidant activity from Veronia amygdalina Del.Leaves: Modeling and optimization of the process using the response surface methodology RSM[J].Materials Today: Proceedings, 2019, 18: 7.

赵卓雅得到提取盾叶薯蓣黄酮的最佳工艺为超声时间 48min、液料比 39mL/g、乙醇浓度 84%，可用于未来盾叶薯蓣中黄酮的提取。山药、胡卢巴、黄精、紫薯蓣等薯蓣植物中的多糖目前被广泛地研究，王泽峰等[①] 采用硫酸 - 苯酚比色法测总糖含量，并确定紫薯蓣多糖的最佳提取工艺。赵卓雅采用响应面法确定盾叶薯蓣多糖的最佳提取条件为超声时间 31min、液料比 52mL/g 及超声温度 39℃，多糖得率可达 17.92%，可补充目前对于盾叶薯蓣多糖提取工艺研究的空缺。几乎所有的甾体激素药物都需要以薯蓣皂苷元为基础，它是甾体激素的初始中间体。目前薯蓣皂苷的提取方法多以硫酸水解法、加压提取法、酶处理法、超声波提取法为主。硫酸水解法是目前工业生产上常用的方法，但其提取试剂硫酸污染环境，废液也会产生污染，并不环保。杨鹏飞等[②] 采用加压提取法提取薯蓣皂苷，发现效果优于直接酸水解法和双相联合酸水解法。唐俊等[③] 使用纤维素酶对薯蓣皂苷进行提取，并确定了其最佳工艺条件。Jiang 等[④] 利用磁性固体酸从盾叶薯蓣中提取薯蓣皂苷，并使用响应面法对结果进行优化，得到最佳工艺为固体酸质量 0.22g，溶剂量 7.8mL，萃取时间 7.4h 和温度的最佳值为 100℃，固体酸相比传统酸，可以在更小的剂量下显示更高的活性，是一种有前途的绿色提取薯蓣皂苷工艺。赵卓雅[⑤] 采用酶处理结合超声波提取的方法对薯蓣皂苷进行提取，薯蓣皂苷被细胞壁中大量的木质纤维素、半纤维素、果胶质等物质包裹，用纤维素酶、果胶酶处理可以酶解盾叶薯蓣细胞壁，溶解其细胞内大量的纤维素，更有利于薯蓣皂苷的排出；超声提取的工作机理不仅可以加速薯蓣皂苷的溶解，提高得率，而且可以节省提取时间。赵卓雅得到盾叶薯蓣皂苷的最佳提取工艺为酶解时间 1.02h、酶解温度 40.25℃ 及液料比 20.51mL/g，盾叶薯蓣皂苷提取率可达到 5.35% 左右，此方法干净可行，薯蓣皂苷得率较高，可用于未来大规模提取薯蓣皂苷，并有利于薯蓣皂苷的更有效利用。

① 王泽锋，石玲，苏一兰，等 . 微波辅助提取紫薯蓣中多糖工艺的研究 [J]. 食品工业科技，2014，35（4）：256-260.

② 杨鹏飞，朱烨婷，方旭，等 . 加压提取法制备盾叶薯蓣根茎中薯蓣皂苷元 [J]. 中成药，2019，41（11）：2745-2747.

③ 唐俊，葛海涛，张云霞，等 . 纤维素酶辅助提取盾叶薯蓣中薯蓣皂苷的工艺优化研究 [J]. 中国医药科学，2012，2（1）：27-29.

④ JIANG W, YU X, HUI Y, et al.Catalytic alcoholysis of saponins in D.zingiberensis C.H.Wright（Curcuma longa L）with magnetic solid acid to prepare diosgenin by response surface methodology[J].Industrial Crops&Products, 2021, 161: 113197.

⑤ 赵卓雅 . 盾叶薯蓣快繁技术的研究及药用成分提取工艺的优化 [D]. 延吉：延边大学，2021.

四、白花延龄草甾体皂苷的提取分离与鉴定

白花延龄草（*Trillium kamtschaticum* Pall.）又名吉林延龄草，为多年生草本百合科延龄草属植物，其药用部位为成熟果实和干燥根茎。延龄草为国家医药监督管理局管理的二类药材，又名芋儿七、头顶一颗珠、狮儿七等，为著名的土家族四大神药之一。该药具有小毒、性平、味甘等特点，有清热解毒、镇静催眠、消肿止痛、止血活血等功效，可用来治疗跌打损伤、月经不调、外伤出血、头痛晕眩、神经衰弱等。其化学成分复杂，经分离得到的化学成分以皂苷类为主，甾体皂苷为其主成分之一。甾体皂苷具有较广泛的生物活性和药理作用，如降血糖、抗真菌、抗炎、抗病毒、免疫调节、止血镇痛、抗氧化、心肌保护、抗肿瘤等，以甾体皂苷为原料能够合成甾体激素以及其他相关药物，目前已有"云南白药""盾叶冠心宁""宫血宁""地奥心血康"等。李小沛[1]通过对白花延龄草的甾体皂苷类成分进行分析、对其提取工艺及其提取物组分的免疫增强活性进行研究，为白花延龄草进一步的深入研究和开发利用奠定了基础，从而使其市场前景更为广阔，增加其产业价值。从延龄草中分离得到的化学成分主要为皂苷类成分，其中以甾体皂苷为主，另外还含有糖类、氨基酸、脂肪酸、金属元素等成分。

甾体皂苷基本的提取与分离步骤为粗提、除杂、分离。由于甾体皂苷结构中都连有糖残基，为强极性，因极性相似相溶，所以李小沛研究白花延龄草甾体皂苷中采用了75%乙醇提取，用石油醚等除脂溶性杂质，再用正丁醇继续萃取去除样品含有的水溶性的杂质从而得到正丁醇提取总皂苷。总皂苷的分离主要采用柱色谱分离技术，采用常压下反复硅胶柱层析技术并结合 Sephadex LH-20 分子筛技术。并且通过文献资料比对、理化常数测定、质谱、核磁等鉴定所得化合物的结构。

白花延龄草 4 个甾体皂苷的定量分析中，首先考察了样品测定的前处理方法，先对提取溶剂及提取的方式进行了选择，分别以无水乙醇、75%乙醇、甲醇为提取溶剂，对比浸提 12h、超声 1h、回流 2h 的提取效果，实验表明以甲醇为提取溶剂回流提取 2h 的效果最佳，而回流 2h 与超声 1h 的效果相当，因此选择了更简便高效的甲醇超声 1h 的提取方式；其次对色谱条件进行选择，要选择低黏度的流动相，但不能过低，否则会在其检测

---

[1] 李小沛.白花延龄草甾体皂苷类成分分析及其提取物免疫活性研究 [D].北京：中国农业科学院，2018.

器或者其色谱柱中形成气泡,使分离效果变差,而黏度太高的情况下,会造成高压,影响分离。经过对峰型、柱效等方面的考察,最终选择乙腈 - 水为流动相进行梯度洗脱。

第九章 苯丙素类成分分析

苯丙素酚类由苯丙氨酸衍生而来,直接脱氨生成桂皮酸或对羟桂皮酸等,大多数天然的芳香属化合物生源由此而来。其中,分布最广泛的是羟基桂皮酸类。苯丙素类对植物生长具有调节和抗御病害侵袭的作用。

第一节 概　述

一、简单苯丙素的结构

简单苯丙素类结构上属苯丙烷衍生物,依 C3 侧链上结构不同,可分成苯丙酸、苯丙烯、苯丙醛、苯丙醇等。图 9-1 为几种常见的简单苯丙素类化合物。阿魏酸和绿原酸为苯丙酸类,茴香醚和丁香酚属苯丙烯类,桂皮醛为苯丙醛类,松柏醇为苯丙醇类。

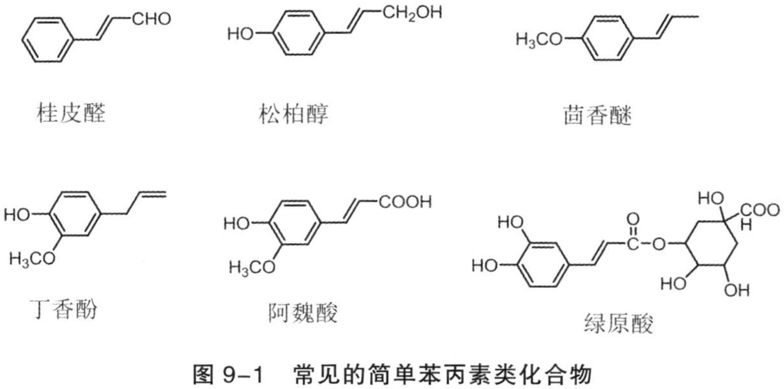

桂皮醛　　　　　　松柏醇　　　　　　茴香醚

丁香酚　　　　　　阿魏酸　　　　　　绿原酸

图 9-1　常见的简单苯丙素类化合物

二、简单苯丙素的分类

（一）木质素

木质素是一种复杂的酚类聚合物,由四种醇单体(松柏醇、对香豆醇、芥子醇、5-羟基松柏醇)形成。因其单体不同,类型可分为对羟苯基木质素、愈创木基木质素和紫丁香基木质素三种,如图9-2所示。

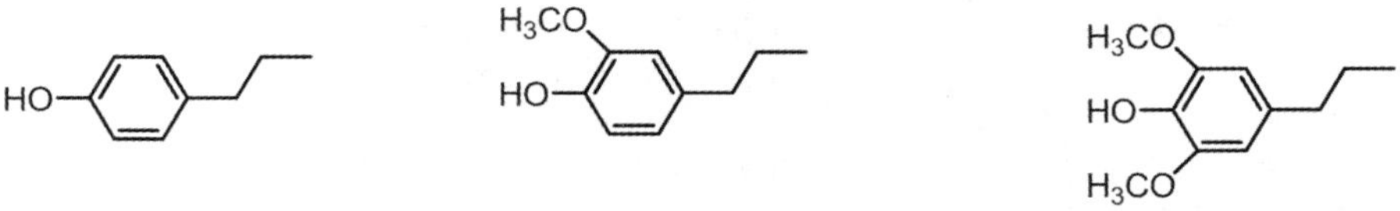

对羟苯基结构　　　　愈创木基结构　　　　紫丁香基结构

图9-2　木质素单体分子

加大对木质素化学结构及其理化特性的深入研究是很重要的。运用多种手段对其进行改性,在其分子里增加反应活性强的官能团,使它的改性应用性能更佳,实现高附加值利用及拥有更广阔的应用领域,这是开发木质素产品的核心。

（二）香豆素

香豆素(coumarins)可看作邻羟基肉桂酸的内酯,存在广泛且具有芳香气味,绝大多数香豆素在C-7位都有含氧的取代基,所以7-羟基香豆素即伞形花内酯(umbelliferone)也被看作香豆素类化合物的母体(图9-3)。

香豆素　　　　　　伞形花内酯

图9-3　香豆素类化合物的母体

常见的香豆素类结构如图9-4所示。

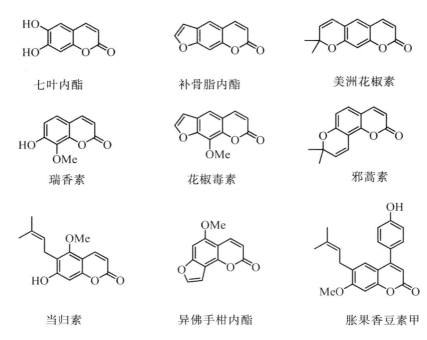

七叶内酯   补骨脂内酯   美洲花椒素

瑞香素   花椒毒素   邪蒿素

当归素   异佛手柑内酯   胀果香豆素甲

图 9-4　一些香豆素类

（三）木脂素

木脂素是由两分子苯丙素聚合而成的一类天然产物,具有多种生物活性,如抗氧化、抗病毒、抗肿瘤和调节血浆胆固醇等。黄酮并木脂素具有抗氧化、保肝、抗心血管疾病功能和其他的生物活性。水飞蓟素(silybin)如图 9-5 所示。南五味子素(kadsurin)可以抑制 HIV-RT 活性(图 9-5)。

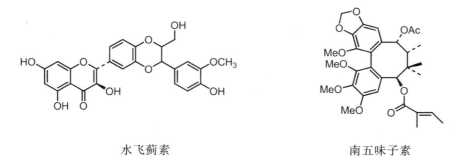

水飞蓟素   南五味子素

图 9-5　木脂素类

三、苯丙素类化合物的化学合成方法

（一）珀金反应

香豆素的经典合成方法如图 9-6 所示，是以水杨醛（不含有 α-H 的芳香醛）、乙酸酐（含有 α-H 的酸酐）作原料，在乙酸钠、碳酸钾或氟化钠（强碱弱酸盐）等碱性条件下通过珀金反应缩合而成。

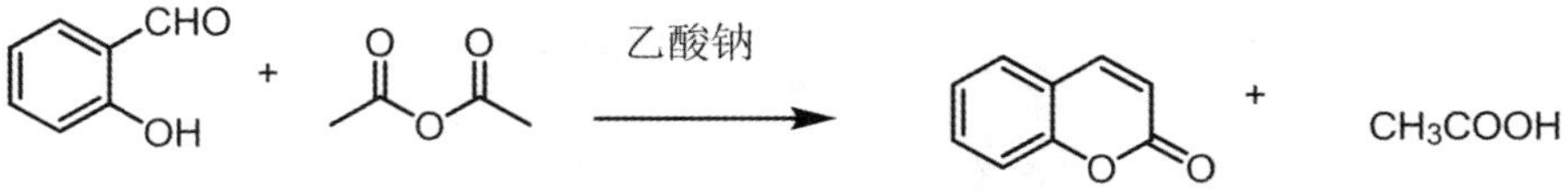

图 9-6　香豆素的经典合成

（二）Knoevenagel 缩合反应

如图 9-7 所示，苯甲醛在弱碱吡啶催化下，与具有活泼 α- 氢（亚甲基）的化合物发生 Knoevenagel 反应，缩合得到苯丙素类产物。

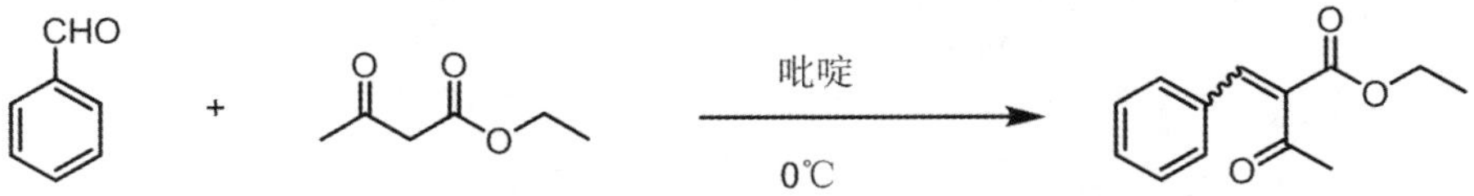

图 9-7　Knoevenagel 缩合反应合成苯丙素

（三）维蒂希反应

如图 9-8 所示，以香草醛为起始原料，经过 O- 异戊烯化、维蒂希反应、水解、还原、氧化等共六步反应，首次合成得到三种苯丙素类天然产物 boropinol A（总收率 11%）, boropinol C（15%）和 boropinic 酸（40%）。

（四）交叉氧化偶联反应

交叉氧化偶联可用于合成两个芳基不同的苯丙素分子，是合成木脂素的一种重要方法，常用的氧化剂有 $K_2Fe(CN)_6$、$FeCl_3$ 和 Ag_2O。由于自身偶联反应速率更快，这类反应的特点是产物不单一，且以自身偶联产物为主产物，如图 9-9 所示。

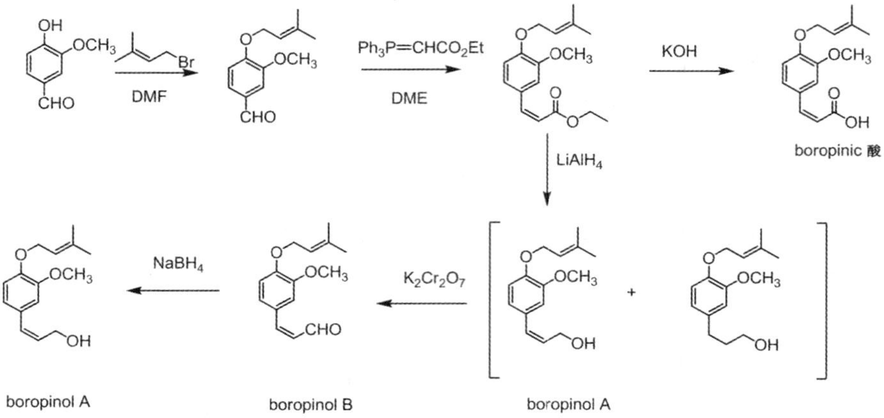

图 9-8　维蒂希反应合成苯丙素

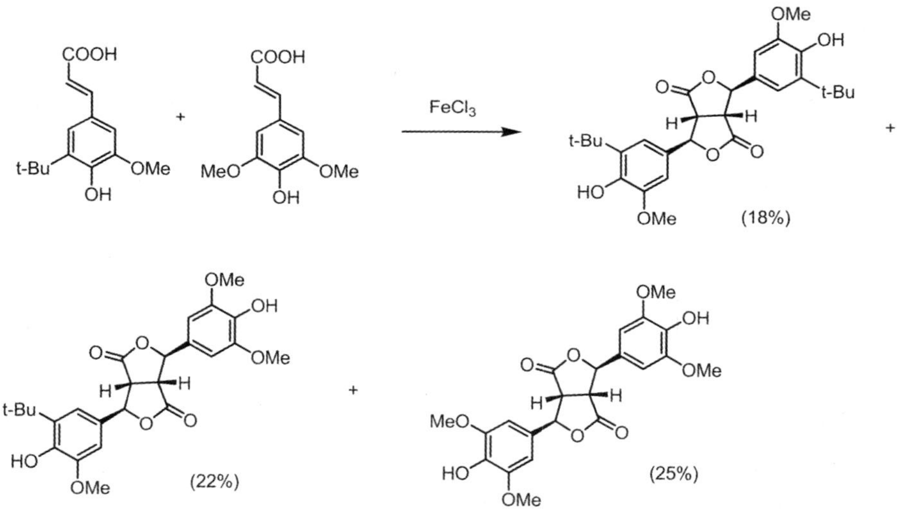

图 9-9　交叉氧化偶联反应合成苯丙素类

第二节　苯丙素类成分的提取与分离

一、简单苯丙素的提取与分离

（1）简单的苯丙素类根据溶解性不同和极性大小的差别，一般用有机溶剂提取,或者用水提取,分离方法一般按照中药化学成分分离,如高效液相色谱,硅胶柱色谱等。

（2）挥发油芳香族化合物的主要组成部分如苯丙醛、苯丙烯和苯丙酸的简单酯类衍生物,多有挥发性,可用水蒸气蒸馏的方法进行提取。

（3）苯丙酸衍生物是植物中的酸性成分,可用碱提酸沉的方法进行提取。

二、木质素的提取分离方法

当今,科技正在迅猛发展,木质素的单一使用已经过时,早已满足不了各个领域的需求,运用多种手段改善木质素的应用性能,开发多功能产品,已成为我国木质素工业一件紧迫的任务,然而,要想制得高性能的木质素产品,就需要高纯度的木质素来作为原料,这就对当今木质素的纯化技术提出了较高的要求。

木质素通常是人们为得到纤维素而采取一定方法将其分离出去的,方法基本上有两种。

（1）工业上采用酸来水解木材时,纤维素会在酸的作用下发生水解,其转变成葡萄糖而溶解在水中,而木质素不会发生上述变化,便以沉淀剩余物经过滤后得到,即为通常所说的酸木素。

（2）造纸制浆工艺为得到所需要的纤维素,采取一定的方法将木质素溶解,而纤维素被析出,运用这样的原理将二者分开。

上述提到的在造纸过程中得到木质素的具体方法如下:

（1）酸法制浆工艺。在 $130 \sim 140$℃的温度条件下,将木材破碎后混合亚硫酸盐一同蒸煮,此时,纤维素不会被破坏而被过滤出来,而木材中的原本木质素分子中因为引入了—SO_3^-,水溶性增强而溶解在废液中,用石灰乳对该废液进行处理,便可将木质素磺酸盐沉淀析出。

（2）碱法制浆工艺。该工艺是利用烧碱溶液,在高温下蒸煮碎木的制浆过程,纤维素不受烧碱的影响而被滤出,而原本木质素在烧碱的作用下以酚盐的形式存在,所以留在废弃的黑液里。向黑液中加酸便可使木质素中的酚羟基还原,用此法可回收其中的碱木质素。例如,自爵床（*Justica procumbens* Linn. var. *leucantha* Honda）中分离六种木脂素（图 9-10）。

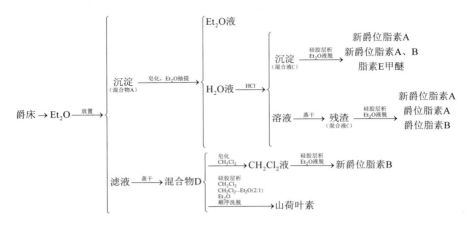

图 9-10　分离过程

各成分的结构式如图 9-11 所示,性状如表 9-1 所示。

表 9-1　各成分性状

序号	名称	熔点 /℃	保留因子
(a)	新爵床脂素 A	273 ~ 275	0.68
(b)	新爵床脂素 B	262 ~ 265	0.61
(c)	台湾脂素 E 甲醚	227 ~ 230	0.55
(d)	爵床脂素 A	261 ~ 263	0.43
(e)	爵床脂素 B	235 ~ 238	0.37
(f)	山荷叶素	284 ~ 287	0.28

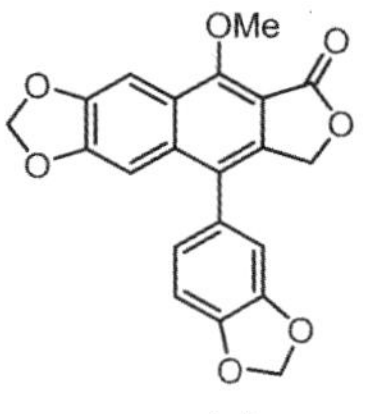

(a) 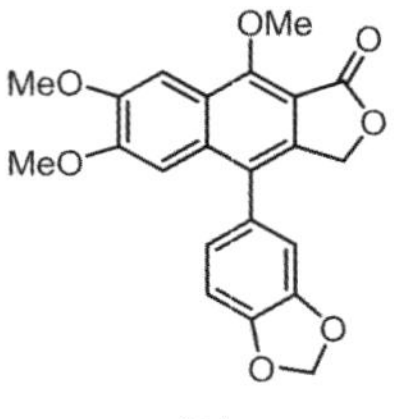　　　　　(b) 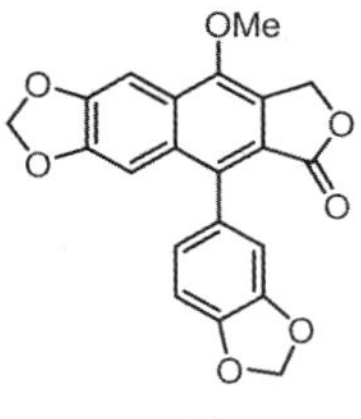　　　　　(c)

图 9-11　各成分的结构式

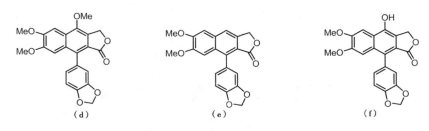

图9-11　各成分的结构式(续)

三、香豆素的提取与分离

香豆素的提取分离通常有下述几种方法。

（1）水蒸气蒸馏法。小分子游离香豆素具有挥发性,可采用水蒸气蒸馏法进行提取。

（2）溶剂提取法。游离香豆素可用极性较小的有机溶剂,如苯、乙醚、乙酸乙酯等提取,也可以采用系统溶剂法提取,常用石油醚、苯、乙醚、乙酸乙酯、丙酮、甲醇顺次提取。

（3）碱溶酸沉法。根据香豆素的内酯化结构,在热碱溶液中内酯环开环成羧酸盐溶于水中,加酸又重新环合成内酯而析出。需要注意加碱液浓度不宜过高,温度不宜过高,以免破坏内酯环。

提取流程如图9-12所述。

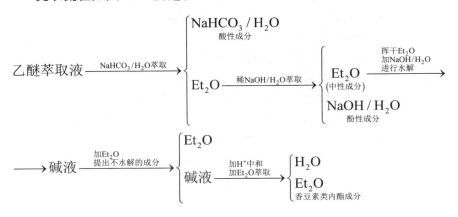

图9-12　碱溶酸沉法提取香豆素的流程

（4）色谱方法。结构相似的香豆素混合物必须经色谱方法才能有效分离,柱色谱吸附剂可用中性和酸性氧化铝以及硅胶,碱性氧化铝应慎用。洗脱剂可用石油醚、正己烷、乙醚和乙酸乙酯等混合溶剂依次增加极性进行洗脱。

第三节 苯丙素类成分的含量测定

一、丹参木质素及其单体含量的测定

利用生物工程的方法改变对羟苯基 / 愈创木基 / 紫丁香基型木质素在植物体的组成比例,可以改变苯丙烷途径其他各支路的次生代谢产物量,以利于人类的生产需要。酸解法成为测定总木质素含量的经典方法。木质素单体含量的测定方法有酸解法、高锰酸盐氧化法、硫代酸解法等。目前有关植物中木质素单体的含量测定方法报道较少,且均集中于木本植物的研究。而对于药用植物木质素含量以及各主要木质素单体的含量测定尚未见报道。因此,建立一种准确、快速的药用植物木质素及其单体的含量测定方法,对了解药用植物中此类成分的合成和积累规律具有重要意义。

(一)仪器、试剂与材料

UnicamUV-300 型紫外分光光度计(ThermoE 公司);QP2010 型气相色谱 - 质谱联用仪(Shimadzu 公司);Mill-Q 超纯水仪(Millipore 公司);SL202N 型药物电子天平(上海明桥精密科学仪器有限公司);Q/BKY Y31-2000 型电热恒温鼓风干燥箱(上海跃进医疗器械厂);砂芯坩埚(规格为 G3);索氏提取装置等。BFs,乙硫醇(EtSH),*N*, *O*- 双(三甲基硅基)乙酰胺(BSA),二十四烷,嘧啶均购自美国 Sigma-Aldrich 公司;二氧杂环乙烷购自 Acros Organics 公司;甲醇,丙酮,CH_2Cl_2,H_2SO_4,$NaHCO_3$,无水 Na_2SO_4 均为国产分析纯。两年生丹参(*Salvia miltiorrhiza* Bunge)采自实验基地。

(二)样品制备

将所采丹参植株洗净,分成根部(R)和茎部(S)置于烘箱,40℃烘干。将烘干后的丹参磨成粉末,过 40 目筛。置索氏提取器中分别用丙酮和甲醇提取 24h,最后用热水提取 30min,滤渣风干备用。提取前后称重,计算提取率,换算出 100mg 风干样品的原干药材样品质量 *m*(g)。

（三）丹参木质素含量测定

分别称取根部和茎部的风干样品 100.0mg 置于 15mL 反应瓶中，加入 3mL 72% H_2SO_4，25℃水解 3h，并不断震荡，水解产物转入三角瓶中，加 190mL 超纯 H_2O 于 121℃反应 1h，冷却，用已恒重（ m_1 ）的砂芯坩埚抽滤，滤渣用 200mL 热水反复洗涤，滤渣 105℃烘至恒重，称得重量（ m_2 ）并计算酸不溶性木质素含量（ m_2-m_1 ）/m。滤液补至 500mL，在 205nm 波长下测滤液的吸光度。当样品溶液的吸光度（ A ）在 0.2～0.7 时，根据下列公式，计算酸溶性木质素含量 ρ（mg/g）。每个样品重复 6 次，取平均值。

$$\rho = \frac{A \times D}{110m} \times 10^3$$

式中，D 为样品溶液的稀释倍数。

（四）丹参根和茎中木质素含量的测定

实验测定丹参根和茎中木质素含量，丹参根中克拉松木质素含量和酸溶性木质素含量均高于茎，分别高出了约 0.3 倍和 3 倍。在总木质素含量上，丹参根中的含量约是茎中含量的 2 倍。丹参为多年生草本植物，发育成熟后根的木质化程度远高于茎，这一事实与实验所测得的数据一致。结果表明，同一株丹参不同部位的木质素及总木质素单体的含量是有差异性的，根中的含量高于茎中的含量。

有些研究仅仅是运用克拉松法测得了植物中酸难溶性木质素，而忽略了植物的酸溶性木质素部分，这将导致测得的木质素含量偏低，且需要建立适合近红外光谱分析木质素含量的模型，而把克拉松法和紫外分光光度法结合起来，不仅测得了丹参中酸难溶性木质素部分，而且还测定了丹参中酸溶性木质素部分，其值能反映丹参木质素含量的真实情况，木质素含量值更为准确。紫外分光度法测定微量人参木质素含量，经过溴乙酰反应的反应液吸光值会随时间而出现波动。在测定吸光值的过程中发现，丹参粉末样品经过酸解的反应液冷却到室温，应尽可能在最短时间内测定其吸光值，6h 内所测定的吸光值较稳定，否则其吸光值会出现较大的波动。

在丹参木质素单体的定性鉴定依据上，除了依据 H 型、G 型和 S 型木质素单体的分子离子峰做定性鉴定外，在本方法所描述的实验条件下，还可依据各主要木质素单体在色谱柱中的近似保留时间来做定性鉴定：11.6min，H 型；16.8～17.0min，G 型；20.8～21.1min，S 型。在色谱条件一定的条件下，运用各主要木质素单体在色谱柱中的近似保留时间来对其进行定性鉴定，与运用木质素单体的分子离子峰做定性鉴定相比，保留时间更为直观。再结合 GC 的信号响应因子对各木质素单体做定量分析,适合于大规模样品的快速检测。

二、白芷中香豆素类成分的含量测定

(一)仪器、试剂与材料

Agilent 1100 高效液相色谱仪,包括真空脱气机、双泵、自动进样器、柱温箱、DAD 检测器及 ChemStation 色谱工作站。对照品花椒毒酚、佛手柑内酯、欧前胡素及异欧前胡素。乙腈为色谱纯;水为自制双蒸水,其他试剂为分析纯。来自三个产地的白芷饮片。

(二)溶液的配制

分别精密称取 1、2、3、4 对照品 25mg,置 25mL 量瓶中,以甲醇溶解并定容,制成 1 000μg/mL 的贮备液。精密量取 1、2、3、4 对照品储备液适量,摇匀,并用甲醇定容,配制浓度分别为 11.4μg/mL、10.3μg/mL、87.2μg/mL、37.4μg/mL 的储备溶液,4℃冷藏待用。精密称量不同产地白芷样品粉末(过 3 号筛)约 0.2g,置 50mL 具塞锥形瓶中,精密加入甲醇 25mL,称重。室温下超声 60min,冷却至室温后,称重补重,摇匀,0.45μm 微孔滤膜过滤,即得供试品溶液。

(三)不同产地白芷中 4 种主要成分含量测定

取上述药材样品,按照"溶液的配制"中方法制备供试液,每个批次平行操作 3 份,进样测定,根据随行标准曲线计算含量。结果见表 9-2。

表 9-2 不同产地白芷中 4 种成分含量($n=3$)

产地	花椒毒酚 /（mg/g）	佛手柑内酯 /（mg/g）	欧前胡素 /（mg/g）	异欧前胡素 /（mg/g）
1	0.136 9	0.104 1	0.983 8	0.512 4
2	0.120 2	0.105 5	1.032 9	0.563 7
3	0.086 2	0.104 7	1.082 0	0.595 0

将 HPLC 方法应用于不同产地的白芷中 4 个香豆素类成分的测定,测定结果表明不同产地的各个成分之间存在一定的差异,但是因为白芷经过炮制过程,引起差异的原因也可能产生在炮制过程。本实验建立的 HPLC 方法简单易行,且重复性好,能够同时测定白芷中 4 个香豆素类成

分。本部分实验通过对白芷中香豆素类成分的测定，为下一步白芷香豆素类成分的药代动力学研究提供了基础。从目前的含量测定结果来看，推测在 HPLC 图谱上欧前胡素与异欧前胡素之间的样品峰也是香豆素类成分，而且在白芷中以这三个香豆素类成分含量比较高，可以进行体内的药代动力学研究。

第四节　含苯丙素类成分的中药实例

一、不同加工方法对亳菊中 2 种苯丙素类成分的影响

菊花具有疏风清热、平肝明目的功效，按产地和加工方法不同，分为亳菊、滁菊、贡菊、杭菊和怀菊，收载于《中国药典》。《药物出产辨》《中药大辞典》《中药志》等书都认为亳菊在药用菊花中品质最佳。研究发现，菊花的化学成分比较复杂，包括黄酮类化合物、苯丙素类化合物等，药理研究表明黄酮类化合物和苯丙素类化合物具有广泛的药理活性。因此这里采用 HPLC 法对亳菊不同加工品中的 2 种苯丙素类和 6 种黄酮类化合物成分变化进行分析，为亳菊加工方式的优选以及产地加工提供研究基础。

（1）亳菊蒸制杀青后烘干样品制备：摘取新鲜亳菊花放置在沸水蒸汽上蒸制杀青 2min，取出抖开，置于高 50℃烘箱中烘干，得到样品 1。

（2）微波杀青后干燥亳菊样品制备：摘取新鲜亳菊放置在微波炉中以 700W 功率干燥 1min 和 2min，然后以 350W 功率继续加热至亳菊完全干燥，得到样品 2 和样品 3。

（3）亳菊阴干品的制备：砍取亳菊植株，倒挂于阴凉通风处至完全干燥后，摘取亳菊，得到样品 4；另摘取新鲜亳菊，置于阴凉通风处至完全干燥，得到样品 5。

（4）亳菊不同烘干品制备：摘取新鲜的亳菊花分别置于不同温度的恒温干燥箱内，分别设置温度为 40℃，50℃，60℃，70℃，80℃，90℃，烘至亳菊花完全干燥，分别得到样品 6，样品 7，样品 8，样品 9，样品 10，样品 11。

利用 HPLC 测定亳菊不同干燥样品中两种苯丙素类（绿原酸、3,5-二咖啡酰基奎宁酸）和 6 种黄酮类成分（木樨草苷、芹菜素苷、金合欢苷、木樨草素、芹菜素、金合欢素）含量，应用该方法可对亳菊中绿原酸、3,5-二咖啡酰基奎宁酸、木樨草苷、芹菜素苷、金合欢苷、木樨草素、芹菜素、金合

欢素等成分进行测定,各成分分离度良好,定量准确,可应用于亳菊加工炮制过程中各成分变化规律的研究。

以亳菊传统阴干样品(样品 4)为基准,杀青烘干组(样品 1,2,3)其绿原酸含量升高 2 倍,3,5- 二咖啡酰基奎宁酸含量无显著变化,烘干组中绿原酸类成分检测不到,3,5- 二咖啡酰基奎宁酸的含量降低 90% 以上,其原因可能为 2 种苯丙素类成分作为咖啡酸与奎宁酸结合的酯类化合物在加热条件下发生水解,其结构中同时具有多元酚羟基易于被氧化。

在杀青烘干组(样品 1,2,3)中的 3 种黄酮苷类成分略有升高,而与 3 种黄酮苷相对应的黄酮苷元类成分则略有降低,杀青烘干组与亳菊传统阴干样品在总量上无明显差异,烘干组中黄酮苷类成分降低,对应苷元相对升高,所测定的 6 种黄酮总量也有所降低,说明在加工过程中黄酮苷类水解为黄酮苷元,而黄酮苷元有可能进一步发生氧化等化学反应,使得苷元进一步减少。

不同加工方法加工出的亳菊样品中 2 种苯丙素类和 6 种黄酮类成分有差异性显著($P<0.05$),带枝阴干的样品(传统加工方法)、杀青烘干组(样品 1,2,3)样品无显著性差异($P<0.05$);高温杀青烘干组和阴干组加工品的质量优于烘干组。

通过对亳菊中主成分进行分析(PCA)及偏小二乘聚类判别模式分析(PLSDA)进一步对数据进行分析,PCA 分析结果显示可以将不同加工方法的亳菊分为三类:杀青烘干组(样品 1,2,3),阴干组(样品 4,5)和烘干组(样品 6,7,8,9,10,11),PLSDA 分析显示在干燥加工过程中对亳菊分类影响最大的成分依次是 3,5- 二咖啡酰基奎宁酸、绿原酸、金合欢素 -7-O-β-D- 葡萄糖苷、木樨草素、金合欢素、芹菜素 -7-O- 葡萄糖和芹菜素,而木樨草素 -7-O- 葡萄糖苷贡献度最小。

二、莘荠中苯丙素类化学成分

通过多种柱色谱和制备液相色谱,从 90% 乙醇提取的莘荠乙酸乙酯部位分离得到 16 个苯丙素类化合物,根据所得化合物的波谱数据、理化性质及其参考文献,它们依次被鉴定为 6'-(4″-羟基 3″-甲氧基 - 苯丙烯酮基)-1-(10-甲氧基 - 苯丙酮基)-1'-O-β-D- 吡喃葡萄糖苷(1),susaroyside A(2),clausenaglycoside B(3),clausenaglycoside C(4),clausenaglycoside D(5),emarginone A(6),emarginone B(7),thoreliin B(8),4-O-(1′,3′-dihydroxypropan-2′-yl)-dihydroconiferyl alcohol 9-*O*-*β*-D-glucopyranoside（9），2-［4-（3-methoxy-1-propenyl）-2-methoxy-phenoxy］-propane-1,3-diol（10），6′-*O*-（E-cinnamoyl）-coniferin（11），methyl 3-（2-*O*-*β*-D-glucopyranosyl-3,4,5,6-tetramethoxyphenyl）propanoate（12），clausenaglycoside A（13），9-*O*-（E-cinnamoyl）-coniferin（14），6′-*O*-（E-cinnamoyl）-syringin（15），2′-*O*-（E-cinnamoyl）-syringin（16）。化合物 1 为新化合物，化合物 2 ~ 16 为首次从本植物中分离所得。其中，化合物 2 和 8 具有一定的保肝活性。

荸荠中苯丙素类化学成分的分离纯化过程如图 9-13 所示。

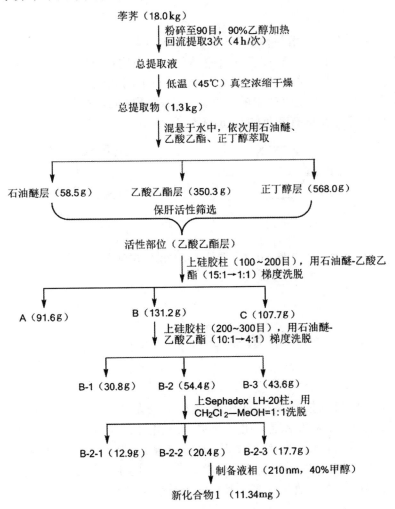

图 9-13 苯丙素类化学成分的分离纯化过程

第十章　醌类成分分析

醌类化合物是指一种在分子结构中含有共轭环状二酮结构的有机化合物,并且普遍存在于自然界中,醌类化合物中均具有图10-1中的结构单位,含有该种结构单位的化合物大多数具有不同颜色,例如大自然中植物花朵里的色素、工业生产中的一些染料及医药中的辅酶等,并且大多数的醌均是非芳香并且有颜色的 α, β- 不饱和酮。

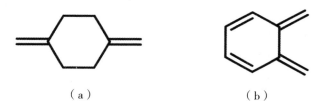

（a）　　　　　　　　　　　（b）

图 10-1　醌类化合物的结构单位

第一节　概　述

醌类化合物按照结构的不同,主要分成苯醌类化合物、萘醌类化合物、菲醌类化合物和蒽醌类化合物四种,其中苯醌类化合物一般均以含苯环类的有机化合物(如甲苯、苯胺、硝基苯等)的降解中间体的形式存在,蒽醌以及蒽醌类化合物不仅仅是中医药材中的主要组成元素,也是一种在自然界中存在的数量远多于其他醌类化合物的化合物。

一、苯醌类

苯醌类化合物是指某些分子中存在环状不饱和二酮（即环己二烯二酮）结构的,具备较大共轭体系的化合物或容易转变成该结构的非人工合成有机化合物。由于在我们生活的大自然中苯醌类化合物普遍存在着并且在很多重要的化学和生物转换过程中发挥了作用,因此,一直以来苯醌类化合物都是许多科研人员广泛研究的一类有机化合物。

苯醌是结构较简单的一类醌,主要有两种形式:邻苯醌和对苯醌(图10-2)。邻苯醌的结构稳定性较差,因此,自然界中存在的苯醌化合物多为对苯醌的衍生物。

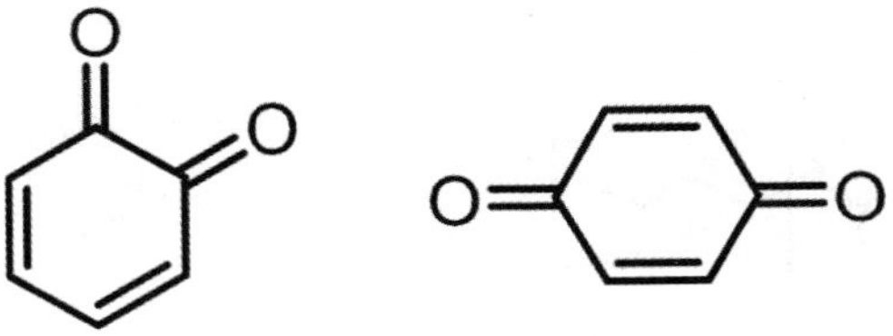

（a）　　　　　（b）

图 10-2　邻苯醌和对苯醌

二、萘醌类

萘醌类的结构主要包括三类,分别为 α-(1,4)、β-(1,2)及 $amphi$-(2,6)(图 10-3),自然界中存在的萘醌类多为 α-萘醌类。

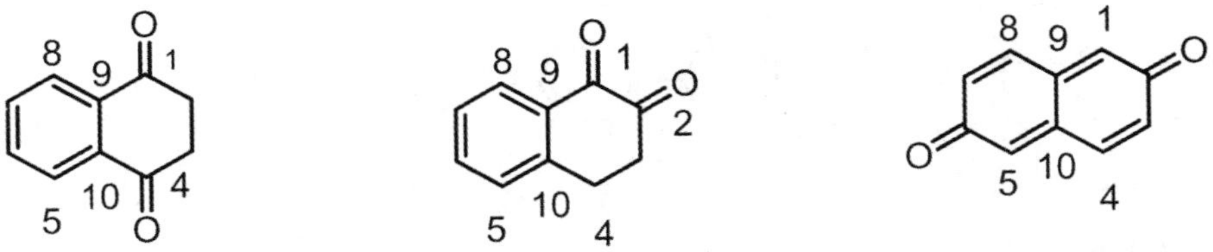

（a）　　　　　（b）　　　　　（c）

图 10-3　α-(1,4)萘醌、β-(1,2)萘醌及 $amphi$-(2,6)萘醌

紫草素及异紫草素衍生物(图 10-4)是常见的萘醌类化合物。胡桃醌(图 10-5)存在于胡桃叶和未成熟果实中,可用于抗菌、抗癌和中枢镇静。

维生素 K_1、维生素 K_2（图 10-6）都属于萘醌类化合物,可用于促进血液凝固。

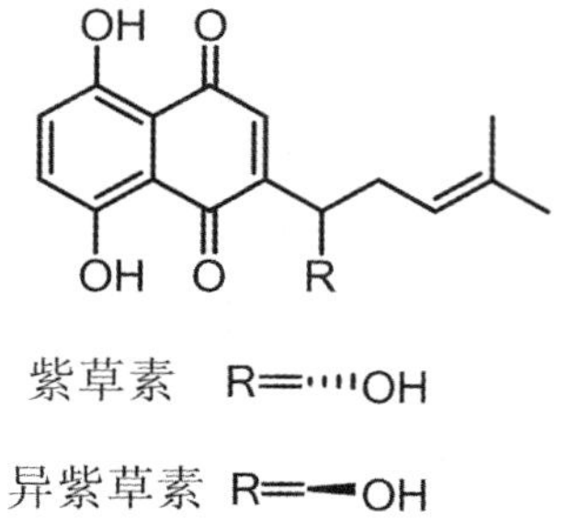

紫草素　　R=＂OH

异紫草素　R=＝OH

图 10-4　紫草素及异紫草素衍生物 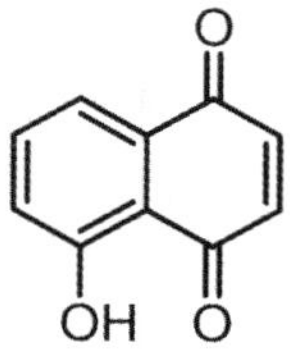　　　　图 10-5　胡桃醌

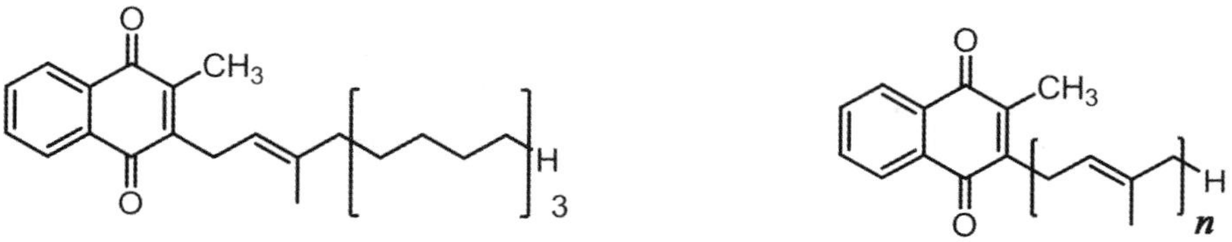

（a）

（b）

图 10-6　维生素 K_1 和维生素 K_2

三、菲醌类

自然界中存在的菲醌衍生物主要有两种结构,包括邻菲醌和对菲醌（图 10-7）。其中邻醌主要有邻菲醌Ⅰ、邻菲醌Ⅱ两种结构。

（a）邻菲醌Ⅰ　　　　　（b）邻菲醌Ⅱ　　　　　（c）对菲醌

图 10-7　邻菲醌和对菲醌

四、蒽醌类

蒽醌类是一类存在于植物中的色素,目前已发现了大约 200 多种。图 10-8 为蒽醌类化合物的分类。

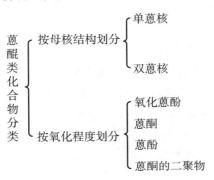

图 10-8 蒽醌类化合物分类

蒽醌类物质主要有蒽醌衍生物、蒽酚衍生物、二蒽酮类衍生物,广泛存在于细菌、真菌、地衣及各种植物中,尤其在蓼科、鼠李科、茜草科、豆科、百合科等高等植物中有较高含量。

蒽醌类物质多为黄色至橙黄色的固体,所带的基团中如酚羟基类的助色基团越多则颜色越深。由于具有酚羟基这一基团使蒽醌有一定的酸性,在碱性条件下形成盐类物质溶解,而在酸性条件下则会沉淀析出,根据酚羟基的多少及位置的不同而使酸性强弱产生差异,其酸度大小排序为带—COOH、有两个以上 β-OH、带一个 β-OH、带两个以上 α-OH、带一个 α-OH,因此在不同 pH 的溶液中可将不同的蒽醌分批析出,酸性较强的如带羧基及两个 β 酚羟基的可在 5% 的碳酸氢钠溶液中溶解,带有一个 β 酚羟基的可在 5% 碳酸钠溶液中溶解,带有两个 α 酚羟基的可在 1% 氢氧化钠溶液中溶解而酸性最低的带一个 α 酚羟基的需要 5% 氢氧化钠溶液才可溶解。

蒽醌类物质在一些条件下可产生显色反应,通过此可初步判断蒽醌类物质的存在即测量其含量。这些显色条件分别是与碱、亚硝基二甲基苯胺或部分金属离子如镁离子、铅离子等反应。与碱反应会使得溶液颜色加深,该反应与共轭体系的酚羟基和羰基有关,在含有羟基蒽醌的乙醚或氯仿溶液中加入 5% 氢氧化钠,则有机溶液层颜色褪去而水层显红色;与亚硝基二甲基苯胺的反应更针对 1,8- 二羟基蒽醌,尤其是在 9,10 位置未被取代时,该蒽醌与 0.1% 对亚硝基二甲苯胺的吡啶溶液有显色反应;

与金属离子反应则是因为与离子形成络合物,如在含有 α 酚羟基或邻位二酚羟基的甲醇溶液中加入 0.5% 乙酸镁甲醇溶液,则溶液显橙红、紫红或紫色,该显色反应灵敏且颜色随羟基位置而异。

（一）单蒽核类

1. 羟基蒽醌及其苷类

根据羟基在母核上的位置,蒽醌衍生物分为以下两大类。

（1）大黄素型。大黄素型为 1,8- 二羟基衍生物,多呈现棕黄色,是中药大黄的主要致泻成分,其衍生物主要与葡萄糖和鼠李糖结合形成单糖苷或双糖苷如大黄酚 -8-O-β-D- 葡萄糖苷、大黄素 -8-O-β-D- 龙胆双糖苷等。图 10-9 为常见大黄素型蒽醌化合物。

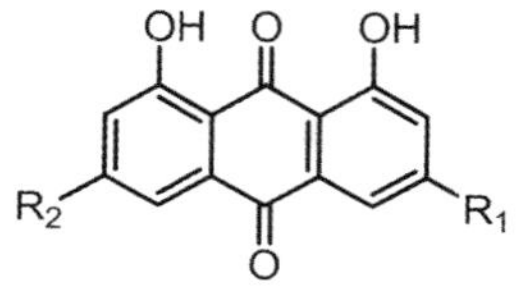

大黄酚（chrysophanol）（R₁=CH₃、R₂=H）

大黄酚（chrysophanol）（$R_1=CH_3$、$R_2=H$）
大黄素（emodin）（$R_1=CH_3$、$R_2=OH$）
大黄素甲醚（physcion）（$R_1=CH_3$、$R_2=OCH_3$）
芦荟大黄素（aloe-emodin）（$R_1=CH_2OH$、$R_2=H$）
大黄酸（rhein）（$R_1=COOH$、$R_2=H$）

图 10-9　常见大黄素型蒽醌化合物

（2）茜草素型。茜草素型蒽醌的羟基集中在一侧,多呈现橙黄或橙红色,除了具有药用方面功能外,还是一类重要的染料。图 10-10 为常见茜草素型蒽醌化合物。

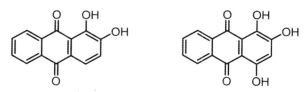

（a）茜草素（alizarin）　　（b）羟基茜草素（purpurin）

图 10-10　常见茜草素型蒽醌化合物

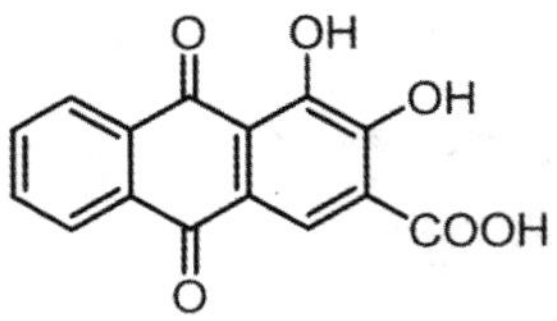

（c）伪羟基茜草素（pseudopurpurin） 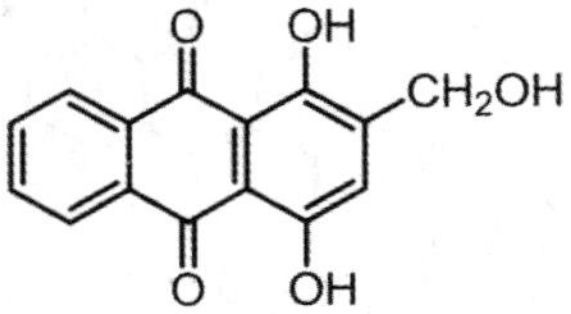 （d）1,4-二羟基-2-羟甲基蒽酯

图 10-10　常见茜草素型蒽醌化合物（续）

2. 蒽酚或蒽酮衍生物

若蒽醌处于酸性环境,则会得到蒽酚和蒽酮。其中,蒽酮稳定性较差,容易发生氧化,生成蒽醌。

（二）双蒽核类

1. 二蒽酮类衍生物

二蒽酮类（bianthranones）可看作两分子蒽酮在 C10' 位或其他位脱氢得到的化合物。此类化合物多为苷的形式,如大黄及番泻叶中含有番泻苷（sennoside）A、B（图 10-11）,番泻苷 A 的 C10-C10' 为反式连接,番泻苷 B 的 C10-C10' 为顺式连接。

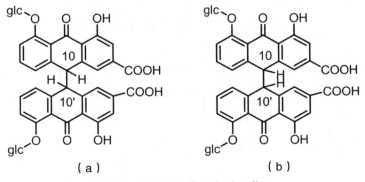

图 10-11　番泻苷 A 和番泻苷 B

2. 二蒽醌类

二蒽醌类是蒽醌两侧苯环的 C—C 键打开与另一蒽醌分子 C—C 键

再重新结合得到的化合物,如天精、山扁豆双醌(图 10-12)。

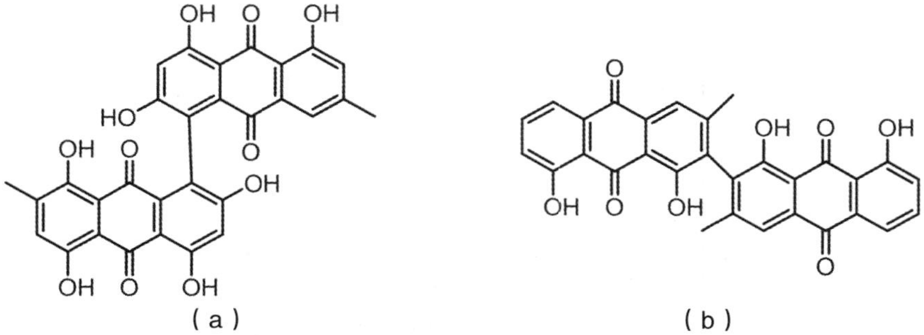

（ a ）　　　　　　　　　　　（ b ）

图 10-12　天精和山扁豆双醌

3. 去氢二蒽酮类

去氢二蒽酮类 [图 10-13 (a)] 是中位二蒽酮脱去一分子氢,两环之间以双键相连的蒽酮类衍生物。在自然界中以羟基衍生物存在,如金丝桃属植物。

4. 日照蒽酮类

日照蒽酮类 [图 10-13 (b)] 是由去氢二蒽酮再次发生氧化,α 与 α' 位相连得到一个新六元环。

5. 中位萘骈二蒽酮类

中位萘骈二蒽酮类在天然蒽衍生物具有最高氧化程度。如金丝桃素 [图 10-13 (c)],其具有抑制中枢神经及抗病毒的作用。

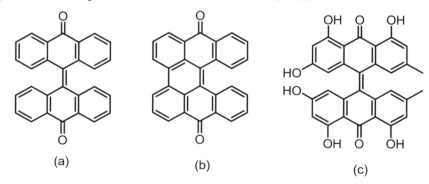

(a)　　　　　　　　(b)　　　　　　　　(c)

图 10-13　去氢二蒽醌(a)、日照蒽醌(b)和金丝桃素(c)

第二节 醌类成分的提取与分离

一、醌类化合物的提取

中药中醌类化合物的结构包括游离、苷和盐的形式,其极性和溶解度存在差异,因而提取方法也有所不同。本节主要介绍以下几种提取方法。

(一)醇提取法

醇提取法主要用于生产或实验室研究,实验室条件下有时也用乙醚或氯仿提取,流程相近。取大黄粉末于烧瓶中,加入95%乙醇,90℃水浴回流提取2h,而后过滤,再向滤渣中加入95%乙醇,90℃水浴回流1h,过滤合并滤液,利用减压加热浓缩分离乙醇,再倒出于烧杯中水浴彻底挥去剩余乙醇,所得提取物于溶液中溶解后加入酸调pH至2~3,待沉淀后抽滤回收沉淀物即得蒽醌粗提物。

(二)亲脂性有机溶剂提取法

游离醌类化合物的极性较小,提取时多用亲脂性有机溶剂,如苯、三氯甲烷。将提取液进行浓缩,静置后再加以过滤,对沉淀进行重结晶(图10-14)。

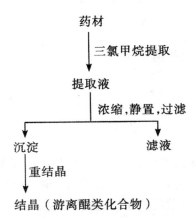

图 10-14 亲脂性有机溶剂提取法

（三）碱提取酸沉淀法

呈酸性的醌类化合物可以与碱发生反应得到醌盐,其溶解性增强,便于提取。生成的碱液经酸化处理,醌盐又转化为原来的醌类化合物而沉淀析出(图10-15)。

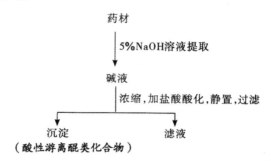

图10-15 碱提取酸沉淀法

（四）水提法

水提法正常用于中药的煎煮,寻常中药熬制是正常为取药材量三倍的水,沸水煎煮15min,或80℃煎煮30min,煎煮以后用纱布过滤,再次加入水对滤渣进行煎煮,两次循环后合并滤液,若溶液太多可再短时煎煮浓缩,主要用于大黄的煎煮。有学者曾用水提法提取巴戟根中蒽醌类物质,并探究其在不同温度下的提取率。也有研究通过加压水提法提取蒽醌类物质,结果显示该提取方法能与用乙醇为溶剂进行索氏抽提蒽醌类物质达到相当的得率。

二、醌类化合物的分离

（一）游离蒽醌的分离

1.pH梯度萃取法

蒽醌在醌类化合物中是普遍存在的结构,通常能够依据羟基蒽醌中酚羟基的位置和数目的差异,再结合对分子的酸性强弱产生影响的不同加以分离。图10-16为游离蒽醌较通用的分离流程。

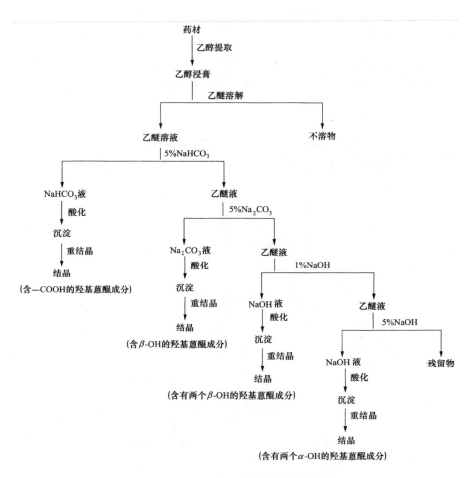

图 10-16　游离蒽醌的分离流程

2. 色谱法

色谱法常用于结构较为接近的游离羟基蒽醌化合物的分离,如硅胶吸附柱色谱、聚酰胺色谱。

(二)蒽醌苷类的分离

蒽醌苷类化合物多具有较强的水溶性,这就增大了分离的难度,可采用以下几种方法进行分离。

1. 溶剂法

在蒽醌苷类的水溶液中加入极性较大的有机溶剂,如正丁醇、乙酸乙酯等,可以将蒽醌苷类萃取出来,然后采用色谱法进一步分离。

2. 铅盐法

蒽醌苷类与 Pb(AcO)$_2$ 反应可产生沉淀,进而从多种成分中分离出来。通常是在除去游离蒽醌的水溶液中加入 Pb(AcO)$_2$,具体过程如图 10-17 所示。

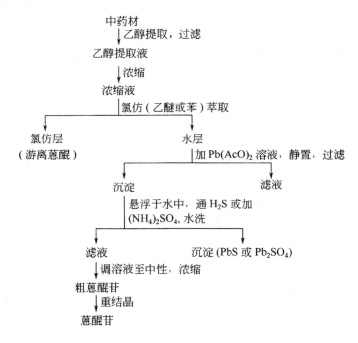

图 10-17　铅盐法提取蒽醌苷

3. 色谱法

对蒽醌苷类进行分离多采用色谱法,如聚酰胺色谱、硅胶色谱或葡聚糖凝胶柱色谱等。图 10-18 所示为大黄中蒽醌苷类的分离过程。

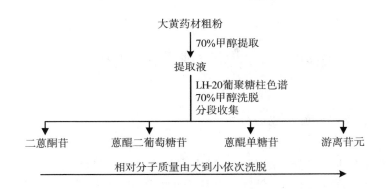

图 10-18　蒽醌苷类的分离

第三节　醌类成分的含量测定

醌类成分的含量测定方法主要有以下几种。

比色法最为普遍,该方法操作简便、快捷,适用于多数情况下的蒽醌类物质检测;比色法又分为直接比色法和显色比色法,直接比色法是利用蒽醌类物质在不同波长下有吸收峰,如大黄素在 435mm 处有吸收峰,用乙醇或甲醇溶解后可直接于该波长下检测;显色比色法是利用蒽醌类物质以 0.5% 乙酸镁 - 甲醇溶液为显色剂使蒽醌类物质在 512nm 处有吸收峰的原理进行检测,该法显色稳定且比直接比色法灵敏。

薄层扫描法效果稳定,可针对不同蒽醌类物质用不同展开剂检测,特异性较好。

高效液相色谱法,可特异性地对蒽醌类物质进行定性、定量检测,灵敏度极高。

第四节　含醌类成分的中药实例

一、紫草中萘醌类成分分析

萘醌类活性成分广泛存在于具有多种生物学活性物质的紫草科植物中,尤其是紫草属植物。紫草已有几千年的历史,是我国著名的多年生药用植物。药理研究表明,紫草属植物具有杀菌、保肝、抗艾滋病、抗衰老、抗炎、抗癌、抗氧化、抗肿瘤和抗过敏等作用。目前,紫草已被载入《中国药典》,其在远东和欧洲地区也有很悠久的历史。其药理化学成分主要分为两大类:一种是脂溶性萘醌类活性成分,如紫草素及其衍生物;另一种是水溶性萘醌类活性成分,如多糖和酚酸等。

紫草(*Lithospermum erythrorhizon* Sieb. et Zucc)的根常作为中药,用于清热、解毒、凉血、止血。紫草中的有效成分是萘醌类活性成分。

新疆紫草富含极性较小的脂溶性色素类化合物,主要有萘醌类化合物及其衍生物和含量很少的苯醌类化合物;水溶性化合物主要有酚酸类化合物、黄酮类化合物等。至今已从新疆紫草中分离纯化出 30 余种萘醌类化合物,这类化合物在结构上都有相似结构,以羟基萘醌为母核,且都具有异己烯侧链,根据其旋光性不同将这类化合物分为紫草素类(shikonin, R 型)和阿卡宁类(alkannin, S 型),乙酰紫草素和 β, β- 二甲基丙烯酰阿卡宁都以二羟基萘醌为母核,为阿卡宁类衍生物。其母核环状结构具有亲电芳基化作用,可与肿瘤细胞内的电负性物质结合,引起肿瘤细胞的烷基化从而产生药理活性。

（一）萘醌类活性成分的提取与检测技术

由于紫草样品比较复杂,在进行色谱分析之前,需要对样品进行提取。常用的萘醌类活性成分样品前处理方法主要有浸渍提取、索氏提取和热回流提取等。由于目标分析物的极性较低,它们几乎不溶于水。采用上述方法时,常用有机溶剂作为提取溶剂,如甲醇、乙醇、丙酮、氯仿、乙醚、苯等。由于使用了大量的有机溶剂,在后续的实验中不仅需要花费大量的时间来浓缩样品提取物,而且增加了实验成本,危及实验操作人员的健康。离子液体是替代传统有机溶剂较好的新型绿色溶剂之一。

紫草是我国著名的传统中草药,且应用极其广泛。为了确保其安全使用,人们建立了多种检测方法来分析紫草中的萘醌类活性成分,如高速逆流色谱法、毛细管电泳和高效液相色谱法。

(二)微波辅助离子液体萃取高效液相色谱法测定紫草中的萘醌类活性成分

1. 色谱条件

流动相为水(A)和乙腈(C),采用梯度洗脱方式,即 $0 \sim 5min$,70%C;$5 \sim 8min$,70% ~ 80%C;$8 \sim 12min$,80%C;$12 \sim 15min$,80% ~ 85%C;$15 \sim 20min$,85%C;$20 \sim 23min$,70%C;流动相流速为 0.5mL/min,进样量为 $10\mu L$,柱温 35℃,检测波长为 275nm。

2. 样品处理

所有紫草样品均用粉碎机研磨粉碎,过 120 目筛,60℃下干燥至恒重,并储存备用。加标样品是通过将一定量的标准储备液添加到样品粉末中制备得到的。为了确保标准溶液可以均匀分散在样品粉末中,添加适量的甲醇,直到样品粉末完全浸没在甲醇中,随后,用玻璃棒轻轻搅拌,混合均匀,氮吹,干燥,备用。所获得的加标样品用于评价目标分析物的回收率。

3. 微波辅助离子液体微萃取

将 10mg 样品粉末和 $100\mu L[C_6mim][PF_6]$ 加入 2mL 离心管中。然后,用涡旋混合器将 ILs 和样品粉末均匀混合,为了获得更稳定的微波输出功率并确保平行样品的实验数据,微波炉在使用前需预热 5min。接下来,将离心管放置在预热的微波炉中。在 210W 条件下微波提取 30s。随后,将所得混合物冷却至室温,并向离心管中加入适量的乙腈,将 ILs 提取物稀释至 1mL,混合均匀后,过 $0.22\mu m$ 滤膜,所得溶液即为样品溶液,进行高效液相色谱分析。

(三)新疆紫草中羟基萘醌类化合物的分离纯化及结构鉴定

萘醌类活性成分的特殊结构、理化性质和高度相似性给分离带来了困难。开发一种简单、绿色和快速的分析方法来检测紫草中萘醌类活性成分是非常重要的。

本节采用硅胶柱层析、羟丙基葡聚糖凝胶(Sephadex LH-20)柱层析和过滤重结晶等方法对新疆紫草中羟基萘醌类化合物进行分离纯化,结合 TLC 与 HPLC 法对所得样品进行初步定性定量,通过理化性质(熔点、旋光等)和光波谱数据(MS、UV、IR 和 NMR 等)分析鉴定化合物的结构。

1. 硅胶柱层析装柱

将 200~300 目硅胶用石油醚充分浸泡,使用玻璃棒搅拌,使硅胶充分溶于石油醚中,成为糊状浆料,然后将浆料沿着柱层析柱壁缓慢倒入柱内,同时打开柱层析柱下面的开关,边倒边搅拌,防止有气泡产生,将所有浆料倒入柱内后,加大量石油醚冲洗层析柱,静置过夜。

2. 硅胶柱层析上样

新疆紫草石油醚总部位加少量石油醚溶解后,与 200~300 目硅胶按照体积比 1∶1 均匀搅拌,50℃挥干溶剂,将拌有新疆紫草石油醚部位的硅胶均匀铺在柱层析柱表面。

3. 硅胶柱层析洗脱与检视

以石油醚作为起始洗脱液,采用不同配比的石油醚-乙酸乙酯溶剂体系进行梯度洗脱,分段接收流分,每管 50~100mL。通过薄层检视法(TLC)对所得流分进行检视,选择已活化的 GF254 硅胶板,采用两种不同展开系统展开(展开剂 1:石油醚-乙酸乙酯-甲酸 9∶1∶0.1;展开剂 2:环己烷-甲苯-乙酸乙酯-甲酸 5∶5∶0.5∶0.1)对流分展样,室温晾干,分别在白光、245nm 和 366nm 下观察后,均匀喷上饱和氢氧化钾-乙醇溶液,观察显色情况,合并主斑点相近流分。

4. 新疆紫草中萘醌类化合物的纯化

不同流分经 200~300 目硅胶、硅胶 H 和 Sephadex LH-20 柱层析,采用不同配比的石油醚-乙酸乙酯溶剂体系进行梯度洗脱,分段接收流分,采用 TLC 法对所得流分进行检视,最后采用重结晶法获得化合物 1 和化合物 2。

5. 结构鉴定

对化合物 1 和化合物 2 采用显微熔点测定法,测定化合物熔点大小;采用旋光度测定法,测定化合物的旋光度;采用紫外-可见光谱法,测定化合物的波长-吸光度曲线(λ-A),记录光谱图及最大吸收波长 λ_{max},计算

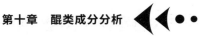

吸光系数 E；采用傅里叶变换红外吸收光谱测定法，测定化合物的波数 - 透光度曲线（σ-$T\%$），记录化合物光谱图；采用飞行时间质谱 ESI 源联用法，测定化合物的质荷比相对强度曲线（m/z- 相对强度 %）曲线，记录化合物质谱图；采用核磁共振氢谱法，记录质子的化学位移。

二、大黄中游离蒽醌类成分分析

大黄作为我国大宗药材之一，其主要生物活性成分为游离蒽醌类化合物，是典型的蒽醌类天然产物原料。目前，大黄中游离蒽醌类天然产物的提取方法有氯仿提取法、乙醇提取法、碱提取法等，在提取过程中都会使用到氯仿等有毒性挥发溶剂，同时在后期分离纯化过程中还会用到丙酮、吡啶和强酸强碱等有毒溶剂，操作过程复杂，且对环境会造成严重污染，限制了大黄中游离蒽醌类天然产物的产业化生产。

（一）提取与分离

大黄中游离蒽醌类化合物的提取主要有碱提法、氯仿提取法、乙醇提取法、超声波提取法、微波萃取法和超临界 CO_2 萃取法，以上方法中氯仿提取法、超声波提取法、微波萃取法提取率较高，但都会使用到毒性较大的氯仿作为提取溶剂，对环境污染大；碱提取法利用游离蒽醌类化合物易溶于碱的性质，但在提取加热过程中碱水的 pH 不稳定，导致其提取率较低；乙醇提取法虽然采用了毒性较低的乙醇作为提取溶剂，但乙醇易将大黄中的多糖提取出来，加大了后期游离蒽醌类化合物的分离纯化难度，同时也降低了游离蒽醌类化合物的提取率；超临界 CO_2 萃取法操作设备要求高，不利于在工业生产中推广应用。

常用的分离方法有 pH 梯度萃取法和柱层析法。pH 梯度萃取法主要利用游离蒽醌在不同 pH 条件下溶解度不同的性质，该方法仪器设备要求简单，但因操作过程要进行多次转移和重结晶，易造成游离蒽醌的损失，且会用到氯仿、丙酮和吡啶等有毒性溶剂和强酸强碱，操作过程复杂，对环境污染较大；柱层析法操作简单，分离后产物得率高，纯度高。

（二）分析方法

大黄中游离蒽醌类化合物的分析主要采用比色法、TLC- 化学光猝灭法、薄层扫描法、高效液相色谱法和高效毛细管电泳色谱法，以上各种方法各有优劣，相比较而言，比色法简便，仪器设备要求简单，适于蒽醌衍生物总含量的测定,但该方法准确性和重现性都较低,很难实现对各成分的单独测定;TLC-化学光猝灭法测定精度高,灵敏度强,但实验条件要求较高,一般条件下难以达到;层扫描法相对简单,能同时处理多组样品,但因其实验环境为封闭系统,易受外界因素影响,测定结果重现性较差;高效液相色谱法操作简单,准确性高和重现性好,是目前检测游离蒽醌的最常用方法;高效毛细管电泳色谱法虽然有高效、快速、溶剂消耗少、抗污染能力强等优点,但由于它一直处于被研究和改进的阶段,技术上还不是很成熟。

三、桑叶中醌类成分分析

桑叶又称铁扇子,早期发现记载于《神龙本草经》,是一味比较常见的中药,据《中国医学百科全书》记载,桑叶主要用于治疗发热头疼、肺热咳嗽、目赤流泪及肝虚眩晕等。可见对于桑叶的应用在很早的时候就已经开始,而随着科技进步,我们对桑树药用价值的理解也逐步加深。桑叶中富含生物碱类、黄酮类、多糖类及甾醇类成分,并含有丰富的氨基酸、微量元素及挥发油成分。

丰富的活性物质使桑树在医学上有着许多功能,如在降血压、降血糖、降血脂和消除氧自由基等方面均有较好效果。而在内分泌方面生物碱类物质有较好的抗糖尿病作用,如桑叶中的 1-DNJ 被食用后经动物胃肠黏膜被吸收后迅速扩散到肝脏有效抑制 α-糖苷酶活性,减少葡萄糖的吸收从而达到有效的降血糖作用;在心血管功能方面桑叶可起到抗动脉粥样硬化、降血脂的作用;桑叶黄酮的功能不仅仅在降血脂方面有良好的效果,在抗氧化方面也有较为显著的作用。

（一）桑叶蒽醌的提取方法

桑叶蒽醌提取流程如图 10-19 所示。

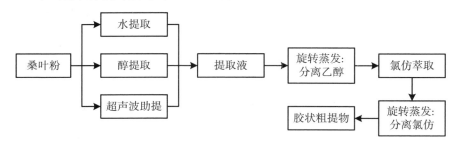

图 10-19 桑叶蒽醌提取流程图

1. 醇提取法提取桑叶蒽醌

（1）取桑叶粉 1g，用 70% 乙醇以 $m/V=1$（g）/60（mL）的比例加入 150mL 锥形瓶中。

（2）于 70℃条件下水浴 45min。

（3）利用滤袋过滤分离溶液后将残余桑叶粉（滤渣）以 60mL 乙醇冲洗回锥形瓶中。

（4）循环（2）（3）步骤两次，收集滤液。

（5）利用旋转蒸发仪于 70℃除去乙醇。

（6）用 120mL 氯仿分 3 次萃取，并利用旋转蒸发仪于 70℃减压条件下分离氯仿，得到浓缩黏稠粗提物。

（7）用甲醇溶解粗提物后定容至 120mL，于 4℃保存备用。

2. 水提取法提取桑叶蒽醌

步骤与醇提法相同，仅将 70% 乙醇换成去离子水，并在第（4）步骤后直接利用氯仿萃取。

3. 超声波处理提取桑叶蒽醌

在醇提取法的基础上增加超声波处理，在其（1）步骤后加 200W 功率超声波处理 15min。

（二）桑叶蒽醌纯化步骤

1. 酸处理

取 1g 桑叶加入 90% 乙醇 60mL 经超声波 15min、70℃水浴 45min 条件下提取得到的桑叶蒽醌提取液，于 70℃旋蒸分离乙醇后得到胶状蒽醌提取物，胶状物中加入 0 ~ 5mol/L 硫酸 30mL，70℃条件下水解 10min，反应结束后再用 120mL 氯仿萃取酸溶液，然后测定氯仿萃取液的含量。氯仿萃取液中含量的测定可先将溶液于 70℃旋蒸分离氯仿得到黏稠胶状样品，再加入甲醇溶解，测定。

2. 碱溶酸沉淀法纯化

用 180mL 0.47mol/L 碳酸钠溶液分 3 次加入酸处理后的氯仿萃取液中，摇匀，静置分层，将蒽醌类物质萃取至碳酸钠溶液当中，收集下层碳酸钠溶液，然后真空抽滤除去碱溶液中固体杂质，得到澄清的碱溶液。然后向碱溶液中加入 1.44mol/L 盐酸溶液（此过程要缓慢且用玻璃棒不断搅拌使混合均匀，避免大量气泡产生），调节溶液 pH 值，至混合液 pH 为 3，静置 2 ～ 3h，使蒽醌类物质在酸性条件沉淀析出。真空抽滤，沉淀物用去离子水多次洗涤，至流出液为中性，收集沉淀物，于烘箱中 60℃ 条件下除去多余水分，得到进一步纯化的胶状桑叶蒽醌。

3. 树脂吸附纯化法

（1）大孔吸附树脂预处理。

①取 AB-8 大孔吸附树脂，用 95% 乙醇浸泡 24h。用乙醇洗至流出液澄清。

②用去离子水洗去乙醇，后滤掉水。

③ 4% 盐酸浸泡 4h，用去离子水洗至流出液呈中性，滤掉水。

④ 2% 氢氧化钠浸泡 4h，用去离子水洗至中性，浸泡于水中备用。

（2）树脂吸附。

①配制 pH=6 的柠檬酸 - 柠檬酸钠缓冲液，用以装柱 157mL（柱高50cm，内径 2cm）作为吸附时的环境。

② 70% 乙醇溶解酸处理后得到的胶状蒽醌提取物，过滤后取滤液上样（样品为 30mL，70% 乙醇溶解胶状蒽醌提取物 5.05g）。

③吸附上样流速 1mL/min，至流出液呈透明。

④用去离子水洗柱至流出液呈中性。

⑤以 95% 乙醇作为洗脱液开始洗脱吸附的蒽醌类物质，洗脱流速2mL/min。

⑥收集黄褐色流出液，70℃ 条件下旋转蒸发浓缩除去乙醇和水至残余物浓稠。

⑦收集浓缩后产物，烘箱 60℃ 烘干，4℃ 保存备用。

（3）大孔吸附树脂的再生。用含 1% 氢氧化钠的 70% 乙醇洗涤，当洗出液无色后换 95% 乙醇再次洗直至将大孔吸附树脂洗脱至原色。

4. 桑叶蒽醌提取物的液质联用测定

样品送由华南农业大学测试中心检测。检测方法参照中华人民共和国行业标准《出口保健食品中酚酞和大黄素的测定 液相色谱 - 质谱 / 质谱法》SN/T3866—2014，作适量调整后对桑叶蒽醌进行定性分析。

（1）样品的制备：取纯化后桑叶蒽醌样品 0.1g，以 20mL 甲醇定容，后6 000r/min 离心 5min 取上清 1mL，以 10% 甲醇乙酸铵溶液定容至 5mL，

0.22μm 的滤膜过滤备用。

（2）色谱条件：色谱柱为 LIPS PLUSC$_{18}$（50×21mm，1.8μL；柱温 30℃；流速 0.4mL/min；波长 254nm；进样量 5μL；流动相 A 为 10mmol/L 乙酸铵水溶液，流动相 B 为甲醇；洗脱程序为 0～5min 时 90%A 溶液 10%B 溶液，5～10min 时 10%A 溶液 90%B 溶液。

（3）质谱条件：电力模式为负电模式；进样量 1μL；流速 0.4mL/min；毛细管电压 3.5kV；干热气温度 300℃；气体流速 8L/min；雾化管压力 45Pa；碎裂电压 175V；锥孔电压 65V。

（三）蒽醌含量的测定方法

1. 不同品种桑叶蒽醌含量的测定

选取多个品种，于夏伐后成长较整齐时的枝条，取第 2～5 叶位的桑叶。采用多点采样的方法采取桑园中不同位置的桑叶，采样标准主要以健康不受虫害、病害及长势良好叶片肥厚为依据摘取桑叶。采摘回来后在通风良好处铺开所摘桑叶，加快风干速度，避免长时间由于呼吸作用损耗桑叶营养物质。在风干至桑叶有一定脆性可折断叶片的状态时将桑叶放入烘箱于 60℃ 条件下烘至叶梗干脆可轻易折断为止，期间每 15～20min 翻动桑叶 1 次。烘干后的桑叶利用中药粉碎机粉碎后过 40 目筛收集备用。

每个样品各取 1g 桑叶粉，加入 90% 乙醇 60mL，超声波 15min（功率 200W），后水浴 40min，70℃ 旋转蒸发回收乙醇后得到粗提物，用 120mL 氯仿萃取粗提取，70℃ 旋转蒸发回收氯仿分离后用 20mL 甲醇溶解待用。每个样品三个重复。

2. 不同叶位桑叶蒽醌含量测定

在不同品种的检测结果中选取其中较常见的品种分别摘取从芽往下数第 3、6 和 9 叶位的桑叶，测定不同叶位蒽醌含量。

（1）标准曲线的制作。

①取 105℃ 干燥 2h 的蒽醌标准品 15.7mg，以甲醇定容至 100mL（0.157mg/mL）制成标准溶液。

②取 6 支试管，分别加入 0mL、1.0mL、1.5mL、2.0mL、2.5mL 和 3.0mL 质量浓度为 0.157mg/mL 蒽醌标准溶液，而后加入对应量 1% 醋酸镁 - 甲醇溶液，再用 0.5% 醋酸镁 - 甲醇溶液定容至 25mL。

③于波长 512nm 处分别测出几个试管的吸光度（A_{512nm}），以 512nm

吸光度为纵坐标,以蒽醌标准品浓度为横坐标建立散点图得出回归曲线 $y=40.236x+0.023$,相关系数 $R^2=0.9982$。

（2）样品含量的测定。称取 1g 桑叶粉,于 150mL 三角瓶中,加入 90% 乙醇 60mL,超声处理 20min,70℃水浴 30min,后挥去乙醇得胶状提取物,用甲醇溶解定容至 20mL,作为待测液。测试步骤见表 10-1。

表 10-1　桑叶蒽醌测定操作步骤

	空白管	测定管	测定空白管
待测液 /mL	0	0.5	0.5
甲醇 /mL	0	0	4.5
1% 乙酸镁 – 甲醇溶液 /mL	0	0.5	0
0.5% 乙酸镁 – 甲醇溶液 /mL	5	4	0

注:测定样品前以空白管调零,再分别测定读出测定 A 值和测定空白 A 值。

（3）计算公式。

$$桑叶蒽醌含量(mg/g)=\frac{测定A值-测定空白A值-0.023}{40.236}\times 稀释倍数$$

注:样品稀释倍数包括桑叶蒽醌提取物的稀释 20 倍(粗提物甲醇定容至 20mL)及测定稀释倍数 10 倍(0.5mL 稀释至 5mL 测定),共 200 倍。

第十一章 黄酮类成分分析

黄酮类化合物是自然界中存在的一大类物质,植物大多都含有此类物质。黄酮类化合物指具有通过一条三碳链连接两个苯环这种化学结构的天然产物。这类物质在天然产物中小部分是以游离态存在植物体内的,多数需要与其他类物质结构结合而形成大分子物质存在,在植物体内多是与糖类结构相连形成苷类结构物质。

第一节 概 述

植物体内大多含有黄酮类化合物,其对植物体的整个生长发育过程和防病菌等方面有一定程度促进作用。同时,不同的黄酮类化合物主要生物活性会有差别,如芦丁(rutin)和葛根素(puerarin)等具有抗氧化作用,水飞蓟素(silybin)具有降低血糖的作用等,因此受到人们更多的关注及研究。特别是最近几年来,这类化合物的研究主要集中于其保健药用价值的开发与利用,包括提取、分离、纯化和多种多样的生物活性的研究。

一、黄酮的分类

黄酮类化合物是天然存在的一大类物质,碳链不同而形成不同的黄酮。例如,中央碳链部分结构可以是脂链结构,也可以是碳链部分与C6(苯基部分)部分形成五元和六元氧杂环结构,与苯环的结合位置也可以不同。

二、黄酮类化合物的溶解性

黄酮类化合物的结构及存在状态对溶解度有显著影响。一般,游离黄酮苷元难溶或不溶于水,易溶于甲醇、乙醇、乙酸乙酯和乙醚等有机溶剂及稀碱液中。其中,黄酮、黄酮醇和查耳酮是平面型分子,因分子堆砌较紧密,分子间引力较大,故更难溶于水,而二氢黄酮及二氢黄酮醇等,因系非平面型,故排列不紧密,分子间引力降低,有利于水分子进入,因而对水的溶解度稍大。多数苷类因以离子形式存在,具有盐的通性,故亲水性较强,偏向于较大的水溶性。黄酮类分子中的羟基可提高黄酮在水中的溶解度。由于它们多数都具有酚羟基,因此纯的苷或苷元都较易溶于碱性有机溶剂吡啶、二甲基甲酰胺等。羟基经甲基化后,则增加在有机溶剂中的溶解度。黄酮苷一般易溶于水、甲醇和乙醇等强极性溶剂中,但难溶或不溶于苯、氯仿等有机溶剂,糖链越长,则水中溶解度越大。

三、黄酮类化合物的特征反应

各类黄酮化合物与镁粉/盐酸、锌粉/盐酸、钠汞齐/盐酸、硼氢化钠、五氯化锑、乙酸镁、三氯化铝和氢氧化钠等试剂产生特征颜色。黄酮类的颜色反应多与分子中的酚羟基及 α - 吡喃酮环有关。在早期的研究工作中,常以这些特征颜色反应定性地判断黄酮类化合物的存在和类别。黄酮类化合物的显色反应如表 11-1 所示。

表 11-1 各类黄酮类化合物的显色反应

类别	黄酮	黄酮醇	二氢黄酮	查尔酮	异黄酮	橙酮
盐酸＋镁粉	黄→红	红→紫红	红、紫、蓝	—	—	—
盐酸＋锌粉	红	紫红	紫红	—	—	—
硼氢化钠	—	—	蓝→紫红	—	—	—
硼酸－柠檬酸	绿黄	绿黄	—	黄	—	—
醋酸镁	黄	黄	蓝	黄	黄	—
三氯化铝	黄	黄绿	蓝绿	黄	黄	淡黄
氢氧化钠溶液	黄	深黄	深红→紫(热)	橙→红	黄	红→紫红
浓硫酸	黄→橙	黄→橙	橙→紫	橙、紫	黄	红、洋红

四、黄酮的生物活性

现代药理学研究表明,甘草具有镇咳,抑制炎症、病毒和细菌功效,降低血糖和血脂功效,抗氧化活性和调节免疫系统作用等。近年来,黄酮类物质作为功能活性因子常被添加到保健品、药品和化妆品等产品中而起到相应作用。

(一)促进免疫的作用

雪莲黄酮能使胰脏容积及其分泌量明显增加,导致内源性的促胰液肽的释放。通过对雪莲黄酮总苷对小鼠免疫功能的影响研究发现,雪莲黄酮总苷 40μg/kg 或 80μg/kg 可显著提高正常小鼠经 PHA 刺激后的淋巴细胞转化率,高血清抗绵羊红细胞抗体效价及溶血素效价对环酰胺造成的免疫抑制状态,雪莲黄酮总苷 40μg/kg 或 80μg/kg 可使淋巴细胞转化率、抗绵羊细胞抗体和溶血素效价有所提高。实验结果表明,雪莲黄酮总苷对小鼠免疫功能有明显的促进作用。

(二)自由基的清除抗氧化作用

自由基的产生和增加直接与老化有关;同时,也与许多慢性疾病相关,比如心血管疾病及糖尿病的产生和恶化等。黄酮物质主要是通过自由基清除率的多少来体现具有的抗氧化的活性,在众多种类的黄酮中多为含有酚羟基的化合物,有明显的清除自由基的抗氧化作用,例如黄酮类、二氢黄酮类和查耳酮类等。

(三)抗炎作用

在生物体内,前炎症细胞因子和炎症介质这两种生物活性成分是导致炎症发生的关键,而黄酮类成分对于生物体内这两种生物活性成分的合成和释放具有一定程度的抑制能力。

(四)降血糖作用

目前,研究较多的降血糖的黄酮类化合物包括黄酮类和黄酮醇类等。研究玫瑰花黄酮(FOR)对四氧嘧啶诱导糖尿病小鼠的降糖作用,实验结果发现,黄酮能够显著降低血糖、降低肝脏中丙二醛的含量。这表明,发挥降低血糖的功效的实现是利用生物体内自由基的清除率的增高和体内肝脏中抗氧化酶的活性功效的提高。

（五）抗肿瘤作用

黄酮类化合物对许多种肿瘤均具有很高的抑制作用。研究发现用甘草查尔酮 A 处理胃癌细胞后，其具有剂量依赖性的对胃癌细胞的阻碍生长功能。

第二节　黄酮类成分的提取与分离

一、黄酮类成分的提取方法

（一）溶剂提取法

溶剂提取法包括热水提取法、醇提法和碱性水或碱性稀醇提取法。热水仅限于提取黄酮苷类，在提取过程中要考虑加水量、浸泡时间、煎煮时间及煎煮次数等因素。此工艺成本低，安全，适合于工业化大生产。

醇提法与醇的浓度有极大关系，高浓度的乙醇（如 90% ~ 95%）适于提取黄酮苷元，60% 左右浓度的乙醇适于提取黄酮苷类。例如，葛根总黄酮的提取采用冷浸法，在提取过程中应考虑提取溶剂浓度对葛根总黄酮的影响，采用 95% 乙醇或甲醇作为葛根总黄酮的提取溶媒；陈皮苷的提取用乙醇渗滤法，同时筛选出乙醇的浓度和用量对提取率的影响，使用 50% 或 60% 的乙醇，10 倍量提取效果最佳；银杏叶总黄酮提取工艺为 70% 乙醇 12 倍溶媒用量回流提取 3h，其两次总提取可达 8.17%。

由于黄酮类成分大多具有酚羟基，因此可用碱性水（如碳酸钠、氢氧化钠和氢氧化钙水溶液）或碱性稀醇（如 50% 的乙醇）浸出，浸出液经酸化后析出黄酮类化合物。稀氢氧化钠水溶液浸出能力较大，但浸出杂质较多。石灰水（氢氧化钙水溶液）的优点是使含有多羟基的鞣质，或含有羧基的果胶、黏液质等水溶性杂质生成钙盐沉淀，有利于浸出液的纯化。例如：从槐米中提取芦丁，用 ^{60}Co 产生的 α 射线照射使芸香酶灭活，从而避免了在槐米洗涤、提取过程中芦丁的水解。用碱性较强的饱和石灰水作溶媒，有利于芦丁成盐溶解，选用硼砂缓冲饱和石灰水的碱性可保护芦丁的黄酮母核不受破坏，用亚硫酸氢钠为抗氧剂可保护芦丁的邻二酚羟基。石灰水的缺点是浸出效果可能不如稀氢氧化钠水溶液，有些黄酮类化合物能与钙结合成不溶性物质,不被溶出。5% 氢氧化钠乙醇液浸出效果好,但浸出液酸化后,析出的黄酮类化合物在稀醇中有一定的溶解度,降低了产品收得率。

（二）微波提取法

微波提取用于中草药和天然产物的提取具有许多优点。微波具有高效、取样安全、高频和高温等特点。微波可以直接作用于分子,引起物质温度升高。微波的这种热效应可以穿透介质内部,迅速破坏细胞壁。所以,利用微波辅助提取技术,可对中药有效成分进行分离和快速筛选,对改进提取方法具有重要价值。

将微波加热应用于植物细胞是一种快速、高效、安全、节能的提取胞内耐热物质的新工艺。与传统的中药煎煮法相比,微波加热法可以得到更高的产物提取率,而且大大缩短时间,杂质含量显著减少。该技术对于中药的精制、天然保健品的制备和生产都将有着重要的应用价值和广阔的应用前景。目前,该技术在我国还都在实验室中进行,尚未在工业生产中应用。

二、黄酮类成分的分离方法

（一）薄层色谱结合硅胶柱层析分离法

薄层色谱（thin layer chromatography）,是固 - 液吸附色谱的一种,是量小的物质的快速的分离和定性分析的一种很重要实验技术,兼备了两种色谱方法的优点,既可以用来分离少量样品（1μg,甚至 0.01μg）,节约原料,同时还可以增厚吸附层。在制作薄层板时,能够用来精制样品。热稳定性较差或者挥发性较小的化合物一般用保留因子 R_f 来表明组分的位移值和极性的性质。R_f 计算方法是不同的组分的位移值与利用的溶剂前沿位移值的比值。

（二）常用色谱柱分离法

近年来,天然的目标活性物质使用最频繁的分离纯化方法是层析分离方法,其原理是利用目标活性成分的不同性质,如分子的结构的不同和大小、溶解度的大小和成分的分子极性等。

第三节　黄酮类成分的含量测定

　　药物制剂测定含量的方法通常是 HPLC 法,如果在辅料等成分不干扰的情况下,也可使用 UV 法进行测定。体外溶出是模拟药物制剂在胃肠道的环境中,药物在体外的累积溶出,是评价药物有效性的一个重要手段,药物的吸收主要依靠药物的释放、溶出度以及在胃肠道的生物膜通透性,因此药物的溶出度对其生物活性及药效具有决定性的作用。

一、紫外－可见分光光度法

　　吸光光度法具有灵敏度高、操作快速简单等优点,在中草药含量测定中有着广泛的应用。有研究者分别以槲皮素、芦丁作为对照品,测定不同药物中的总黄酮含量,且取得了满意的结果。但是,此方法不能直接用于测定大多数混合药物体系中某一种或某几种化学成分的含量,所以其应用范围上具有一定的局限性。

　　分别精确称量 8mg 甘草黄酮原药和甘草黄酮纳米粒子冻干粉,加至 10mL 容量瓶中,加入乙醇定容至 10mL,然后分别精确量取 1mL 溶液加入 10mL 容量瓶中,加入乙醇定容,将溶度稀释为 0.08mg/mL,进行 UV 检测,甘草黄酮原药和甘草黄酮纳米粒子冻干粉中甘草黄酮的含量计算公式如下:

　　原药中甘草黄酮的含量(％)＝原药中甘草黄酮浓度 /0.08 × 100％

　　纳米粒子冻干粉中甘草黄酮的含量(％)＝纳米粒子冻干粉中甘草黄酮浓度 /0.08 × 100％

二、高效液相色谱法

　　高效液相色谱法具有检测速度快、高灵敏度、结果准确、应用范围广的优点,在含量测定领域中占有重要地位。用 HPLC 对黄酮类化合物含量测定的相关报道特别多。有研究者用 HPLC 同时对甘草废渣中三种黄酮类化合物进行含量测定,结果显示 HPLC 对微量成分 0.074％的甘草二氢查耳酮也有很好的检测作用(重复性 RSD 为 2.06%)。

分别精确称量 10mg 甘草黄酮原药和甘草黄酮纳米粒子冻干粉,加至 10mL 容量瓶中,加入甲醇定容至 10mL,配制成浓度为 1mg/mL 溶液,进行 HPLC 检测,甘草黄酮原药和甘草黄酮纳米粒子冻干粉中刺甘草查尔酮和甘草查尔酮 A 的含量计算公式如下:

原药中刺甘草查尔酮的含量(%)=原药中刺甘草查尔酮浓度 /1×100%

原药中甘草查尔酮 A 的含量(%)=原药中甘草查尔酮 A 浓度 /1×100%

纳米粒子冻干粉中刺甘草查尔酮的含量(%)=纳米粒子冻干粉中刺甘草查尔酮浓度 /1×100%

纳米粒子冻干粉中甘草查尔酮 A 的含量(%)=纳米粒子冻干粉中甘草查尔酮 A 浓度 /1×100%

第四节　含黄酮类成分的中药实例

一、鱼腥草

(一)鱼腥草黄酮成分

鱼腥草中的黄酮类化合物包括芦丁、金丝桃苷、槲皮素和槲皮苷等具有药理作用的活性成分。从资源综合利用的角度出发,对鱼腥草总黄酮制剂的开发具有广阔的前景。

鱼腥草总黄酮是鱼腥草中所有黄酮类化合物的统称,为了从鱼腥草原料中有效地分离出总黄酮,我们有必要了解鱼腥草黄酮成分。

(1)芦丁。结构见图 11-1。其性状为黄色结晶粉末或无晶形粉末,有苦味,熔点 177 ~ 178℃。芦丁难溶于冷水和冷乙醇,略溶于热水和冷甲醇,不溶于苯、乙醚、氯仿、石油醚。芦丁遇光易变质,需在阴凉处保存。

(2)金丝桃苷。金丝桃苷又称田基黄苷,其结构见图 11-2。为淡黄色针晶,属于黄酮醇苷类,熔点 227 ~ 230℃,易溶于乙醇、甲醇、丙酮和吡啶。

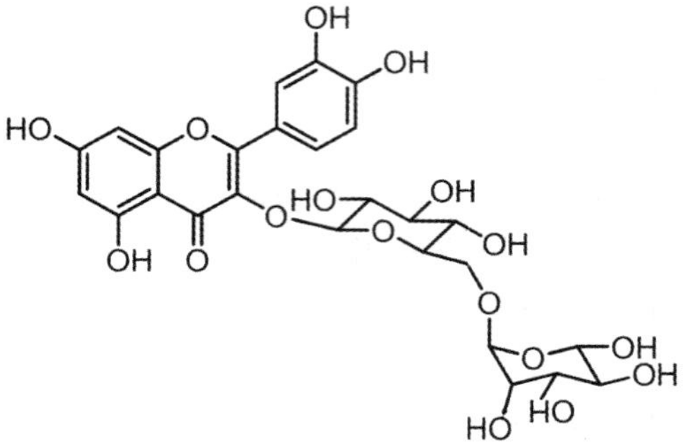

图 11-1 芦丁

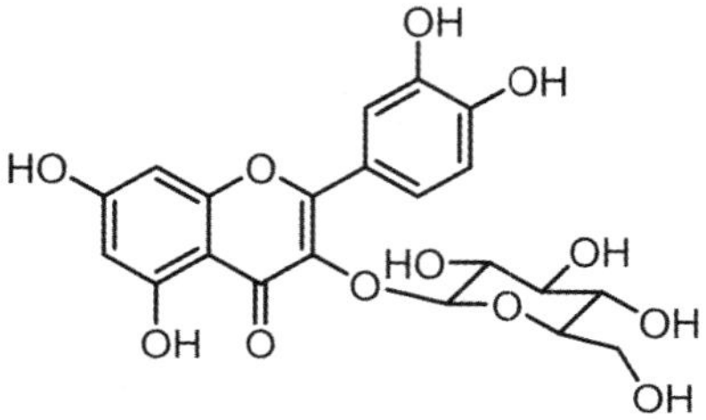

图 11-2 金丝桃苷

（3）槲皮苷。槲皮苷又称栎素、橡皮苷,其结构见图 11-3。为黄色结晶,熔点 176 ～ 179℃,溶于碱性水溶液、热乙醇、冷乙醇,几乎不溶于冷水、乙醚,水解后生成槲皮素和鼠李糖。

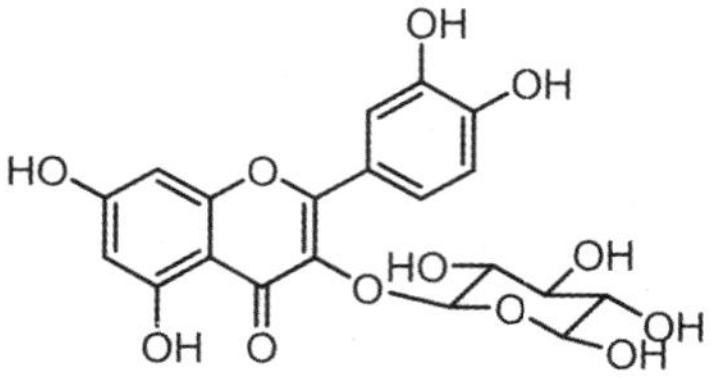

图 11-3 槲皮苷

（4）槲皮素。槲皮素为黄色结晶,结构见图 11-4。槲皮素在温度 313 ～ 314℃时分解。温度 21℃时,槲皮素在水中溶解度小于 0.1g/100mL。

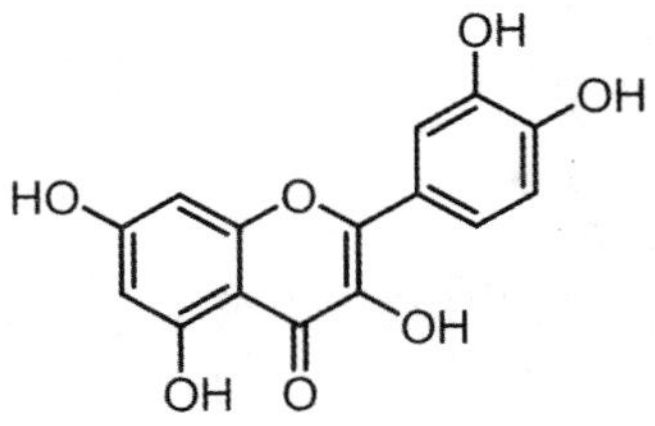

图 11-4 槲皮素

（二）鱼腥草总黄酮提取

1. 提取技术

由于鱼腥草中黄酮类化合物大部分是以糖苷形式存在的苷类，其苷元具有亲脂性，配基具有亲水性，因此鱼腥草总黄酮既能用有机溶剂（如甲醇、乙醇）萃取，又能用热水提取。目前，黄酮类化合物的提取方法多集中在传统的提取方法，如回流提取、热浸提。但是随着设备的改进，一些新兴的提取技术如超声提取、超临界流体提取越来越受到人们重视。

有机溶剂提取是提取黄酮类化合物最为常用的传统的提取方法。使用乙醇、甲醇、乙酸乙酯、乙醚和丙酮等作为溶剂。高浓度的醇（如90% ~ 95%）适用于提取黄酮苷元，中等浓度的醇（60% 左右）适用于提取黄酮苷。

2. 提取工艺

（1）超声波强化溶剂提取法。称取 20g 原料，加 70% 乙醇 500mL，提取温度 45℃，超声波功率 200W，提取时间 55min，过滤，合并滤液，定容备用。

（2）乙醇浸泡后超声波强化溶剂提取。称取 20g 原料，用 70% 乙醇 100mL 浸泡 24h 后，按上述超声波强化溶剂提取法进行提取工艺。

（3）热乙醇回流提取法。称取 20g 原料，700mL70% 乙醇于 70℃下分 3 次回流提取，每次 2h，过滤，合并滤液，定容备用。

（4）热水提取法。称取 20g 原料，800mL 水于 90℃下分 3 次回流提取，每次 45min，过滤，合并滤液，定容备用。

二、甘草

甘草口感甘平,具有镇咳化痰、去火解毒和降低疼痛等功效,有"十方九草""国老"之美誉。

（一）甘草黄酮的理化性质

一些研究表明,甘草中含有上百种的黄酮类化合物,主要存在于甘草的根和茎中,常温下为黄色粉末。根据其溶解性的不同可以分为水溶性和脂溶性的黄酮,其溶解性因结合异戊烯基数量的增加会使得其脂溶性增强。目前,从甘草属植物中已发现 300 多种黄酮类化合物,并且发现具有 15 种的结构类型,其中包括黄酮类、查尔酮类、异黄烯类、异黄烷类、二氢查尔酮类、异黄烷类、二氢黄酮醇类和黄烷 -3- 醇类等化合物。现有文献的研究主要集中在提取制备方面和多种黄酮类物质混合物的简单的生物活性,而其中具体单体黄酮的分离、结构鉴定方面还需要进一步研究。

（二）甘草黄酮的生物活性

1. 抗氧化活性

甘草黄酮类化合物对活性氧自由基具有明显的清除作用,研究报道甘草黄酮具有较强的抗氧化活性。甘草黄酮类化合物对 ABTS+ 自由基展现出强大的清除活性,同时对大鼠肝微粒体表现出有效的脂质过氧化抑制作用。甘草黄酮类化合物能够降低超氧化物歧化酶（SOD）活性,同时能够降低由红藻氨酸诱导的 SOD 和 MDA 含量,甘草黄酮类化合物通过其抗氧化作用对癫痫发作引起的神经元细胞死亡以及认知障碍具有保护作用。

2. 抗炎活性

炎症疾病的发病率和影响在不断增加,促使人们寻求新的药理策略来应对这些疾病,在我国,从古至今,甘草一直被用于治疗炎症,研究表明甘草黄酮能够抑制促炎细胞因子、环氧合酶 2（COX-2）和 ICAM-1 的表达,从而展现出较强的抗炎活性。甘草黄酮类化合物阻止了 NF-κBα（IκBα）抑制剂的降解和 p65 核易位,在小鼠炎症模型中,其抑制了皮肤肿胀以及 iNOS 和 COX-2 的表达,表现出了较强的抗炎活性。通过血浆代谢组学方法研究甘草黄酮类衍生物潜在的作用机制,结果表明甘草黄酮类衍生物作用的多途径综合调节机制可减少患者的副作用,具有较强的抗炎活性,为副作用较少的天然药物用于临床应用提供了基础。

3. 抗病毒活性

甘草黄酮类化合物具有抗病毒活性,呈现作用较大的是在 HIV 方面。甘草黄酮化合物可以增加艾滋病毒对 ATL2IK 的拮抗作用,同时检测出两种黄酮类活性成分能够抑制艾滋病毒的增殖。甘草提取物对 HIV、SARS、HSV、H3N2、轮状病毒、呼吸道合胞病毒和水痘带状疱疹病毒等具有明显的抗病毒作用。甘草黄酮类化合物中的黄酮、查尔酮、双氢黄酮和双氢查尔酮,药理活性研究结果表明该类黄酮化合物具有抑制 HIV 逆转录酶的作用。

4. 抗肿瘤活性

甘草黄酮类物质主要通过干预细胞周期的调控,影响肿瘤细胞凋亡的通路等反应机制来抑制肿瘤细胞的生长。甘草中的异甘草素能够明显抑制 RAW264.7 小鼠巨噬细胞中前列腺素 E2 和一氧化氮的产生,在小鼠和人类结肠癌细胞中,异甘草素能够抑制癌细胞的生长并引起细胞凋亡,此外,异甘草素的体内给药抑制了雄性 F344 大鼠结肠中肿瘤前异常隐窝灶(ACF)的诱导。甘草中的异甘草素对人体子宫肉瘤癌细胞系 MES-SA 和多重耐药性人体子宫肉瘤癌细胞系 MES-SA/Dx5 和 MES-SA/DX5-R 的抗肿瘤作用。

5. 抗菌活性

通过研究甘草中黄酮类化合物对金黄色葡萄球菌的抗菌活性、潜在作用方式以及应用,表明光甘草酚、甘草查尔酮 A、甘草查尔酮 C 和甘草查尔酮 E 对金黄色葡萄球菌(MRSA)表现出显著的抗菌作用,而且光甘草酚在体外表现出快速的杀菌活性,且耐药性水平低。甘草黄酮类物质对金黄色葡萄球菌、大肠杆菌、荧光假单胞菌和蜡样芽孢杆菌具有显著的抑制活性。在一定浓度下的甘草查尔酮 A 对枯草芽孢杆菌具有较强的抑制效果,并且甘草查尔酮 A 对所有测试的革兰氏阳性菌均显示出抑制效果,尤其对所有芽孢杆菌都展现出显著的抑制效果。

6. 美白作用

酪氨酸酶在黑色素生物合成中起着重要的催化作用,直接影响哺乳动物皮肤和头发的颜色,表皮色素沉积过多会引起各种皮肤病,例如黄褐斑、老年斑等,甘草黄酮类化合物能够抑制酪氨酸酶的活性,又能抑制多巴色素互变和 DHICA 氧化酶的活性,从而起到美白的作用。甘草中的甘草素和异甘草素能够抑制单酚和双酚酶酪氨酸酶的活性,而且与其抑制黑色素细胞中的黑色素形成的能力有关。光甘草定是甘草中的多酚类黄酮,能够抑制酪氨酸酶的活性,具有神经保护和美白皮肤的作用。甘草苷、异甘草苷和甘草查尔酮 A 对酪氨酸酶活性有抑制作用,甘草苷、异甘草苷和甘草查尔酮 A 的 IC_{50} 值分别为 0.072mmol/L、0.038mmol/L 和 0.025 8mmol/L,它们都为较强的抑制剂,因此都有可能进一步发展成为有效的皮肤增白剂。

7. 其他活性

甘草中的异甘草素能够抑制 BACE1 的表达,从而证明其能够作为一种抑制剂来预防阿尔茨海默病。甘草提取物通过增加脑去甲肾上腺素和多巴胺而产生抗抑郁的作用,甘草提取物的单胺氧化酶抑制作用有助于其成为抗抑郁药物。除此之外,甘草黄酮类物质对骨骼的生成具有促进作用。

(三)甘草黄酮的提取分离技术

当今社会,我们不再满足天然产物本身具有的生物活性,而是利用先进的科学技术和方法去改造与分析,从而提高化合物的生物活性,在此过程中分离纯化技术占据着非常重要的地位。我们可以充分运用分离纯化技术得到单一的目标生物活性物质,并且保证较高的含量和纯度,用来研究其物理化学性质和活性功能等,以增加我们对天然产物的合理利用。

1. 甘草黄酮的提取方法

随着科技的发展,现在已经有了非常全面且科学的分离纯化体系。其中提取是充分研究和利用天然产物的第一步,为后续进一步的多样性研究做基础,是非常有意义的。

(1)溶剂提取法。根据提取溶液的不同,可分为水提法和有机溶剂提取法。两种方法原理都是通过甘草黄酮对这类溶剂具有一定的溶解度,经过溶剂的渗透和溶解,从甘草根或茎的粉末中提取出甘草黄酮等活性成分化合物。

水提又可分为普通水提法、碱水提取法、半仿生提取法等。

①普通水提法。利用的是甘草黄酮的水溶性,此方法的优点是操作和控制简单,但是时间过长、纯度不高、不易保存容易变质和浪费多等缺点,基本放弃使用了。

②碱水提取法。利用甘草黄酮能够溶于碱水,然后再将提取液进行酸化,从而析出甘草黄酮。将甘草渣浸泡在 pH 为 11 左右的氢氧化钠溶液中,时间为 2h,然后过滤得到提取液,采用盐酸将溶液 pH 调至 3 左右,最后过滤收集得到沉淀,再用乙酸乙酯对沉淀物采取进一步的分离纯化,最后得到甘草黄酮粗品,总黄酮含量为 45%。

③半仿生提取法。现今模拟人类药物的服用及消化吸收过程,从而建立了的这种新的提取工艺。

黄酮类化合物易溶于有机溶剂,但是通过不同有机溶剂提取的效果,具有一定的差异性。有机溶剂萃取法包括冷浸法和热回流法,目前最常用的就是利用 70% 或 80% 的乙醇热回流法对甘草黄酮进行提取,加热蒸馏时,溶剂受热挥发,经冷凝后回到浸出器中浸提原料,如此往复,直到有效成分提取完全。

用乙醇回流浸提法提取黄酮类化合物,具有更高的准确度和可靠性。

（2）超声波提取法。此法是利用超声波在溶剂中破坏植物组织及细胞的破裂,提高目标成分在溶剂中的溶解度。此技术的优点是可以使提取时间在一定程度上缩短,同时使目标成分的得率增加,并且未破坏结构,操作简单,原料消耗较少。但这个方法存在一些缺点:试剂消耗较多,选择性差,提取成分种类较多,超声时间与提取的杂质的量具有线性关系。

（3）超临界流体萃取法。超临界流体萃取法是利用超临界流体作为强有力的萃取溶剂,从甘草粉末中萃取出活性成分,从而达到对活性成分提取分离的目的。超临界流体具有较好的扩散性以及较强的溶解力,该方法具有操作条件温和、安全无毒、对活性成分破坏少等优点,缺点就是成本高,因此该方法也受到了一定的约束。

（4）复合酶萃取法。复合酶萃取法是通过复合酶对甘草粉末的细胞壁进行酶解,从而将细胞内的活性成分释放出来,利用溶剂对活性成分的溶解而达到提取分离的效果。有研究者采用纤维素酶和果胶酶破碎技术对甘草渣中总黄酮进行提取,通过单因素试验得最佳工艺条件为料液比为 1 : 50,每克甘草渣含 0.8mL 纤维素酶（50U/mL）和 30mg 果胶酶（120U/g）,

乙醇质量分数为 95%,温度为 50℃,水解时间为 3h,pH 为 4.5。与常规醇提法相比,该方法提取的总黄酮含量增加了 1.15 倍。

（5）闪式萃取法。闪式萃取法是通过高速机械剪切力和超动分子渗滤技术将甘草的根、茎等破碎成微粒状态,溶剂将有效活性成分萃取出来,达到对有效成分提取分离的目的。

（6）微生物发酵萃取法。微生物发酵萃取法是利用微生物在自身生长过程中产生的木质素或纤维素降解酶,对甘草细胞壁进行降解,将黄酮类等活性物质释放出来,从而达到对活性成分提取分离的效果。用微生物发酵法对甘草渣中的总黄酮进行提取,采用 PC 和 Q59 混合菌所得总黄酮的提取率最高,达到了 1.51%,相比采用乙醇萃取法提高了 1.56 倍。

2. 甘草黄酮的分离方法

（1）柱层析法

①大孔吸附树脂法。大孔吸附树脂是一类具有大孔网状结构和较大比表面积的交联聚合物,不同极性和孔径的树脂能够对甘草中不同极性的活性成分进行不同的吸附。有研究者比较了大孔吸附树脂 D101、Hz-806 和 AB-8 对甘草总黄酮的静态吸附能力,用不同浓度的乙醇分别洗脱树脂柱,结果发现 AB-8 对黄酮的分离纯化效果较好,纯度达到 50% 以上。采用 HP-20 大孔树脂对甘草中的黄酮进行分离纯化,最终甘草黄酮的最高得率为 7.28%,纯度达到 53.5%。

②聚酰胺树脂法。聚酰胺是一类含有—CONH 结构的高分子聚合物,通过氢键等作用力对甘草粉末中的黄酮类物质进行吸附,从而达到对活性化合物分离纯化的目的。

③硅胶柱层析法。硅胶柱层析能够吸附甘草中极性较大的活性成分,通过吸附解吸的过程对甘草中的活性成分进行分离纯化。有研究者使用硅胶柱层析对甘草中的黄酮类物质进行分离纯化,在最优条件下黄酮的得率为 1.14%,纯度达到 51.66%。

（2）高速逆流色谱法。高速逆流色谱法是一种液 - 液色谱分离技术,具有快速、高效、样品没有损失等优点。采用反相液相色谱法对甘草中的黄酮类物质进行分离纯化可获得 24 种高纯度的类黄酮物质。另有研究者采用高速逆流色谱分离纯化获得了 4 种甘草黄酮化合物,最终从甘草粗品中分离得到了甘草黄酮醇、甘草异黄酮、芒柄花素和甘草素,纯度分别为 96.3%、98.8%、98.5% 和 95.7%。

（3）超滤分离法。超滤分离法是一种透过膜将甘草粗品溶液中粒径大小不同的活性化合物达到分离的技术,属于膜分离技术。具有连续分离、能耗低和高效等优点。用超滤膜分离法对甘草渣中的总黄酮进行纯化,最佳工艺参数为操作压力为 0.6MPa,时间为 30min,温度为 25 ~ 30℃,粗品稀释 3 倍,最终总黄酮纯度提高至 25.12%。

第十二章 生物碱类成分分析

生物碱是指一类含氮的碱性有机化合物,因其存在于生物体内,得名生物碱。大多数生物碱具有复杂的含氮杂环,难溶于水,易溶于氯仿等有机溶剂,可以与酸反应,生成可溶性盐类物质,有光学活性和显著的生物活性。在生物体中,生物碱参与氨基酸等的合成反应,是许多药用植物的有效成分。

第一节 概 述

一、生物碱简介

对于生物碱的研究,开始于 1800 年之后,是人们研究得较早的一大类纯天然的化合物。有数据显示,1950 年之前,人们一共发现 950 多种生物碱,到 1962 年达到约 1 200 种。随着科学技术的发展,分离和纯化的生物碱数目已经有上万种之多,并且该数量正在迅速攀升。对虎皮楠中的生物碱进行分离鉴定,发现虎皮楠中生物碱有 D.humile、D.teijsmanii、D.glaucesens、D.calycinum、D.paxianum 和 D.subverticillatum 等多个种类。目前,对于虎皮楠生物碱,不仅限于分离,合成方面也取得不小成果。

多数生物碱具有显著的生理活性。很多植物中有活性的生物碱几乎无处不在,每种植物中生物碱的含量也不尽相同,在生物体内所起的作用也各式各样。如乌头类生物碱有强心、镇痛、抗肿瘤、免疫调剂和抗炎作用。采用流式细胞仪跟踪光叶合欢分离部分的活性成分,发现光叶合欢中生物碱类有抗癌活性。从光叶合欢中提取的生物碱对癌细胞增殖能力的抑制率均在 30% 以上,且细胞毒性小。尽管多数生物碱存在于植物中,但是有些寄生在植物上的真菌等也含有生物碱,并具有良好的生物活性,能抑菌,抗肿瘤,且细胞毒性小。

二、生物碱的分类

常见的生物碱的分类方法很多,按照植物来源分类有毛茛科、罂粟科、百合科和茄科等科目。按照药理学分类有对抗肿瘤、抗中枢神经的系统、降脂等作用的生物碱。按照理化性质分类有酚性叔胺、非酚性叔胺、水溶性、脂溶性和醇溶性等的生物碱。按照代谢来源分类有鸟氨酸类、邻氨基甲酸类、赖氨酸类、色氨酸类、苯丙氨酸和络氨酸等生物碱。还有一些已研究清晰的化学结构或者合成途径研究获得进展的生物碱,有吡咯定衍生物、异喹啉衍生物等。

三、生物碱的性质

(一)旋光性

具有光学活性是生物碱的重要特点,它的分子结构中含有不对称中心及手性碳原子,但多数是左旋光性。因此,在分离提取或合成中,利用生物碱的旋光性,既能准确得到目标产物,又能做到尽量不破坏其活性。如在研究合成天然产物 chimonanthine 时,采用其光学活性,以苄基保护异靛蓝作为原料,经过八步反应,对 chimonanthine 完成合成,这种方法在合成产物中没有产生外消旋体。目前,很多有机化学的工作者关注这项合成技术。

(二)溶解性

在生物碱分离提取中,溶解性是一个至关重要的因素。因为生物碱或者成盐后,溶解性发生很大的变化。比如,经典的酸溶碱沉原理是利用生物碱盐的溶解性不同导致的溶于某些溶液,用这种溶剂就能把生物碱盐萃取出来,而生物碱不能溶解,也就不能发生上述反应。总体上说,生物碱往往不溶于水,能溶于有机溶剂,如氯仿、正丁醇等。

(三)碱　性

生物碱因化学结构中有 N 原子或含 N 杂环的存在,所以显碱性。另外,碱性的强弱与多种因素有关,如 N 原子的诱导效应、分子间共轭效应、杂环化类型等。各个因素对碱性的影响效果不同,各种因素叠加后的影响效果也不同。在实验中,可以利用生物碱的碱性将植物体内的生物碱提取出来。如利用碱性对中药厚朴生物碱进行分离,用 pH 为 4 的洗脱液为结合阳离子交换树脂进行洗脱,分离得到脂溶性和水溶性生物碱。这种方法中利用了生物碱的碱性。

（四）沉淀反应

沉淀反应多用来鉴定混合物中是否存在生物碱或者测定纯品中生物碱的含量。原理是生物碱在酸性情况下可以和某些试剂生成难溶于水的盐类物质,这些试剂就是常说的生物碱沉淀剂。这些试剂有 Mayer 试剂、苦味酸试剂、碘化铋钾试剂、Wager 试剂、硅钨酸试剂、Sonneeschein 试剂和 $NH_4[Cr(NH_3)_2(SCN)_4]$,它们与生物碱反应生成的沉淀大多为白色或淡黄色。该沉淀反应常应用于生物碱的初步检测上,受很多因素的制约。在很多实验中沉淀不能被明显观察到,所以常常是多种反应效果均呈阳性,才能确定生物碱的存在,因此有其局限性。

（五）显色反应

生物碱能与特定的试剂发生反应,常作为鉴定生物碱存在的方法之一,反应显示出特殊的颜色,颜色深浅与生物碱的纯度有关,纯度越高,则颜色越深,这将为生物碱的纯度高低做出初步的判断。能与生物碱发生显色反应的试剂有曼德林试剂、Frohde 试剂和 Marquis 试剂等,还有浓硫酸和浓硝酸能和特定生物碱反应。研究麻黄的生物碱部分,用溴百里香酚蓝作为显色剂,能够快速、有效地测定生物碱含量,灵敏度高,重现性好。

四、生物碱的常用合成方法

生物碱具有良好的药理活性,由于生物碱在自然界中的存在有限,加之提取和纯化不完全,其人工合成就显得尤为重要。合成的基本原理有环合反应,包括一级环合和二级环合反应。还有 C—N 键的裂解反应。利用 C—N 键的裂解反应,亲核试剂从一侧将化合物形成船式不稳定的中间过渡态,同时亲核试剂从另一侧进攻椅式的稳定状态,最后经过酸化得到有利于取代的化合物。

第二节　生物碱类成分的提取与分离

一、生物碱的提取方法

生物碱的提取方法较多,按照不同的提取条件和不同的溶剂分类如下。

(一)按照所用溶剂的不同分类

常用溶剂为水、酸性水溶液、碱性水溶液、有机溶剂、酸性有机溶剂和碱性有机溶剂等。通常用水作为溶剂的提取率不高,因为生物碱多数都不溶于水,或者微溶于水。酸性水溶液或者酸性有机溶剂相对使用比较广泛,但是其有可能会破坏生物碱的活性,所以酸的浓度需要做优化试验来确定。

(二)按照提取条件的不同分类

按照提取条件的不同,分为冷浸提法、回流提取法、索氏抽提法、超声波提取法、膜提取法和超临界流体提取法。对燕麦生物碱的提取条件——提取时间、溶剂(乙醇∶水∶冰醋酸)、液料比、提取所用温度进行优化,得到的最佳参数分别为:2 h、(80∶19.9∶0.1)、8∶1、60 ℃。在此条件下,生物碱提取率得到了提高。尽管通过条件优化可以提高生物碱的提取率,但是冷浸提取法、回流提取法、索氏抽提法这些传统方法耗时耗力,所以在此基础上延伸出来超声波提取法、膜提取法和超临界流体提取法等非传统提取方法。其原理和提取设备要求都比较高,一般工业化生产应用比较少,但提取率相对于传统提取方法有明显提高。采用 HPLC-ESI-MSn 对马钱属生物碱的化学结构进行鉴定,结果发现通过高效液相提取法,能把生物碱高效快速地从粗提物中分离出来,分辨率高,并结合电子激发的功能,快速鉴定出生物碱的类型、相对分子质量和分子结构式等。

二、生物碱常用分离方法

分离生物碱是在生物碱从植物或真菌等中被初步提取出来后,是得到比较纯的生物碱的必经之路,科研工作者们竞相研究针对每一种生物碱或每一种生物中生物碱的分离方法。经典的方法包括有机溶剂萃取法、沉淀法、生物膜渗透法等,现在研究和使用较多是色谱分离法。

(一)大孔树脂纯化法

大孔树脂是一类具有较大的比表面积的大孔网状结构有机的吸附剂,是可通过物理吸附从水溶液中选择性地吸附有机物的有机高聚物吸附剂。大孔树脂吸附能起到最简单的除杂效果,对需要提取的样品的损耗较传统方法小很多。其原理是:根据型号的不同,大孔树脂具有不同大小的网状结构,其比表面积因为其孔洞而增加很多。在洗脱时,粒径和大孔树脂相同或小于孔径的能通过网孔随着洗脱剂流出,大于孔径的就被截留在树脂表面上,经过更长时间的洗脱才能被洗脱下来,产生初步的分离效果。

(二)Al_2O_3柱色谱分离法

与大孔树脂分离的原理不同,其填料为 Al_2O_3。在酸性较大和分离温度较高的条件下不失去活性的生物碱一般采用该方法。洗脱时,利用化学反应,能结合在铝离子上的目标物被截留,不能结合的被洗脱下来,再反向冲洗柱子得到目标物。

(三)硅胶柱色谱分离法

硅胶柱色谱是使用最广泛,操作相对不是很麻烦,但是效果最好的分离方法。通常在使用硅胶柱前要在薄层板上筛选出合适的洗脱剂,由于硅胶柱中的填料硅胶稳定性良好,所以基本上所有的有机溶剂或者有机溶剂的不同配比都能用于分离,而硅胶柱不会被破坏。

(四)离子交换树脂分离法

离子交换树脂是利用分子间的静电引力对吸附物质的作用以达到分离纯化化合物的目的。对分离交换树脂的预处理,应考虑到树脂的解离离子的酸碱极性问题。该技术对设备和操作技术的要求都比较低,能耗和损失相对较低,广泛应用于活性成分的分离。

还有离子交换树脂、高速逆流色谱等分离方法。高速逆流色谱是最近流行起来的分离技术,在国内外有很高的影响力。从中药川芎中提取生物碱,应用 HSCCC 结合中压液相色谱的方法,结果发现,用 HSCCC 方法分离的效果比用 HPLC 有较高的提取得率。

第三节　生物碱类成分的含量测定

一、贝母花中总生物碱含量的测定

对照品溶液的制备:精密称取贝母素甲 1.25mg,置于 25mL 容量瓶中,氯仿定容,制成 0.05mg/mL 的溶液。

供试品溶液的制备:精密称取贝母花粉末 200g,按照最佳提取工艺(30 倍 80% 乙醇溶液,280W 超声波处理 45min),过滤,蒸干,2% 盐酸溶液溶解,过滤,氨水调节 pH 至 11,氯仿萃取,蒸干氯仿,用 2% 盐酸溶解,过滤,调节 pH 至 9,定容至 400mL,制成 0.5g 生药 /mL 的溶液。

样品中总生物碱含量的测定:取供试品溶液 4mL,用氨水调节 pH 至 11,氯仿萃取,定容至 20mL,进行酸性染料染色,测定其吸光度,按回归方程计算生物碱的总量为 1.287mg/g。

二、黄连副产物中生物碱含量的测定

色谱条件:色谱柱, Hypersil ODS2 高效液相色谱柱(4.6mm × 200mm,5μm);流动相,乙腈 -0.05mol/L 磷酸二氢钾(50∶50);流速,1.0mL/min;柱温:20℃;检测波长:345nm。

供试品溶液的制备:精密称取药材粉末(过 2 号筛)0.2g,精密称定,置具塞锥形瓶中,精密加入甲醇 - 盐酸(100∶1)的混合液 50mL,密塞并称定质量,超声处理(功率 250W,频率 40kHz)30min。放冷,再称定质量,用甲醇补足减失的质量,摇匀,过滤,紧密量取续滤液 2 ~ 10mL 于容量瓶中,加甲醇至刻度,摇匀,过滤,取续滤液,即得供试品。

对照品溶液制备:精密称取盐酸小檗碱 1mg,置于 10mL 的容量瓶中,用甲醇溶解,稀释至刻度,摇匀,制成浓度为 10μg/mL 的对照品储备液。

（一）不同年生黄连植株各部位生物碱含量分析

取两年生、三年生、四年生和五年生黄连植株，取下须、茎叶和黄连置于60℃的烘箱内，待样品烘干之后，配制好供试品溶液，取续滤液10μL，按色谱条件测定样品内的生物碱含量。

从图12-1可以看出，黄连植株在生长到第二年时，根茎开始累积黄连生物碱，生长5年的黄连根茎中生物碱的含量达到最高，且在各个生长年限中，黄连茎叶中生物碱含量都较黄连须中少，所以黄连须有很大的开发价值。

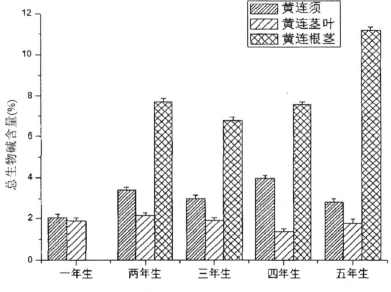

图 12-1　不同年份黄连植株各部位生物碱含量

造成黄连植株各部位生物碱含量有较大差异的原因目前不详，作者还没有看到关于这一方面的文献报道，可能的原因是黄连为多年生阴生草本植物，据其生长发育特点，可将黄连个体发育时期划分为3个时期：前期（1～2年生）、中期（3～4年生）、后期（5年生）。从图12-1可以看出，在黄连生育的前期，黄连叶、根茎和须根中干物质累积量较小，随着生长的进行，到了生长中期时，根茎与须根中的干物质开始急剧增加，而到了生长后期，黄连叶和须根中累计的干物质增加量很小，但此时根茎干物质的积累量却达到了最大，此时黄连成熟并且可进行采收。到了5年生黄连的收获期，受到太阳的灼烧，大量黄连叶片枯萎，其中累积的干物质开始沿着叶柄向根茎输送,这就可以解释为什么在生长中后期的黄连根茎中、顶部累积的生物碱较基部多。

(二)黄连副产物中黄连生物碱含量测定

精密称取药材粉末(过 2 号筛)0.2g,精密称定,置具塞锥形瓶中,精密加入甲醇 - 盐酸(100 : 1)的混合液 50mL,密塞并称定质量,超声处理(功率 250W,频率 40kHz)30min。放冷,再称定质量,用甲醇补足减失的质量,摇匀,过滤,紧密量取续滤液 2 ~ 10mL 于容量瓶中,加甲醇至刻度,摇匀,过滤,取续滤液,即得副产物供试品。进样 10μL,按色谱条件依次进行测定,结果见表 12-1。

表 12-1 黄连副产物生物碱含量

黄连副产物生物碱含量	黄连叶	黄连叶柄	桩口(离黄连较近的叶柄)	黄连须(离黄连较近的部分)	黄连须(离黄连较远的部分)
表小檗碱(%)	0.003	0.098	0.324	0.553	0.453
黄连碱(%)	0.057	0.436	0.834	0.875	0.803
巴马汀(%)	0.068	0.073	0.239	0.054	0.020
小檗碱(%)	0.986	0.978	1.224	0.842	0.421
总生物碱(%)	1.114	1.585	2.621	2.324	1.697

从表 12-1 可以看出,黄连副产物中桩口和黄连须的生物碱含量较多,而黄连叶的生物碱含量较少,所以在黄连产量较少,黄连药材紧缺的时候,桩口和黄连须可以成为提取黄连生物碱的替代品,也从根本上实现废弃资源再利用。

(三)不同产地黄连须中生物碱含量分析

与黄连植株生长时间无关,黄连须的生物碱含量都较高,以往的加工习惯是只将黄连根茎入药或生产黄连生物碱,黄连须在连农采收的时候就作为废弃资源处理,而试验证明黄连须中的生物碱含量也非常高,如果能将这些废弃资源回收利用,既降低了生产成本,也在一定程度上增加了经济效益。但是,黄连的品种较多,不同品种的黄连须中生物碱含量是否具有差异性不得而知,所以对不同产地的黄连须中生物碱含量进行测定,统计出不同产地黄连须中生物碱含量的差异性,这样有利于找到黄连须的优质产区,为实际生产提供可靠的实验依据,从而有针对性地回收利用黄连须。

取冷水、利川、峨眉山、沙子、悦崃和黄水六个产地的黄连须样品(样品收集于 2012 年,分别收集了 9、10 和 11 三个月),制备供试品溶液,进样 10μL,按色谱条件依次进行测定,结果见图 12-2 ~ 12-5。

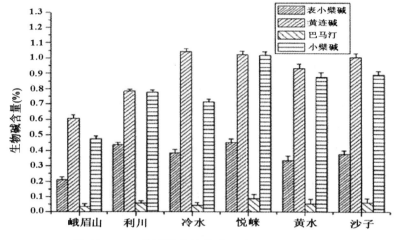

图 12-2　9 月不同产地黄连须生物碱含量比较

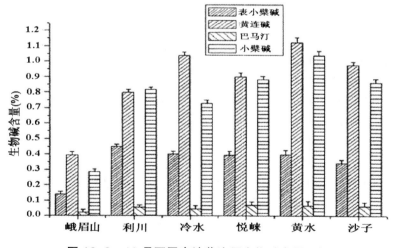

图 12-3　10 月不同产地黄连须生物碱含量比较

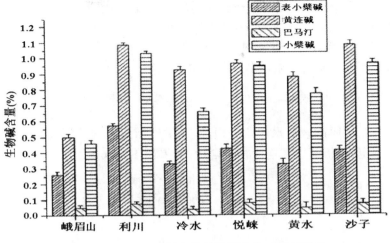

图 12-4 11 月不同产地黄连须生物碱含量比较

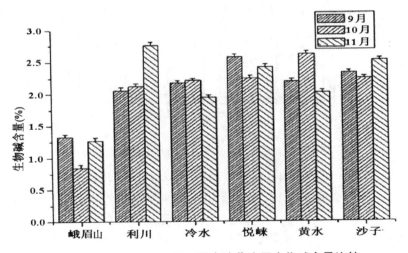

图 12-5 9、10 和 11 月不同产地黄连须生物碱含量比较

从图 12-2 ～ 12-5 可以看出,黄连生长到 9 月时,黄连须中黄连碱含量较大,冷水产的黄连须中黄连碱含量最大,峨眉山产的黄连须中黄连碱含量最少;随着时间的增长,黄连须中生物碱的含量也开始累积,但是到了 11 月份黄水产的黄连须中生物碱的含量却减少,而利川产的黄连须中生物碱含量却呈现不断增长的趋势,但从所采集的 3 个月样品分析来看,峨眉山产黄连须生物碱无论时间在几月份,其中生物碱含量都最少,所以在回收利用黄连须废弃资源时,峨眉山产的黄连须回收利用的意义不大。

从图 12-5 可以看出,若在 9、10 和 11 月回收黄连须,应分别回收悦崃产、黄水产、利川产为宜。造成黄连须分布差异的原因可能与土壤、光照、温度和湿度等因素有关,但至于是何种环境因素占主导地位,目前还需进一步研究。前面的研究证实黄连副产物中回收利用价值最大的为黄连须,所以后面的实验材料就以黄连须为主。

（四）同一产区不同月份黄连须中生物碱含量分析

选取优质产区黄水产黄连须,制备供试品溶液,按照色谱条件对样品进行测定,分析其中黄连生物碱含量,结果如图 12-6 所示。

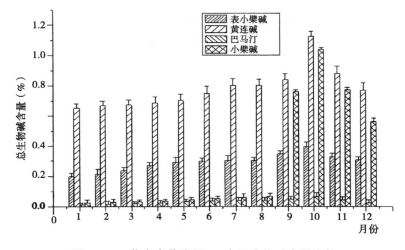

图 12-6　黄水产黄连须 12 个月生物碱含量比较

从图 12-6 可以看出,黄连须中的生物碱从 1 月开始累积,但到了 7、8 和 9 三个月黄连须中累积的生物碱增长很缓慢,原因可能是黄连是一种喜阴的植物,而 7、8 和 9 三月是 1 年当中温度最高的 3 个月,所以当环境温度较高的时候黄连生物碱累积较少,而到了 10 月黄连须的生物碱累积量达到最大,所以根据该实验找到黄连须中生物碱累积的规律。

取石柱产两年生、三年生、四年生和五年生黄连植株,取下须、茎叶和黄连须根置于 60℃的烘箱内,待样品烘干之后结合 HPLC 指纹图谱测定黄连茎叶、黄连须和黄连须根中生物碱含量,结果显示黄连植株在生长到第二年的时候根茎开始累积黄连生物碱,到第五年的时候根茎的生物碱增加到 11.158%,而黄连须和黄连茎叶中的生物碱由 3.965% 和 2.136% 减少到 2.798% 和 1.376%,说明黄连植株中的生物碱随着生长不断向根茎转移。

选取了六个不同产地 9、10 和 11 三个月份的黄连须,分析了其中的黄连生物碱含量,结果显示9月时悦崃产黄连须中生物碱含量较高,总生物碱含量为2.580%;10月时黄水产黄连须生物碱含量最高,为2.620%;11月时利川产黄连须生物碱含量最高,为2.764%。所以以此可以选择黄连须的优质产区。

从黄水12个月的黄连须样品分析来看,夏季至秋季时段黄连须中生物碱含量最高,所以可以根据此实验结果选择适宜时节的黄连须,从而使黄连须的综合利用达到最大化。

第四节 含生物碱类成分的中药实例

一、杜仲叶生物碱提取分离

(一)杜仲叶总生物碱提取

采用酸溶碱沉的提取方法提取生物碱,考察各个因素对杜仲叶生物碱提取得率的影响。有研究者用正交实验的方法,优选出博落回中生物碱的提取工艺,考虑的提取条件为乙醇浓度、乙醇的倍数、回流时间、回流次数四个因素,并选取3水平进行研究。下面在上述实验的基础上考虑提取条件为盐酸pH、乙醇浓度、料液比三个因素,并选取3水平进行研究,实验得到杜仲叶中生物碱提取最佳工艺,为有效开发杜仲提供理论基础。

1. 杜仲叶总生物碱提取方法

杜仲叶总生物碱制备工艺过程:准确称取2g干燥杜仲叶,中草药粉碎机粉碎后置于酸性的乙醇溶液中,为提取充分,分2、1、0.5d三次浸泡,过滤提取液,旋转蒸发,合并提取液,回收蒸馏出的乙醇。乙酸乙酯热回流萃取提取物。萃取后静置分层,用分液漏斗过滤除去乙酸乙酯层。用氨水调pH到有沉淀产生。布氏漏斗抽滤后将沉淀放于70℃干燥箱中干燥,直到有机溶剂完全挥发除去,然后对其进行称重,即可得到总生物碱的浸膏。

2. 杜仲叶生物碱提取率的测定

采用雷氏铵盐沉淀后,溶于丙酮,在特定波长(510nm)处有最大吸收,来测定生物碱含量。

公式：

$$m=AMV/\varepsilon$$

式中，M=179.5，是水苏碱盐酸盐的相对分子质量；ε=106.5，是硫氰酸铬铵在丙酮中的摩尔吸收系数；V是溶解沉淀所取丙酮的体积；A是测定的吸光度。

3. 单因素对杜仲叶生物碱提取率的影响

分别固定浸泡所用盐酸 pH、乙醇浓度和料液比三因素中的两个，另一个则为变量，考察作为变量的因素对杜仲叶生物碱提取率的影响。

（1）料液比对总生物碱浸膏提取率的影响。准确称量杜仲叶 2g，用中草药粉碎机进行粉碎，然后浸泡于 pH 为 3 的盐酸溶液中，杜仲叶经过多次浸泡后，控制乙醇的浓度为 70%，分别选取料液比为 1∶4、1∶8、1∶12、1∶16、1∶20 进行实验，结果如图 12-7 所示。

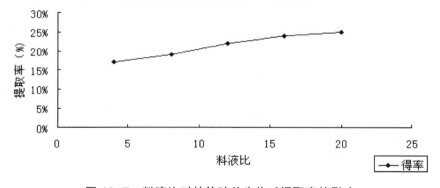

图 12-7　料液比对杜仲叶总生物碱提取率的影响

由图 12-7 可以得出，杜仲叶中的总生物碱提取率随酸性乙醇比例的增加，其提取率会逐渐增加。当酸性乙醇比例增加到料液比为 1∶16 时，总生物碱得率基本达到稳定，增加的速度缓慢。可能由于杜仲叶中所包含总生物碱的量是一定的，即使在增加酸性乙醇的量，总生物碱的提取率也不会有很大的突破，反而造成盐酸和乙醇的浪费，不利于应用于工业生产上。考虑实际操作，将料液比的范围选取在 1∶12 ～ 1∶20。

（2）盐酸的 pH 对总生物碱提取率的影响。准确称量杜仲叶 2g，中草药粉碎机粉碎后置于乙醇浓度 70% 的溶液中，多次浸泡，固定料液比为1∶20，分别选取盐酸 pH=1、2、3、4、5、6，结果如图 12-8 所示。

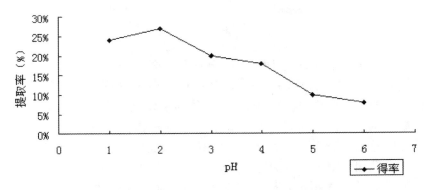

图 12-8　盐酸 pH 对杜仲叶总生物碱提取率的影响

由图 12-8 可以得出,总体趋势为酸性越强,总生物碱得率越高,趋势明显。但当盐酸 pH 到达 2 时,总生物碱得率最大,因此根据单因素实验结果,选取提取所用盐酸 pH 范围为 1 ~ 3。

（3）乙醇体积分数对浸膏提取率的影响。准确称量杜仲叶 2 g,用中草药粉碎机进行粉碎,然后浸泡于 pH 为 3 的盐酸溶液中,杜仲叶经过多次浸泡后,控制料液比为 1∶20,将乙醇的体积分数确定为 30% 到 80%,每增加 10% 作为一个梯度,进行实验,结果如图 12-9 所示。

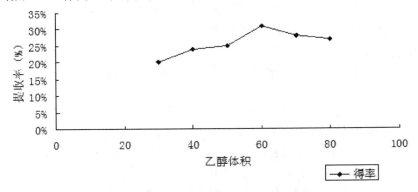

图 12-9　乙醇浓度对杜仲叶总生物碱提取率的影响

由图 12-9 可以得出,在一定的范围内,随着乙醇浓度（体积分数）的增加,生物碱浸膏的得率也随之增加,当乙醇浓度为 60% 时,生物碱浸膏的得率达到最大,此时再增加乙醇浓度（体积分数）时,生物碱浸膏得率不会继续增加,反而有所下降。可能由于杜仲叶中能溶于乙醇的生物碱数量有限,当达到一定量时,便不会再有生物碱溶出,甚至随着乙醇浓度的增加,得到的生物碱持续溶解在乙醇和水的混合物中。鉴于上述实验结果,选择乙醇浓度范围为 50% ~ 70%。

（二）杜仲叶总生物碱分离纯化

杜仲叶通过简单的提取过程后得到的化合物仍含有很多杂质，不是单一的化合物，对混合物进行活性研究，可能会出现研究不完全的情况，所以仍需要进行分离、纯化、精制，然后得到单体化合物和结构式，进而对单体确定活性。以杜仲叶总生物碱含量为考察指标，选用大孔吸附树脂对杜仲叶总生物碱进行分离纯化，采用静态实验考察大孔树脂类型、pH、最适浓度等因素对杜仲叶总生物碱的分离纯化效果的影响。然后用大孔树脂处理后的生物碱进行硅胶柱层析分离。在进行硅胶柱层析分离前，采用薄层色谱进行最佳洗脱剂的选择，充分洗脱硅胶柱中残存的生物碱，做到最大化地利用硅胶柱。

1. 大孔树脂处理杜仲叶总生物碱

（1）杜仲叶总生物碱的测定方法。采用紫外比色法，由于浸膏中某种生物碱的含量越高，该种生物碱的吸光度就越大，就会出现吸收峰。

（2）大孔树脂的制备。

①树脂的预处理。取 100g 树脂，加无水乙醇，使树脂充分浸泡在无水乙醇中，放水浴锅（50℃）中保温过夜，取出后备用。将浸泡溶胀后的树脂用蒸馏水冲洗，至流出的为蒸馏水为止，然后用 2% 盐酸溶液、2% 氢氧化钠溶液用上述同样的方法，洗涤树脂，顺序为：蒸馏水→2% 盐酸溶液→蒸馏水→2% 氢氧化钠溶液→蒸馏水，直到流出无色透明 pH=7 的蒸馏水为止。

②树脂的吸附。对于每种处理过的树脂，用滤纸干燥后，分别准确称量四种树脂 2g 三份置于小锥形瓶中，在每个小锥形瓶中移入 20mL 0.24g/mL 粗提液（准确称量 60 g 浸膏溶于 250 mL 蒸馏水中，制成 0.24g/mL 溶液），再将小锥形瓶用保鲜膜封口并置于温度为 30℃ 的摇床中摇动 24h，取出。对于每个锥形瓶中的混合液，取上清液于试管中，测定其吸光度。

③树脂的洗脱。用蒸馏水洗净每种吸附后的树脂，滤纸干燥后，分别称取 1g 树脂于各自的锥形瓶中，在每个锥形瓶中加入 20mL 无水乙醇，用保鲜膜封口，然后将锥形瓶放在温度为 30℃ 的摇床中摇动 24h，取出，测定其吸光度。

（3）单因素对浸膏中生物碱纯化的影响。分别考察所用的树脂类型、最适 pH、洗脱液的乙醇浓度、上样浓度对浸膏中生物碱纯化的影响。

①大孔吸附树脂类型的选择。根据树脂的极性的不同选择了四种大

孔吸附树脂分别为 NKA-9、DM-130、860021、D101，分别为极性、弱极性、弱极性、非极性。

②最适 pH 的选择。根据树脂的吸附特点和生物碱的特性，选择了六个 pH 梯度，分别为 5、6、7、8、9、10。操作步骤：NKA-9 对生物碱的提取效果比较好，在六个相同的锥形瓶中均放入质量为 2g 的 NKA-9 大孔吸附树脂，再分别准确称量 1g 杜仲浸膏于六个锥形瓶中，向各锥形瓶中分别移入 pH 为 5、6、7、8、9、10 的 20mL 溶液，溶解完全后，将锥形瓶放入 30℃的摇床中摇动 24h，取出，静置后取上清液并注入试管中，测定其吸光度。

③最适浓度的选择。根据树脂的吸附特性和生物碱的特性，选择了六个浓度梯度，分别为 0.01、0.015、0.02、0.025、0.03、0.035g/mL。NKA-9 对生物碱的提取效果比较好，在六个相同的锥形瓶中均放入 2g NKA-9 大孔吸附树脂，在六个锥形瓶中分别加入 20mL 浓度分别为 0.01、0.015、0.02、0.025、0.03、0.035g/mL 溶液，用保鲜膜封口，然后将锥形瓶放入 30℃的摇床中摇动 24h，取出后，取上清液于试管中，测定其吸光度。

2. 结果与分析

（1）最适吸附树脂的选择。将摇床中的树脂混合液取出后，静置后取上清液于试管中，测定其在 218nm 处的吸光度。在同等条件下，NKA-9 大孔吸附树脂组的吸光度均值较小，说明经 NKA-9 树脂吸附后，溶液中所含的目标生物碱较少，说明 NKA-9 型树脂吸附的目标生物碱较多，吸附效果比较好。

（2）最适洗脱树脂的选择。将摇床中的树脂洗脱液混合物取出后，静置后取其上清液于试管中，用分光光度计测定其在 218nm 处的吸光度，结果表明 NKA-9 型树脂洗脱后溶液中的目标生物碱的吸光度最大，即目标生物碱的含量最高，洗脱效果最好，因此，在提取杜仲浸膏总生物碱中，选用 NKA-9 大孔吸附树脂为最佳。

（3）最适 pH 的选择。将六组不同 pH 的溶液从摇床中取出后，分别用紫外分光光度计测定其吸光度，结果表明 pH=9 时的洗脱液的吸光度值最小，即溶液中所含的总生物碱含量最少，树脂所吸附的目标生物碱最多，吸附效果最好。所以，选择的最佳树脂浸膏溶液的 pH 为 9。

（4）树脂吸附的饱和浓度的确定。0.01、0.015、0.02、0.025、0.03、0.035g/mL 六个浓度梯度的样液在摇床中摇动 24h 后取出，静置后取上清液，用分光光度计测定其吸光度，结果表明在相同质量的大孔吸附树脂的条件下，树脂吸附的生物碱越多，则溶液中的生物碱含量就越少，吸光度就越低；此外，在相同质量的大孔吸附树脂的条件下，浸提液的浓度越高，溶液的吸光度就越大，呈正相关关系。而从以上数据可以看出在浸提液浓度为 0.03g/mL 的情况下，树脂的吸附性能最好。所以在动态吸附时，样液的浓度控制在这个浓度较好。

（5）最适洗脱液浓度的选择。将盛有不同浓度的洗脱液的树脂混合液从摇床中取出后，静置片刻，取其上清液，经分光光度计测定。因为洗脱液中生物碱的浓度越高，其吸光度就越高，洗脱效果就越好，但当乙醇浓度大于 55% 时，提取率随着乙醇浓度的增加而总体呈现下降的趋势。其原因有可能是乙醇浓度的不同导致溶剂的极性不同，55% 乙醇的极性和杜仲中生物碱的极性相似；当乙醇浓度大于 55% 后，由于总生物碱的溶出增加，影响了其活性成分的浸出。因此选取的乙醇浓度为 55%。

二、贝母花中生物碱的提取分离纯化

（一）贝母花中生物碱的提取

由于利用传统提取方法对生物碱提取过程中存在的耗能高、生物碱提取率低且损失多、提取物不纯等问题，已经无法满足市场对生物碱日益增加的需求，一些新技术如超临界流体萃取技术、现代生物酶辅助技术等被应用到生物碱提取工艺中。这些新技术降低了提取过程的能耗，显著提高了提取效率，因其显著的优势而成为研究热点。

1. 有机溶剂提取法

有机溶剂提取法是指将中草药浸泡在有机溶剂中，从而使得有效成分从细胞中扩散出来的方法。由于中草药中各种成分在不同溶剂中有不同的溶解度，选用能有效溶解活性成分且不溶或微溶其他杂质成分的溶剂，通过加热或其他辅助条件将药材组织中的有效成分分离出来。

2. 回流法

回流法是指将药材浸入乙醇等挥发性有机溶剂，加热，乙醇挥发馏出后又被冷凝，重新流回容器中，反复进行，直至有效成分完全提取出来的方法。

（二）贝母花中生物碱的分离

大孔树脂的预处理：分别取 4 种不同型号大孔树脂，装入交换柱，用蒸馏水冲洗，直至流出的水清晰、无气味、无细碎树脂为止，再加入 95% 乙醇，浸泡 4h，然后用蒸馏水冲洗，直至流出的水无明显乙醇气味。用约 2 倍体积的 4% 盐酸溶液，缓缓通过树脂层，浸泡 4h，流出酸液，用蒸馏水冲洗至流出液为中性。用约 2 倍体积的 4% NaOH 溶液，缓缓通过树脂层，浸泡树脂层 4h，流出碱液，用蒸馏水冲洗至流出液呈中性。

大孔树脂的再生：用 95% 乙醇洗脱树脂柱至流出液无色，再以大量蒸馏水冲洗，用 3% ~ 5% 盐酸溶液浸泡 2 ~ 4h，然后用大量蒸馏水清洗至流出液呈中性，再用 3% ~ 5%NaOH 溶液浸泡 4h，最后用蒸馏水清洗至 pH 为中性。

根据贝母素甲的分子结构特点以及极性，准备大孔树脂进行筛选，选出对贝母素甲吸附 - 解吸效果较好的大孔树脂。通过静态吸附解吸实验和动态吸附洗脱实验进行生物碱的分离。

三、黄连生物碱的分离纯化

黄连中的生物碱是黄连的有效成分，选用聚酰胺树脂为分离生物碱的色谱柱填料。取黄连须粗粉 1kg，用最佳提取工艺（硫酸浓度 1.5%，料液比 1：15，提取时间 1h）反复提取三次，合并提取液，减压浓缩至适量，放置过夜。向浓缩液里加入 5% NaCl 搅拌溶解后，放入冰箱冷藏静置 12h，待有大量沉淀出现时减压过滤，得到母液 A 和沉淀 A，将沉淀 A 溶解于 95% 乙醇，加热煮沸用活性炭脱色，趁热过滤，冷却至室温，得到沉淀 A 的重结晶液，减压过滤，再用 95% 乙醇反复重结晶，得到结晶 1（8.421g）和母液 B；母液 A 经活性炭脱色后，合并母液 A 和母液 B，减压浓缩至适量后向浓缩液中加入 20% Na_2SO_4 溶液，充分搅拌溶解后于冰箱冷藏静置 12h，待有大量沉淀出现时减压过滤，得到母液 C 和沉淀 B，将沉淀 B 按照"沉淀 A"的重结晶方法得到沉淀 B 的重结晶液，再用 59% 乙腈反复洗涤过滤，得到结晶 2（6.752g）；将母液 C 减压浓缩至适量，上聚酰胺柱，1mol/L 的氨水梯度洗脱，反复层析并按色带收集，得到 1、2、3 三个组分洗脱液，组分 1 经减压浓缩后，用 50% 乙腈和 90% 乙醇反复重结晶，得到结晶 3（1.51g）；组分 2 经减压浓缩后，用 95% 乙醇反复重结晶，得到结晶 4（3.53g）；组分 3 经减压浓缩后，用 50% 乙腈和 90% 乙醇反复重结晶，得到结晶 5（0.54g）。黄连生物碱的提取分离流程见图 12-10。

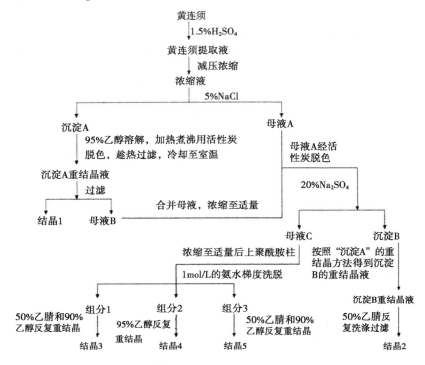

图 12-10 黄连生物碱提取分离流程图

第十三章　三萜类成分分析

三萜类化合物是基本母核由 30 个碳原子组成的萜类化合物。在自然界中,这些化合物以游离苷(与糖结合而成)的形式存在。人参、西洋参、三七、黄芪、甘草、柴胡、桔梗等在内的中药,均含有三萜类化合物。

第一节　概　述

大多数三萜类化合物可溶于水,其水溶液经振荡可出现大量持久性肥皂样泡沫,因此也被称作三萜皂苷(triterpenoid saponins)。三萜皂苷的基本组成单元有三萜皂苷元和糖,其中三萜皂苷元多数为四环三萜和五环三萜类化合物。

图 13-1 为三萜皂苷元的生物合成途径。从生源途径角度来看,三萜类化合物是由鲨烯经各种环化反应形成的,鲨烯是焦磷酸金合欢酯缩合形成的。

一、四环三萜

中药中四环三萜类化合物主要包括如下几种。

(一)羊毛脂甾烷型

羊毛脂甾烷的结构特点为, A/B 环、B/C 环和 C/D 环为反式, C_{20} 为 R 构型,侧链构型分别为 10β、13β、14α、17β。

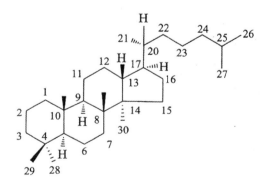

图 13-1 三萜皂苷元的生物合成途径

（二）达玛烷型

达玛烷型（图 13-2）的结构特点为，8 位和 10 位有 β- 构型的角甲基，13 位有 β-H，17 位的侧链为 β- 构型，C_{20} 构型为 R 或 S。

图 13-2 达玛甾烷

（三）大戟烷型

大戟烷（图 13-3）是羊毛脂甾烷的立体异构体，两者的基本碳骨架一样，不过，其 C_{13}、C_{14} 和 C_{17} 的侧链构型相反，分别为 13α、14β、17α。

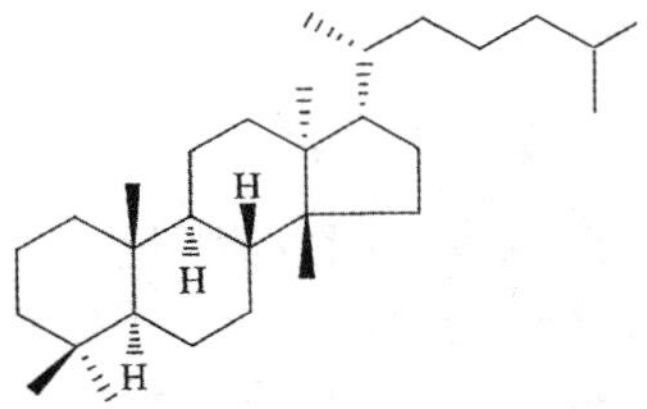

图 13-3　大戟烷

（四）葫芦素烷型

葫芦素烷（图 13-4）的基本构型与羊毛甾烷相同，唯一的不同是，A、B 环上的取代基不同，分别为 C_9-βCH_3，C_8-βH，C_{10}-αH。

例如，云南果雪胆（*Hemsleya amabilis*）具有清热解毒的作用，从该植物的根中可以提取出雪胆甲素和雪胆乙素（图 13-5），两种成分都有抗菌消炎的作用。

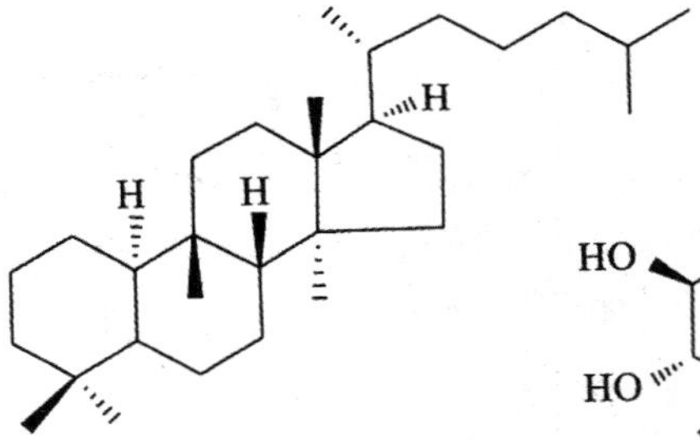

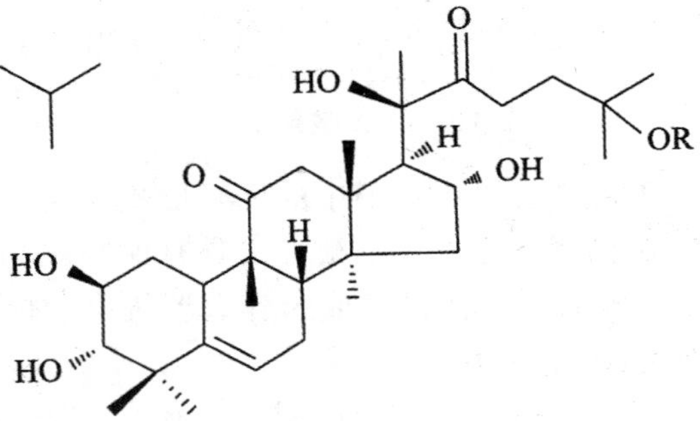

雪胆甲素　R=COCH₃
雪胆乙素　R=H

图 13-4　葫芦素烷　　　　　图 13-5　雪胆甲素和雪胆乙素

二、五环三萜

五环三萜类化合物（PTs）是以其六环异戊二烯单元连接形成的五环闭环三萜类化合物命名，具有抗炎、抗菌、抗病毒、抑制肿瘤细胞生长、治疗心血管疾病以及调节机体免疫等方面的生物活性，是自然界中一类重要的天然产物，得到热衷于对天然产物领域研究的国内外医药学者的青睐。

（一）齐墩果烷型

齐墩果烷型（图13-6）又称β-香树脂烷型，广泛分布于植物界。它是各种中药材的活性成分，无论是游离形式还是酯和糖苷结合形式，或以成酯、成苷的结合形式存在于药材中。典型化合物有齐墩果酸（oleanane acid，OA，图13-7）、甘草酸（glycyrrhizic acid，GA）、柴胡皂苷（saikosaponin）等。

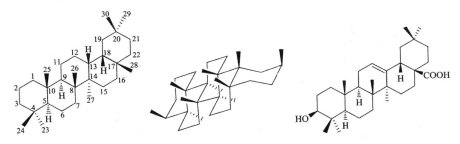

（a）齐墩果烷　　（b）齐墩果烷构象 D/E 顺式

图 13-6　齐墩果烷　　　　　　　图 13-7　齐墩果酸

OA 主要以中草药中的糖苷形式存在，如五加科、毛茛科和葫芦科等植物的根和茎。OA 已被证实具有保肝、抗炎、镇静、抗肿瘤、抗病毒等多种生物活性，目前已有成药齐墩果酸片（国药准字 H50020241）以保肝作用应用于临床多年。

最初 GA 是从甘草的根部提取的，被称为"中草药之王"，其甜度是蔗糖的 50 倍。甘草酸和甘草次酸（图13-8）在现代医学中广泛使用，具有肾上腺素样作用，抑制毛细血管通透性，并且对过敏有抵抗性；有抗菌，抗肿瘤，降三高（即高血糖、高血脂、高血压）等药理作用。目前已在临床使用的甘草酸及其衍生出的相关国药制剂有甘草酸苷片（胶囊）、甘草酸二铵胶囊（注射液）、异甘草酸镁注射液等。

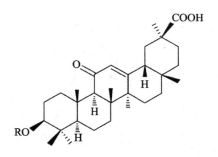

甘草次酸	R=—H
甘草酸	R=—α-D-glc（2-1）β-D-glc

图 13-8　甘草酸和甘草次酸

柴胡皂苷结构中的苷元部分共有 7 种不同的类型，包括 12- 烯、12-烯 -28- 羧酸、同环双烯、异环双烯、18- 烯型、异环双烯 -30- 羧酸和环氧醚。柴胡皂苷具有抗炎，抗过敏，抗血小板活性，抗内毒素，免疫调节和抗细胞黏附等功能。

（二）乌苏烷型

乌苏烷型（图 13-9）又称 α- 香树脂烷型，是一种仅在齐墩果烷中具有 E 环的甲基异构体。其中，只有 E 环存在于齐墩果烷中，代表性化合物是熊果酸（ursolic acid，UA），也被称为乌索酸。熊果酸以熊果、夏枯草、女贞、苜蓿和其他植物中的游离或糖苷形式存在，具有抗氧化、抗肿瘤、镇静、抗菌、抗炎、镇咳等药理活性。UA 在临床上可降低谷丙转氨酶、退黄、恢复肝功能、增进食欲等，常用于保肝辅助治疗。

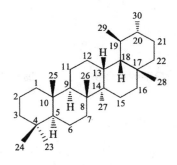

图 13-9　乌苏烷

（三）羽扇豆烷型

羽扇豆烷型（图 13-10）五环三萜化合物广泛分布于五加科、豆科、伞形科、葫芦科等植物中，如羽扇豆醇和白桦脂醇。

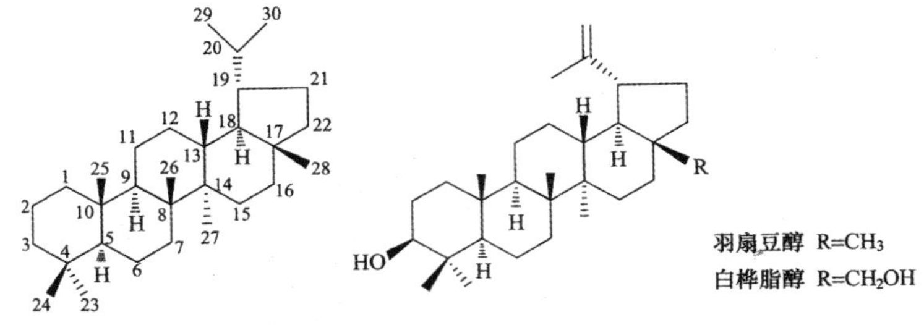

（a）羽扇豆烷　　　　　（b）

羽扇豆醇　R=CH₃
白桦脂醇　R=CH₂OH

图 13-10　羽扇豆烷型

（四）木栓烷型

齐墩果酸化合物是由齐墩果烯的甲基化产生的（图 13-11），代表性化合物是雷公藤酮（图 13-12）。它是一种 25- 甲基取代的 mutalane 型三萜衍生物，是雷公藤的有效成分之一。

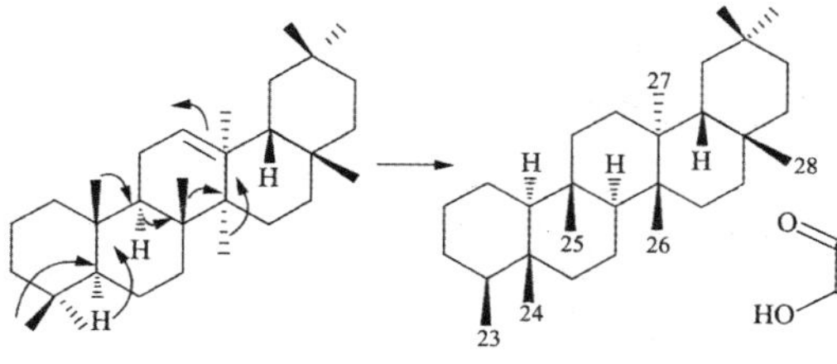

齐墩果烯　　　　　木栓烷

图 13-11　齐墩果酸化合物　　　图 13-12　雷公藤酮

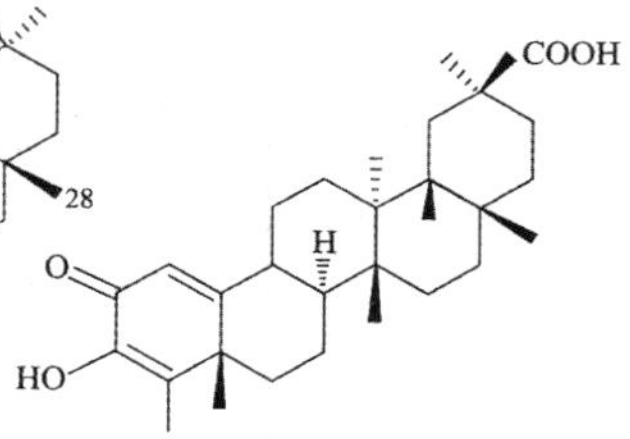

第二节　三萜类成分的提取与分离

三萜类化合物分为游离三萜及三萜皂苷,一般根据其溶解性不同选取不同的溶剂进行提取,游离三萜可采用氯仿、乙醚等极性小的溶剂进行提取,三萜皂苷即可采用甲醇、乙醇等极性大的溶剂进行提取,三萜酸类物质则可采用碱溶酸析法进行提取等,这些都属于传统提取方法。随着对三萜类化合物的深入研究,现在又出现了更多的提取方法,如超临界流体萃取法(supercritical fluid extraction,SFE)、半仿生提取、超声循环技术、化学衍生法等,更有利于中药现代化的发展。

三萜类化合物的分离方法有分段沉淀法、胆甾醇沉淀法和色谱法,其中,色谱法为应用最广泛、分离效果最好的方法。

一、三萜类化合物的提取

传统提取方法一般根据三萜类化合物的溶解性不同,选取不同的有机溶剂对其进行提取。

通常用乙醇或甲醇提取(图 13-13)。

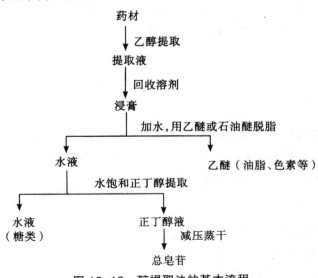

图 13-13　醇提取法的基本流程

某些皂苷元含有羧基,可用碱性溶液提取(图 13-14)。

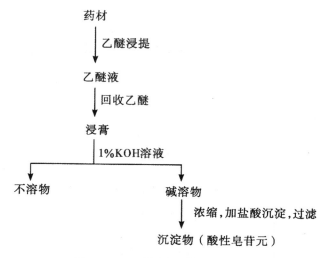

图 13-14　碱提取法的基本流程

二、三萜皂苷类化合物的分离

(一)分段沉淀法

皂苷难溶于乙醚、丙酮等溶剂,因此先将皂苷溶于少量的甲醇或乙醇中,然后缓慢加入乙醚或丙酮,直到混浊,静置,过滤得极性较大的皂苷。继续向其中缓慢加入乙醚或丙酮,至析出极性较小的皂苷。继续进行上述步骤,可初步分离出不同极性的皂苷。

(二)色谱分离法

1.吸附柱色谱法

根据吸附柱色谱所用吸附剂的性质,分为正相吸附柱色谱和反相吸附常用硅胶。样品上柱后,可用不同比例的混合溶剂进行梯度洗脱。反相色谱柱需用相应的反相薄层色谱来鉴定。

2.高效液相色谱法

高效液相色谱常被用于三萜化合物的定性和定量分析。但三萜种类繁多,结构复杂,HPLC 只能在有标准品的前提下进行定性和定量分析,对于总三萜含量的分析存在一定困难。

第三节 三萜类成分的含量测定

一、总皂苷的含量测定

（一）比色法

三萜皂苷类成分最常被末端吸收，可采用比色法测定。皂苷类成分如加入适当的显色剂，使其呈色，可在可见光区进行测定，这种方法可测定样品中总皂苷或总皂苷元的含量。所用显色剂多为强氧化性的强酸试剂，皂苷与这些强酸试剂发生氧化、脱水、脱羧、缩合等一系列化学反应，生成具多烯键结构的缩合物而显色。常用显色剂有香草醛 - 硫酸、香草醛 - 高氯酸、醋酐 - 硫酸等。皂苷类成分的显色反应专属性较差，但反应比较灵敏，方法简便。

下面为人参总皂苷提取物的含量测定。

（1）对照品溶液的制备：取人参皂苷 Re 对照品适量，精密称定，加甲醇制备成每 1mL 含 1mg 的溶液。

（2）标准曲线的制备：精密吸取对照品溶液 20、40、80、120、160、200μL，分别置于具塞试管中，低温挥去溶剂，加入 1% 香草醛高氯酸试液 0.5mL，置于 60℃恒温水浴上充分混匀后加热 15min，立即用冰水浴冷却 2min，加入 77% 硫酸溶液 5mL，摇匀；以试剂作空白。消除气泡后用紫外 - 可见分光光度法，在 540nm 波长处测定吸光度，以吸光度为纵坐标，浓度为横坐标绘制标准曲线。

（3）测定：取本品约 50mg，精密称定，置于 25mL 容量瓶中，加甲醇适量使溶解并稀释至刻度，摇匀，精密量取 50μL，照"标准曲线制备"项下的方法，自"置于具塞试管中"起依法操作，测定吸光度，从标准曲线上读出供试品溶液中人参皂苷 Re 的量，计算结果乘以 0.84。

本品按干燥品计，含人参总皂苷以人参皂苷 Re（$C_{48}H_{82}O_{18}$）计，应为 65% ~ 85%。

（二）重量法

根据三萜苷类成分的溶解性进行提取、分离及纯化后得总三萜苷，恒重，称量并计算得样品中总三萜苷含量，该方法主要用于含三萜苷的原料药质量控制。当中药制剂处方中含皂苷类成分较多时,常用正丁醇作溶剂,测定正丁醇浸出物,计算总皂苷含量。

下面为甘草浸膏中甘草酸的含量测定。

（1）主要组成：甘草。

（2）测定方法：取本品约 6g,精密称定,加水 50mL 溶解后,移至 100mL 容量瓶中,用乙醇稀释至刻度,混匀,静置 12h,精密吸取上清液 25mL 置烧杯中,加氨试液 3 滴,置水浴上蒸发至稠膏状,加水 30mL 使溶解,缓缓加入盐酸溶液 5mL,在冰水中静置约 30min,过滤,沉淀用冰水洗涤 4 次,每次 5mL,弃去洗液及滤液,沉淀在滤纸上放置 2 ~ 3h,使水分自然挥散,再用预先加热至 60 ~ 70℃的乙醇 10mL 使沉淀溶解,过滤,滤器用热乙醇洗涤至洗液无色,合并乙醇液,置已干燥至恒重的烧杯中,在水浴上蒸干,并在 105℃干燥 3h,精密称定,计算供试品中甘草酸的含量。

二、三萜皂苷类单体成分含量测定

（一）高效液相色谱法

高效液相色谱法是单体皂苷类成分最常用的含量测定方法,常用十八烷基键合相硅胶作固定相,不同比例的乙腈 - 水或甲醇 - 水为流动相。若三萜皂苷类成分本身具有较强的紫外吸收,如甘草酸、远志皂苷等,可用 HPLC 分离并用紫外检测器检测。

蒸发光散射检测器（evaporative light scattering detector，ELSD）的应用使得皂苷类成分的分析更为便利。ELSD 是一种通用型检测器,流动相由热气流使之汽化,再进入加热管,溶剂在此挥发。所得分析检测的物质颗粒通过一狭窄光束散射光,由光电倍增管收集散射信号。ELSD 的响应取决于被分析物质颗粒的数量和大小。由于 ELSD 仅对不挥发目标物产生响应,即使是在梯度洗脱时也能提供平稳的基线。ELSD 已成功用于皂苷、生物碱、萜类内酯、氨基酸和糖类等的分析,是分析无紫外吸收及紫外吸收弱的成分的有力工具。

（二）薄层扫描法

由于皂苷大多无紫外吸收,故经薄层色谱分离,然后选用适当的显色剂显色,薄层色谱扫描法是皂苷类成分定性、定量分析常用的方法。

皂苷进行薄层色谱分析所用的吸附剂主要有硅胶和氧化铝,有时为了分离的需要加入一定的硝酸银。用硝酸银处理的硅胶（或氧化铝）薄层,可分离具有相似极性但分子中有不同数目的双键或双键位置不同的化合物。

皂苷的极性较大,一般用分配薄层效果较好,亲水性强的皂苷一般要求硅胶的吸附活性较弱一些,展开剂的极性大些,才能得到较好的效果。常用的溶剂系统有氯仿 - 甲醇 - 水(65∶35∶10,下层)、水饱和的正丁醇、正丁醇 - 醋酸 - 水(4∶1∶5,上层)等。

皂苷元的极性较小,用吸附薄层或分配薄层均可,如以硅胶为吸附剂,展开剂的亲脂性要求强烈,才能适应皂苷元的强亲脂性。所用的溶剂系统常以苯、氯仿、己烷、异丙醚等为主要成分,再加以少量其他极性溶剂。

分析皂苷类成分常用的薄层色谱显色剂有三氯醋酸、氯磺酸 - 醋酸、浓硫酸或50%及20%硫酸、三氯化锑、磷钼酸、浓硫酸 - 醋酸酐、碘蒸气等。

第四节 含三萜类成分的中药实例

一、灵芝中三萜类成分分析

灵芝,别名三秀、茵或芝。2 000多年前,灵芝就已经作为药物而应用于医疗领域,在《滇南本草》《神农本草经》《本草纲目》和《名医别录》等传统中医学著作中均有记载,自古以来人们一直把灵芝看作滋补强身、扶正固本和延年益寿的珍贵药品。据统计在全球范围内,已发现超过250种灵芝品种,我国有69种,其他品种主要分布于热带及亚热带地区。灵芝中可以作为药用的部分包括子实体、孢子粉以及菌丝体。

随着科技的发展,灵芝的主要成分以及药理活性等方面的性质逐渐显现在人们面前。与灵芝相关的保健品、药品和护肤品受到人们越来越多的关注。现代药效学的研究表明,灵芝中富含多种生物活性物质,除关键药效组分多糖类和三萜类以外,其主要的化学成分还有蛋白质类、氨基酸类、生物碱类、呋喃衍生物类、甾醇类、核苷类及微量元素等。随着现代分析方法的改进,关于灵芝活性成分的药效药理、化学成分的鉴定和构效关系的研究及有效成分的生物合成与调控等问题已成为科研学术界的热门研究领域。

研究表明,灵芝中含有化学成分200多种,种类繁多。灵芝三萜类化合物是灵芝的次级代谢产物,可将灵芝三萜类化合物作为鉴别灵芝品种以及鉴定灵芝品质的重要指标。灵芝三萜类物质具有抗肿瘤、护肝、抑制组织胺释放、抗氧化、降血脂、降血压、抗微生物、免疫调节、抗 HIV-1 及 HIV-1 蛋白酶活性等作用。

（一）灵芝三萜的提取

灵芝三萜类成分性质不稳定，属于低极性的脂溶性化合物。灵芝三萜类成分难溶于水，易溶于有机溶剂，常用甲醇、乙醇、三氯甲烷等有机溶剂进行高温回流提取，因乙醇成本低、易回收且安全，故常选用乙醇作为灵芝的提取溶剂。

灵芝三萜类成分主要的提取方法有溶剂回流提取法、超声波提取法、微波辅助提取法和超临界 CO_2 提取法等；分离纯化技术主要有硅胶柱层析法、酸碱转化法和制备衍生物法等。有学者比较超临界 CO_2 技术与传统的醇提法萃取灵芝三萜，发现前者粗提物和总三萜的萃取率略低，但三萜的含量较高，且高效液相色谱分析发现前者粗提物中三萜的种类较多。

（二）灵芝三萜的分析

1. 紫外 - 可见分光光度法（UV-Vis）

紫外 - 可见分光光度法通常以齐墩果酸或熊果酸为标准品，二者的吸收光谱及最大波长与灵芝三萜接近。此方法快速简便，通常与其他分析方法结合使用，对灵芝三萜的定性和定量分析起到辅助作用。

2. 高效液相色谱法（HPLC）

采用高效液相色谱法可以对灵芝三萜进行定性和定量检测，操作快速和简便，方法灵敏稳定，并可以分离出单一的灵芝酸，故目前在灵芝三萜的检测分析方法中占有重要的地位。有学者研究灵芝三萜的指纹图谱，对 13 个批次的赤芝子实体进行了分析，确定出 15 个共有峰，如赤芝酸 A、灵芝酸 A、灵芝烯酸 A 和灵芝孢子酸 A 等。

3. 液质联用技术（LC-MS）

液质联用技术结合了高效液相色谱法的快速分离与质谱的准确定性优势，适用范围广、提供信息全、灵敏度高、选择性高且分离效能高，所以液质联用技术广泛应用于中药分析领域。采用 HPLC-ESI-MS 法对灵芝乙醇提取物进行定性分析，在灵芝乙醇提取物中可检测出灵芝酸 A、B 和 C2。

除以上分析方法外,薄层色谱法用于灵芝三萜的定性分析,也可用于灵芝三萜的分离,灵芝三萜的特征组成还可以通过核磁共振氢谱（¹H-NMR）和碳谱（¹³C-NMR）技术来进行检测。

二、桑黄中三萜类成分分析

桑黄（*Sanghuangporus baumii*）是一类珍稀药用真菌,具有抗肿瘤、提高机体免疫力、治疗炎症、抗衰老、降血糖、保护肝脏及修复损伤等药用价值。研究表明,桑黄中有效的药物成分主要是多糖、黄酮、吡喃酮类、甾体及三萜类化合物等。

（一）三萜类化合物的提取

1. 溶剂浸提法

传统的溶剂浸提法具有提取率不高,且所需溶剂量较大等缺点,但其操作简单,成本低,所以较适合大生产中采用。有学者研究了车前草总三萜的提取工艺,在乙醇浓度95%、料液比1∶8、超声时间1h、提取次数2次时,平均提取率为9.07%,适于大生产中采用。目前,加热回流提取法更多地应用于药用真菌中三萜化合物的提取,具有提取效率高、成本低、所需溶剂量少等优点。采用回流浸提法提取灵芝子实体中的三萜,溶剂为无水乙醇,用量为18倍量,时间2h,温度80℃时,提取率达94.47%。以甲醇、氯仿和丙酮为提取溶剂,加热回流提取,发现以氯仿或丙酮为提取溶剂时,可得到富含三萜类物质的标准化提取物。

2. 超声波提取法

超声波提取三萜具有提取率高、超声时间短、所需溶剂量少等优点。准确称取一定量干燥的桑黄粉末于提取器皿内,加入适量乙醇溶液,在一定溶剂浓度、温度、液固比条件下提取一定时间,等冷却后取出、过滤,将滤液减压浓缩、真空干燥后得桑黄总三萜。其工艺流程为:桑黄干粉→超声辅助提取→过滤→滤液→减压浓缩→浓缩液→真空干燥→桑黄总三萜乙醇提取物。对桑黄总三萜的超声提取工艺进行优化,采用70%乙醇,料液比为1∶20（g/mL）,于60℃超声提取21min,总三萜得率为9.80mg/g。

3. 微波辅助提取法

微波技术用于药用真菌中有效成分的提取,更有利于细胞破壁、提高提取效率。采用微波法提取桑黄菌丝体中三萜,乙醇浓度80%、超声时间10min、微波功率为600W,提取液中三萜类化合物的提取量达到1.48mg/g。

(二)三萜类化合物的纯化

提取得到的三萜类化合物杂质较多,还需进一步纯化。三萜类化合物的分离纯化方法主要包括以下几种。

1. 大孔树脂吸附法

大孔吸附树脂是一种不含离子交换基团、具有大孔结构的高分子吸附剂。它可用于三萜类物质的分离纯化,主要除去一些色素、多糖、无机盐等水溶性物质。利用X-5大孔树脂对美味牛肝菌总三萜进行纯化实验,最佳纯化条件为吸附时间3h、解吸时间3h、解吸液乙醇体积分数100%。NKA-9树脂为纯化元蘑总三萜的最佳树脂,经纯化的纯度可达到9.8%。HZ-816树脂最适合纯化枇杷叶三萜酸,当上样流速2BV/h,上样质量浓度0.6mg/mL,上样体积470mL,洗脱液乙醇体积分数95%,洗脱流速2BV/h,洗脱剂的用量为6BV时,得到的三萜酸纯度为92.29%。

2. 吸附色谱法

硅胶柱层析和薄层层析常用于药用真菌中三萜类成分的分离纯化,但针对不同的材料,各位研究者所选用的洗脱液的种类或配比有所不同。采用硅胶柱层析将淡黄木层孔菌乙醇提取物进行分离纯化,用乙酸乙酯和正己烷溶剂梯度洗脱,得到四个新羊毛甾烷三萜。采用硅胶柱层析对大孔树脂分离后的北五味子三萜进行纯化,优选出最佳洗脱剂体系为氯仿:甲醇=5:1,此时三萜类化合物所含有效成分较多。采用硅胶柱将提取的粗灵芝酸进行分离纯化,选择氯仿-甲醇系统反复梯度洗脱,最后得到单一组分的三萜类化合物。采用反复硅胶柱层析分离纯化藜蒿萃取物,且通过薄层色谱和液相色谱验证了三萜化合物中有齐墩果酸的存在。

3. 高效液相色谱法

高效液相色谱法是一种集分离纯化及检测于一体的新型设备,既可对目标物定性,又可以定量,甚至制备。利用反相HPLC-UV-ESI-MS联用,可对灵芝中的灵芝酸 -T（GA-T）和灵芝酸 -Me（GA-Me）进行鉴定。采用 RP-HPLC 测定茯苓发酵菌丝体中去氢土莫酸（DTA）,3- 表去氢土莫酸（eDTA）和猪苓酸 C（PAC）3 种主要三萜酸类成分的含量,结果表明 DTA 为茯苓中三萜酸类成分生物合成途径中的重要中间体。液相色谱条件可影响灵芝酸分离过程,通过优化温度、洗脱液组成和梯度时间等分离条件,可建立一种有效的灵芝酸分离方法。应用 RP-HPLC-DAD 同时检测毛竹根部的 6 种活性物质,包括四种三萜皂苷和两种木脂素。

三、桦褐孔菌中三萜类成分分析

桦褐孔菌主要含有三萜类成分,多以羊毛脂烷型三萜化合物为主,是其抗肿瘤、抗炎、抗突变、抗 HIV 的主要活性成分,这类羊毛脂烷型三萜化合物绝大多数都具有 3—OH,8 位上多含有双键,其典型化合物结构如图 13-15 所示。

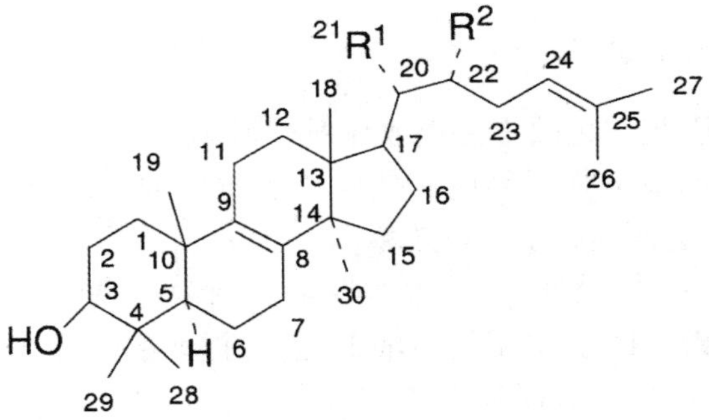

羊毛甾醇	$R^1=CH_3$, $R^2=H$
桦褐孔菌醇	$R^1=CH_3$, $R^2=OH$
3β- 羟基羊毛甾 -8,24- 二烯 -21- 醛	$R^1=CHO$, $R^2=H$
栓菌酸	$R^1=COOH$, $R^2=H$

图 13-15　4 种典型的羊毛脂烷型三萜化合物的结构式

随着现代提取分离技术的进步,越来越多的结构复杂而新颖的三萜类化合物被发现。

（一）三萜化合物的提取

三萜类化合物极性较低,一般采用有机溶剂进行提取,也可采用超声波、微波提取。

1. 有机溶剂浸提法

该法原理为明确不同活性成分在溶剂中的溶解度,采用对目标活性成分溶解度大、对其他成分溶解度较小的溶剂来提取目标活性成分。桦褐孔菌中的三萜类化合物常用乙醇、甲醇或者氯仿为溶剂进行浸提,加热回流获得三萜粗提取物。

有学者为提高桦褐孔菌菌丝体中三萜化合物提取率,采用单因素法对提取溶剂、用量、温度、时间和提取次数进行研究,得到最佳方案:最佳溶剂为异丙醇,溶剂用量为 7 倍,提取时间为 2h,提取温度为 80℃,在此条件下得到总三萜含量占菌丝干重的 9.03%。有学者以发酵菌丝体为材料,通过比较不同溶剂包括 95% 的乙醇、甲醇、乙酸乙酯、丙酮、异丙醇、正己烷和氯仿的提取效果,表明最佳溶剂为异丙醇,提取时间为 24h,菌丝体与有机溶剂之比为 100mg : 6mL。但该法具有操作麻烦,溶剂消耗大,毒性大,成本高等缺点,因此寻求低成本,操作简易以及廉价的提取技术是非常重要的。

2. 超声波提取法

超声波能引起空化效应使提取介质中微小气泡压缩、爆裂,从而使细胞壁破碎,粒径减小,加强细胞有效成分的质量传递,使细胞内活性成分迅速释放出来,进而提高了提取效率。

有学者研究利用超声波技术对桦褐孔菌中白桦脂醇提取质量比的影响,与传统方法相比,采用超声辅助提取,提取的白桦脂醇提取质量比(9.868g/kg)是传统的溶剂浸提法(6.699g/kg)的 1.47 倍。用 95% 乙醇,液料比为 120,在 40℃下超声提取 10min,得到的齐墩果烷酸和乌索酸的产量分别为 6.3 ± 0.25 和 9.8 ± 0.30mg/g,表明超声辅助提取技术是一种省时、经济和有效的方法。

3. 微波提取法

微波辅助提取(microwave-assisted extraction, MAE)是一种用于提取生物活性化合物更为经济且环境友好型的提取技术。

有学者为提高三萜皂苷提取率,采用 MAE 进行提取,只需要提取时间 5min,提取溶剂 95% 乙醇的消耗量 25mL/g,得到最高的三萜皂苷产量达 5.11%,而超声提取方法和加热回流提取时间分别为 30min、2h,溶剂消耗量为 60mL/g、40mL/g,最高产量为 1.72%、2.22%。由此看出,MAE 具有溶剂用量少、节能、省时、污染小以及提取率高的特点。但其也有一定的局限性,处理量较小,限制其大规模生产。

(二)三萜化合物的分离

为了得到纯的三萜单体,一般通过有机溶剂对植物或者药用真菌中的三萜化合物进行粗提取,然后采用硅胶、大孔树脂、葡萄糖凝胶进行柱层析和制备型 HPLC 进行分离、纯化,最终得到三萜单体。

1. 硅胶柱色谱

由于三萜化合物具有很多生物活性,分离得到纯的三萜化合物用于研究其生物活性,为研究和开发桦褐孔菌的食品、保健品和药品提供一定的依据。有学者为实现桦褐孔菌中三萜单体的提取和分离,利用桦褐孔菌的氯仿提取物,利用硅胶柱色谱,在氯仿:乙酸乙酯梯度为 10:1 时依次获得组分 A、B、C,在梯度为 5:1 时获得组分 D,之后用梯度 2:1 获得组分 E,然后经过中压液相色谱(medium pressure liquid chromatography,MPLC)和 HPLC 色谱技术得到 2 种新化合物和 3 种已知化合物。还有学者同样对桦褐孔菌进行氯仿提取,将得到的提取物通过硅胶柱色谱分离得到 5 个组分,对组分 B 和 C 进行多次硅胶柱色谱分离,MPLC 分离得到 4 种化合物,即 2 种新的羊毛脂烷型 hnosta-8,23E-diene-3β,22R,25-triol 和 lanosta-7:9(11),23β-trien-β,22R,25-triol 和 2 种已知羊毛脂烷型化合物 kanosta-8,24-dien-3β,21-diol 和 3β-hydroxylanosta-8,24-dien-21-al。

2. 大孔树脂

有学者利用 D101 型大孔吸附树脂对皂角刺中 BA 型三萜化合物进行研究,发现当上柱样品含 BA 型三萜化合物的浓度为 0.8 ~ 0.9mg/mL 时,以 1BV/h 速度流过树脂,吸附平衡后,用 4BV 蒸馏水以 1BV/h 速度淋洗树脂,再依次用 5BV 的 40% 和 50% 乙醇洗脱,收集获得的干燥品中 BA 型三萜化合物含量为 74.27%。

3. 制备型 HPLC

通过硅胶柱色谱分离后,得到的组分是混合物,但是其含量又很少,不能进行再次硅胶柱色谱分离,因此需经过制备型 HPLC 进行分离纯化,从而获得纯的三萜单体。

有学者通过硅胶柱色谱分离得到 5 个组分,其中对重结晶后的组分 C 进行再次 MPLC 过柱后,在正己烷:乙酸乙酯梯度为 5:1 时,得到 2

种三萜单体的混合物,其含量只有 72.3mg,因此只能用制备型 RP-HPLC 进行分离,其梯度甲醇:水为 85:15 获得化合物 inonotsuoxides A 和 B。有学者对硅胶柱分离得到的组分 B 进行硅胶柱分离,得到组分 B_2,经过再次过硅胶柱,其梯度正己烷:乙酸乙酯为 3:1 获得无定形固体(65mg),利用制备型 HPLC(反相,90% 甲醇)进行分离获得 2 种新的羊毛脂烷型化合物 lanosta-8,23*E*-diene-3β,22*R*,25-triol 和 lanosta-7,9(11),23*E*-triene-*B*,22*R*,25-triol。

(三)三萜化合物的检测

由于三萜结构复杂多样,在发酵过程中往往需要对总三萜以及各个三萜成分含量进行检测。最为常用的总三萜含量测定方法为紫外 - 可见分光光度法,而对三萜单体含量进行气相或液相色谱定量分析。

1. 分光光度法

从三萜结构上看,通常具有碳碳双键、共轭双键的结构,因而具有紫外吸收,但不同结构的三萜化合物的最大吸收波长存在一定差异。此法是目前最常用的测定有紫外吸收的化合物含量的方法。

有学者采用简便的分光光度法有效代替 HPLC 法用于测定总三萜含量,利用香草醛 - 高氯酸与三萜化合物进行显色反应,以白桦脂醇为标准,在最大吸收波长 551nm,显色温度 70℃,反应时间 15min 时,对白桦树皮中三萜进行测定,该显色反应体系比较稳定,在 140min 内吸光度变化在误差范围内。利用香草醛 - 冰醋酸 - 高氯酸分光光度法测定总三萜含量,此法简单快速、准确度高。但该法仅对总三萜含量进行测定,无法测定各个三萜成分含量。

2. 薄层色谱法

薄层色谱技术常用于各种化合物的定性和定量分析,已应用于三萜化合物的定量分析。

3. 高效液相色谱法

三萜化合物有碳碳双键的紫外末端吸收。为提取白桦树皮中三萜类成分,可建立 HPLC 法测定白桦脂醇含量,色谱柱为 ODSC$_{18}$,紫外波长为 210nm。为分离桦褐孔菌子实体中 2 种主要活性成分桦褐孔菌醇(inotodiol)和栓菌酸(trametenolic acid),利用高速逆流色谱技术从桦褐孔菌氯仿提取物中分离纯化,得到 2 种化合物。通过 HPLC-ELSD 分析纯度,再通过 ¹H-NMR 和 ¹³C-NMR 技术确认其为上述化合物,纯度分别为97.51% 和 94.04%,整个分离纯化过程用时不到 5h。

用 500mL 的 95% 乙醇(1∶20, m/V)回流提取灵芝 3.5 h,提取三次,经过快速柱色谱将提取物分成 4 个组分,其中组分 2 和组分 3 具有三萜成分,对这两种组分进行 HPLC-ESI-MS 的三萜鉴定,发现组分 2 中存在12 种主要化合物,而组分 3 中存在 3 种主要化合物,2 种被鉴定为灵芝酸DM 和灵芝醛 TR,以及其他 2 种次要成分赤芝孢子酸 DI 和灵芝酸 Z,利用 HPLC-ESI-MS 的检测,一些化合物碎片、保留时间和相对分子质量与已出版的前人相关文献并不匹配。

质谱分析的基本原理是使所研究的混合物或单体形成离子,使形成的离子按质荷比(m/z)进行分离。由于不同的物质使分子电离的手段不一样,因此需根据物质的性质筛选不同的离子源,从而达到理想效果。采用硅胶柱色谱对桦褐孔菌子实体进行分离,用 TLC 进行检测,得到 3β-hydroxy-8,24-dien-lanosta-21,23-lactone(1) 和 21,24-cyclopentalanosta-3β,21,25-trio-8-ene(2)2 种新的三萜化合物和 3 种已知化合物 lanosterol(3)、trametenolic acid(4)和 inotodiol(5)。其中(1)、(3)、(4)和(5)可采用 FD-MS,而(2)采用 EI-MS 来确定其分子式,同时采用 ¹H-NMR 和 ¹³C-NMR 共同确定所得到的化合物。

用氯仿提取桦褐孔菌中的子实体,经硅胶柱色谱、MPLC 和 C₁₈ 的反相高效液相色谱分离得到 3 种化合物,基于 NMR 技术和高分辨快原子轰击质谱(high resolution fast-atom-bombardment mass spectrometry,HR-FAB-MS)的相关数据鉴定其结构为不常见的羊毛脂烷型的三萜 spiroinonotsuoxodiol 和 2 种羊毛脂烷型三萜 inonotsudiol A 和 inonotsuoxodiol A。

第十四章　挥发性成分分析

挥发油又称精油,广泛分布在植物界中,常温下易挥发。研究发现,挥发油多具有止咳、祛痰等作用。同一植物的不同药用部位或同一部位因采集时间不同,其所含挥发油成分也可能有差异,挥发油成分与原料产地、品种、生长环境有重要关系。由于挥发油香气独特,常被用来调配各种香精香料,广泛应用于药品、食品、化妆品等行业。

第一节　概　述

一、挥发油的化学成分

因产地、采收季节、加工方法、提取方法或提取部位的不同,挥发油成分及其含量存在一定差异。挥发油的化学成分大致可分为以下几类。

（一）萜类化合物

萜类化合物是分子骨架以异戊二烯为基本结构单元,且分子式符合 $(C_5H_x)_n$ 通式的化合物及其衍生物。根据异戊二烯单元的数目可分为半萜、单萜、倍半萜和二萜等。

半萜:由 1 个异戊二烯单元构成。异戊二烯本身被认为是半萜,但是它的一些含氧衍生物也被称为半萜,比如异戊烯醇和异戊酸。

单萜:分子中含有两个单位的异戊二烯结构,一般是挥发油中沸点较低部位的主要成分,水蒸气蒸馏提取前 30min 所得馏分中基本上以单萜类为主。不同类型的单萜类化合物见表 14-1。

表 14-1 不同类型的单萜类化合物

分类	结构及名称	
无环单萜	（E）–3,7–二甲基–1,3,6–辛三烯	月桂烯
单环单萜	α–萜品烯	（–）–柠檬烯
双环单萜	（1S,3R）–顺式–4–蒈烯	2–蒈烯环氧化合物
	β–蒎烯	（+）α–蒎烯

　　倍半萜：由 3 个异戊二烯单位聚合而成，其沸点与单萜相比，相对较大，水蒸气蒸馏 30min 后，所得馏分中倍半萜的种类及含量逐渐增加，单萜类化合物的含量逐渐减少。根据分子中碳环的数目不同，可分为无环倍半萜、单环倍半萜、双环倍半萜和三环倍半萜（表 14-2）。

　　二萜：由 4 个异戊二烯单元构成。例如咖啡醇、咖啡豆醇、紫杉二烯（紫杉醇的前体）。二萜也是很多对生物体重要的化合物的基础，例如视黄醇、视黄醛、植醇（也叫叶绿醇）。

表 14-2　不同类型的倍半萜类化合物

分类	结构及名称
无环倍半萜	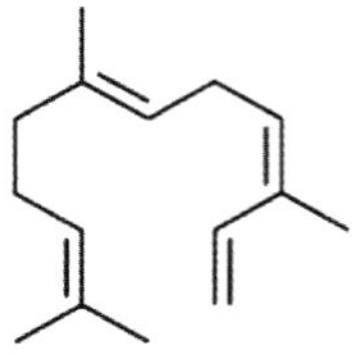 α- 金合欢烯 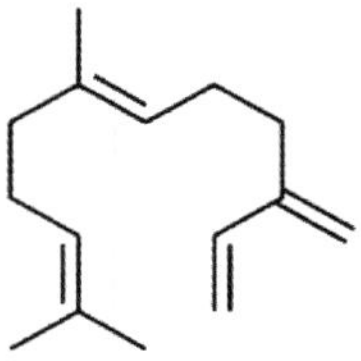　　　　　β- 金合欢烯
单环倍半萜	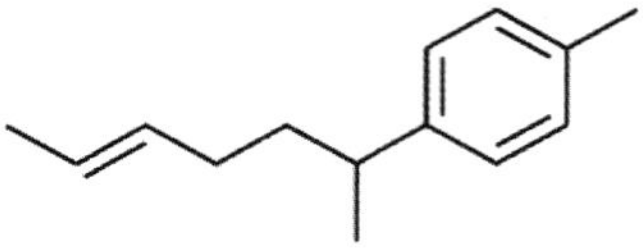 α- 姜黄烯 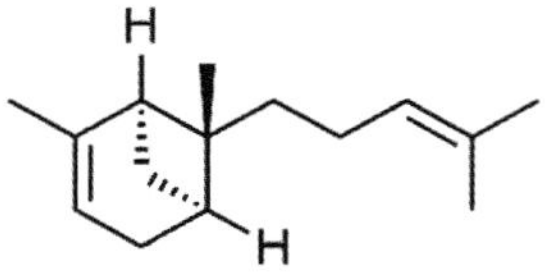　　　　　反式 -α- 柑油烯
双环倍半萜	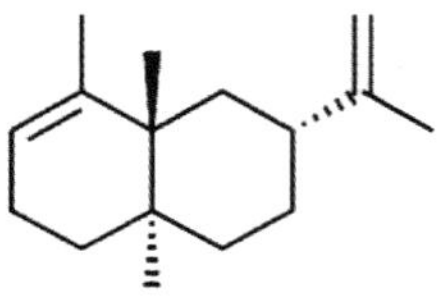 α- 芹子烯 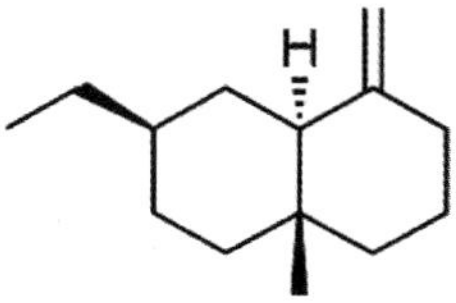　　　　　（+）-β- 芹子烯
三环倍半萜	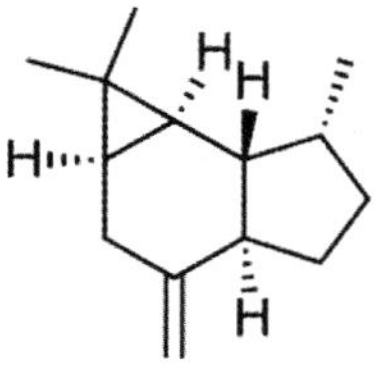 香橙烯 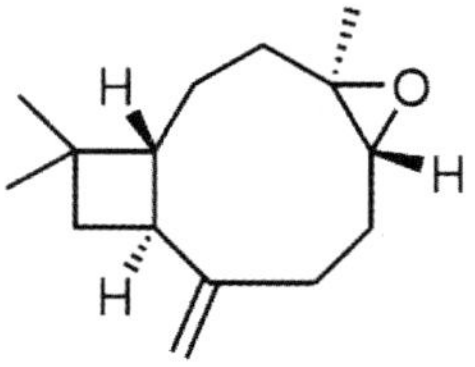　　　　　氧化石竹烯

（二）酮类化合物

挥发油中酮类化合物的分类（表 14-3）如下，其中萜烯酮是单萜和倍半萜含氧化合物的结构类型。

无环脂族酮：2- 戊酮、3- 戊酮、4- 甲基 -2- 戊酮、2- 癸酮、2- 十二烷酮、2- 十四酮、香叶基丙酮、六氢假紫罗酮等。

脂环酮：异佛尔酮、2,6,6- 三甲基 -2- 环己烯 -1,4- 二酮、2- 环己烯 -1-

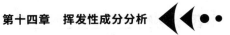

酮等。

芳香族酮：邻甲基苯乙酮、大茴香基丙酮、对甲基苯乙酮等。

萜烯酮：樟脑、香芹酮、左旋香芹酮等。

表 14-3　不同类型的酮类化合物

分类	结构及名称	
无环脂族酮	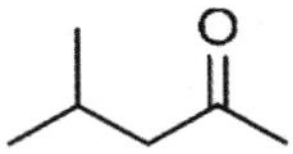 4- 甲基 -2- 戊酮	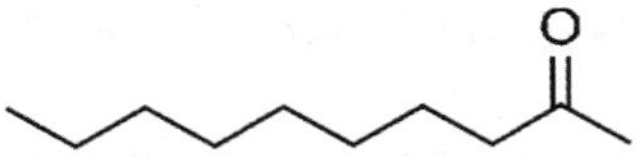 2- 癸酮
脂环酮	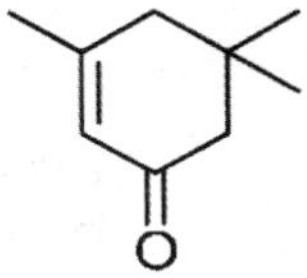 异佛尔酮	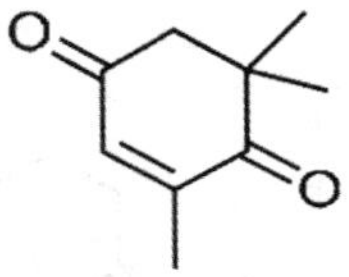 2,6,6- 三甲基 -2- 环己烯 -1,4- 二酮
芳香族酮	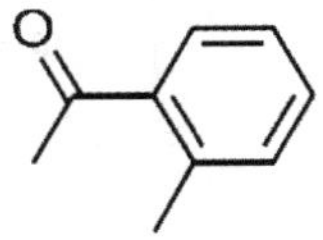 邻甲基苯乙酮	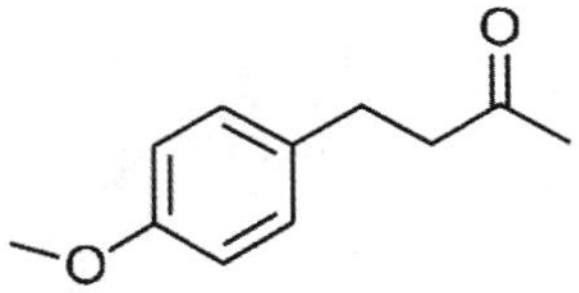 大茴香基丙酮
萜烯酮	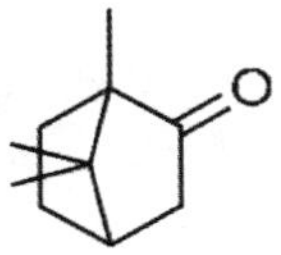 樟脑	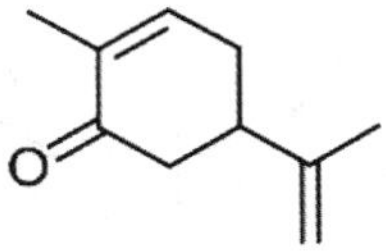 香芹酮

（三）醇类化合物

挥发油中醇类化合物的分类（表 14-4）如下，其中萜烯醇是单萜和倍半萜含氧化合物的结构类型。

无环脂族醇：2- 戊醇、正己醇、1- 辛烯 -3- 醇、2- 甲基 -1- 丁醇、叶绿醇等。

脂环醇：木兰醇、雪松醇、新铃兰醇等。

芳香族醇：苯乙醇、桂醇、苯丁醇、苯丙醇等。

萜烯醇：龙脑、异龙脑、（ S ）- 顺马鞭草烯醇、α- 松油醇、橙花醇、红没药醇氧化物 A 等。

表 14-4　不同类型的醇类化合物

分类	结构及名称	
无环脂族醇	 正己醇	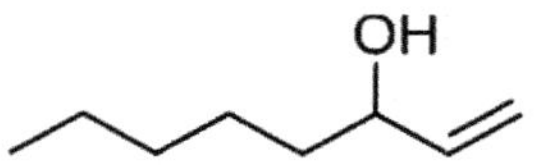 1- 辛烯 -3- 醇
脂环醇	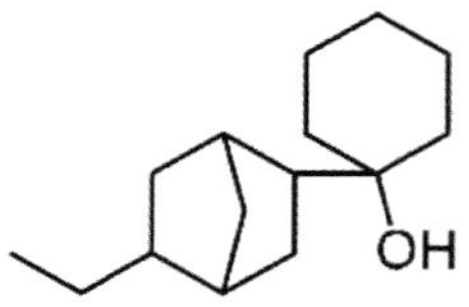 木兰醇	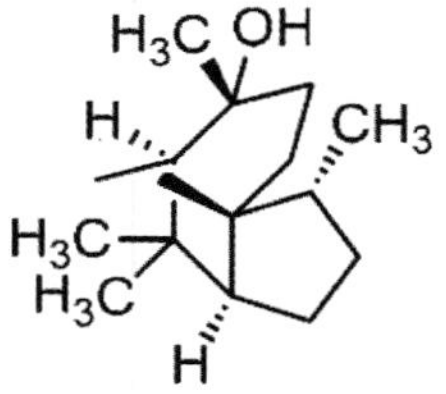 雪松醇
芳香族醇	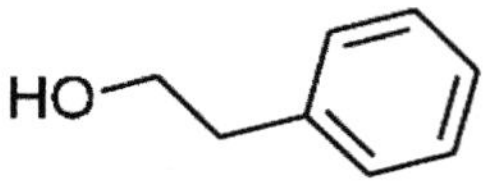 苯乙醇	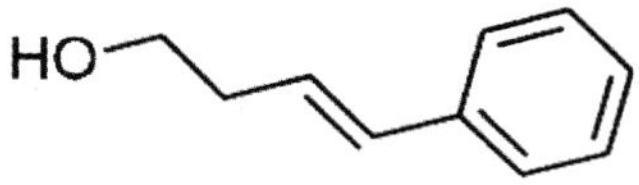 桂醇
萜烯醇	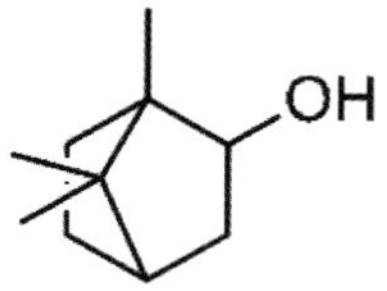 龙脑	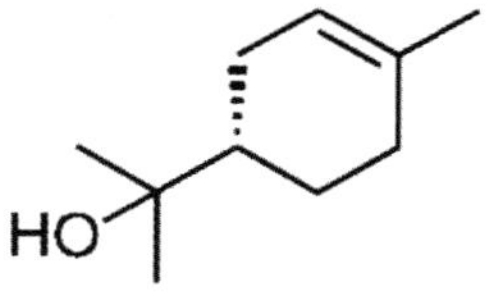 α- 松油醇

（四）醛类化合物

挥发油中醛类化合物的分类（表 14-5）如下，其中萜烯醛是单萜和倍半萜含氧化合物的结构类型。

无环脂族醛：己醛、2,4- 癸二烯醛、2- 己烯醛、十六醛、正辛醛等。

芳香族醛：苯甲醛、苯乙醛、2,4- 二甲基苯甲醛、4- 苄氧基苯甲醛等。

萜烯醛：龙脑烯醛、（+，-）-1,3,3- 三甲基环己 -1- 烯 -4- 甲醛、2,3- 二氢 -2,2,6- 三甲基苯甲醛。

表 14-5　不同类型的醛类化合物

分类	结构及名称	
无环脂族醛	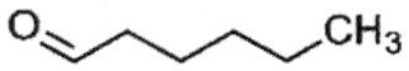 己醛	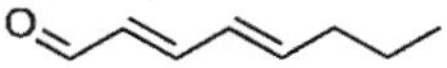 2,4- 癸二烯醛
芳香族醛	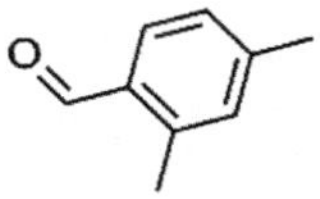 2,4- 二甲基苯甲醛	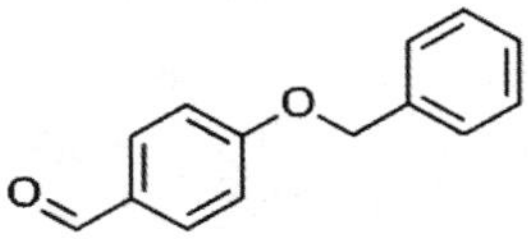 4- 苄氧基苯甲醛
萜烯醛	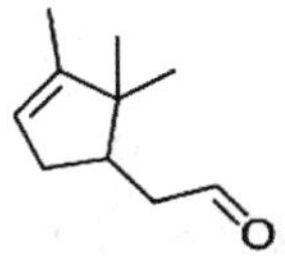 龙脑烯醛	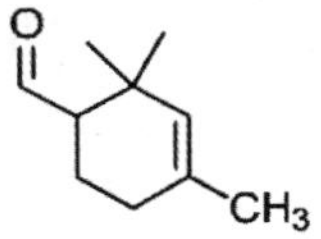 （+, -）-1,3,3- 三甲基环己 -1- 烯 -4- 甲醛

（五）羧酸及酯类（表 14-6）

羧酸类：异戊酸、辛酸、正癸酸、十六烷酸、正壬酸、月桂酸、苯甲酸等。

萜烯酸：2,4,6- 三甲基 -3- 环己烯 -1- 羧醛、橙花酸、甲酸异莰酯等。

脂肪族羧酸酯：癸酸异丁酯、癸酸 3- 甲基丁酯、十三烷酸甲酯、十一酸甲酯、肉豆蔻酸甲酯等。

芳香族羧酸酯：邻羟基苯甲酸甲酯、邻苯二甲酸丁基酯、2- 乙基己基酯、异戊酸苯乙酯、辛酸 -2- 苯乙酯、邻苯二甲酸二丁酯等。

表 14-6　不同类型的羧酸及酯类化合物

分类	结构及名称	
羧酸类	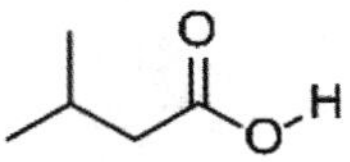 异戊酸	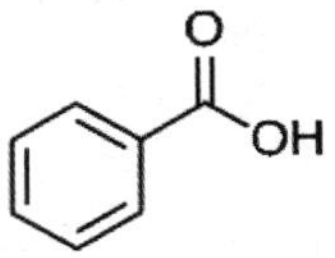 苯甲酸

续表

分类	结构及名称	
萜烯酸	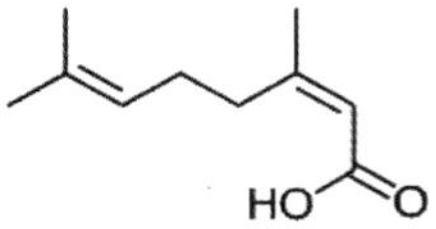 橙花酸	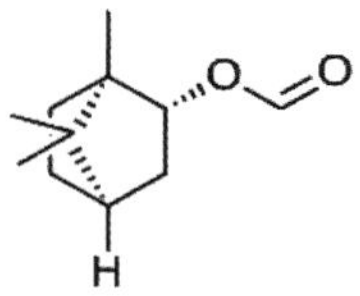 甲酸异莰酯
脂肪族羧酸酯	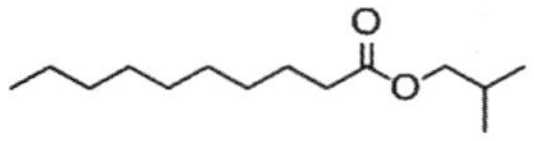 癸酸异丁酯	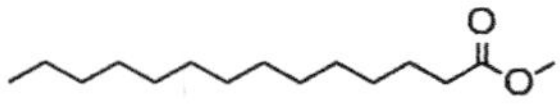 肉豆蔻酸甲酯
芳香族羧酸酯	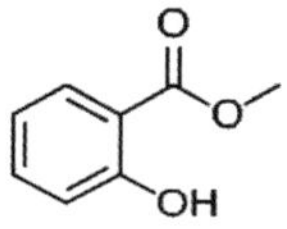 邻羟基苯甲酸甲酯	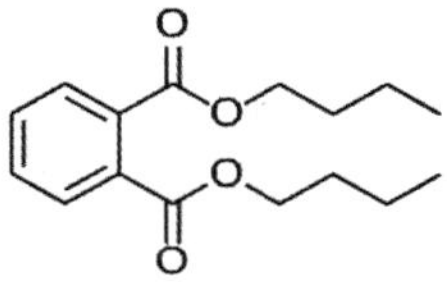 邻苯二甲酸二丁酯

（六）醚类、酚酸和环氧化物（表 14-7）

醚类：苄基苯基醚、2- 甲基苯甲醚、香芹酚甲醚等。

酚类：香芹酚、3- 异丙基苯酚、2- 甲酚、2,4- 二叔丁基苯酚等。

环氧化物：2- 甲基四氢呋喃、2,5- 二甲基四氢呋喃、3,3- 二甲基乙氧等。

表 14-7　醚类、酚酸和环氧化物

分类	结构及名称	
醚类	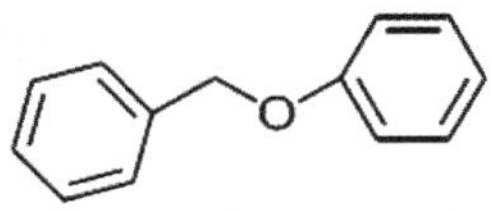 苄基苯基醚	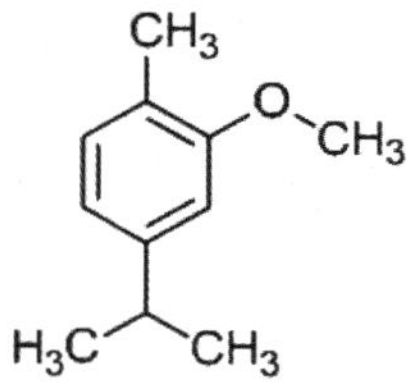 香芹酚甲醚

续表

分类	结构及名称	
酚类	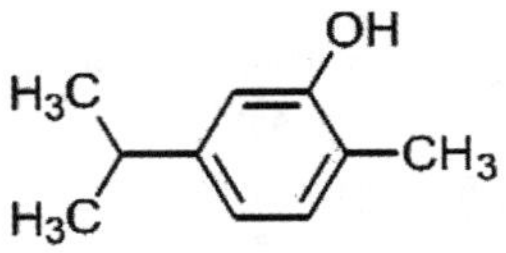 香芹酚	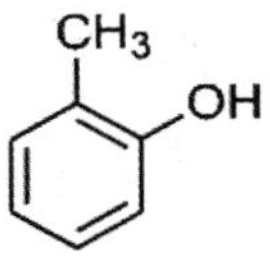 2-甲酚
环氧化物	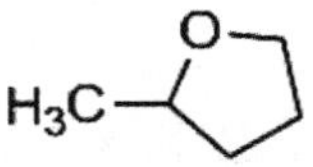 2-甲基四氢呋喃	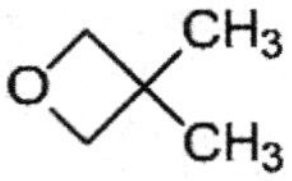 3,3-二甲基乙氧

（七）其他烃类化合物（表 14-8）

烷烃类：2,2-二甲基戊烷、环己烷、3-甲基己烷、十三烷、甲基环戊烷等。

烯烃类：1-甲基环戊烯、2-甲-1-戊烯、1,3,5-环庚三烯 1-甲基环己烷-1,3-二烯、2-甲基-2,4-己二烯、3,4-壬二烯、3,3-二甲基-6-亚甲基环己烯等。

芳烃类：邻二甲苯、1,2,3-三甲苯、邻乙基甲苯、2,4-二甲基苯乙烯等。

表 14-8　不同类型的其他烃类化合物

分类	结构及名称	
烷烃类	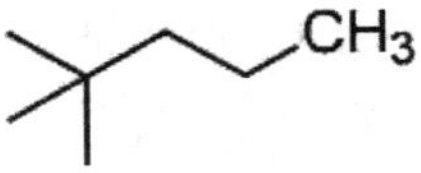 2,2-二甲基戊烷	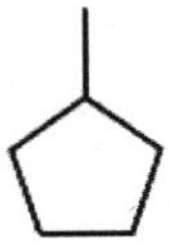 甲基环戊烷
烯烃类	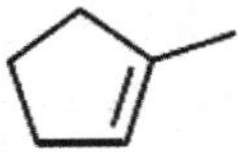 1-甲基环戊烯	 3,4-壬二烯

续表

分类	结构及名称

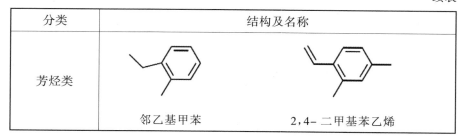

邻乙基甲苯　　　　　　　　2,4- 二甲基苯乙烯

（八）其他类型的化合物

除此之外,挥发油化合物中还含有含硫和含氮等化合物。

二、挥发油的生物活性

（一）抑菌

采用纸片扩散法、最小抑菌浓度测定法和杀菌曲线法研究菊科植物 Osmitopsis asteriscoides 挥发油及其成分对金黄色葡萄球菌、绿脓杆菌和白色念珠菌的抑菌作用。结果表明,三种方法得出的结果有一定的相关性。杀菌法结果显示,其挥发油对真菌白色念珠菌起到显著的抑菌作用;对金黄色葡萄球菌的抑菌作用呈浓度依赖性;对绿脓杆菌能够快速减少活菌数,但在作用 240min 后,细菌呈现重新成长的趋势。其挥发油主要成分樟脑和 1,8- 桉叶素起到协同抑菌的作用。通过体内和体外实验,研究菊科植物毛莲蒿挥发油及其主要成分（诱杀烯醇和 1,8- 桉叶素）的抑菌作用。挥发油的最小抑菌浓度（MIC）值为 20μg/mL,两种主要成分的 MIC 分别为 130μg/mL 和 200μg/mL;毛莲蒿挥发油（给药量为每只小鼠 100μg）和诱杀烯醇（给药量为每只小鼠 135μg）可以明显地减少小鼠肺中活菌细胞数目（$P<0.01$）,且此浓度每天给药两次,连续 9d,对实验小鼠没有产生任何毒副作用,故体内体外实验表明,毛莲蒿挥发油和其主要成分诱杀烯醇可以显著地抑制链球菌的生长。香芹酚能够诱导热休克蛋白 60 在菌体内的表达,在过夜培养中能够防止大肠杆菌 O157: H17 中鞭毛蛋白的生长。另有研究发现紫色野菊挥发油对抗生素耐药的肺炎链球菌有显著的抑制作用。

（二）抗肿瘤

研究显示,菊科植物挥发油对人肝癌细胞、人鼻咽癌细胞、黑色素瘤细胞、人结肠癌细胞、人口腔表皮样癌细胞、人肺腺癌细胞、鼠胶质原细胞、鼠卵巢细胞、鼠精原干细胞和成骨细胞等细胞有一定的抑制作用。

开展不同提取方法得到的菊科植物鹅不食草挥发油对人鼻咽癌细胞的作用研究，MTT 结果表明作用 24h、48h 和 72h 后，水蒸气蒸馏的 IC_{50}（56.6、8.7、5.2mg/mL）低于超临界流体萃取法得到的挥发油（123.5、97.1、83.3mg/mL）；机制研究显示超临界流体萃取法得到的挥发油是通过调节 Bcl-2 家族蛋白的表达、导致线粒体的功能障碍和阻止细胞色素 C 释放到胞质等途径来诱导人鼻咽癌细胞的凋亡。菊科植物挥发油对小鼠黑色素瘤细胞（B16F10）和人结肠癌细胞（HT29）有显著的抑制作用，且不影响正常细胞，IC_{50} 分别为 7.47 ± 1.08 和 $6.93 \pm 0.77\mu g/mL$。通过 MTT、流式细胞术、琼脂糖凝胶电泳和 Hoechst 33258 染色实验表明，日本野菊对人口腔表皮样癌细胞有一定的抑制作用。除此之外，菊科植物挥发油对人肺腺癌细胞（A549）、鼠胶质原细胞（C-6）和鼠卵巢细胞（CHOK1）、鼠精原干细胞以及成骨 MC3T3-E1 细胞也有一定程度的抑制作用。

（三）镇痛

通过 GC-MS 分析、醋酸扭体法和热板法实验发现，菊科植物狗舌草挥发油对醋酸诱导的小鼠扭体反应有显著的抑制作用；热板法实验结果显示挥发油的给药量达到 50 和 75mg/kg 时，与空白对照组相比，能显著提高小鼠的痛阈值；该研究还认为挥发油对中枢和外周的疼痛抑制作用归功于其所含的萜烯类化合物（右旋大根香叶烯、β- 蒎烯、β- 石竹烯和 β- 长叶蒎烯）。除醋酸扭体法和热板法外，利用福尔马林致痛实验研究菊科植物龙蒿草挥发油的镇痛作用，龙蒿草挥发油（100、300mg/kg）能够显著地降低一期（59.5%、91.4%）和二期（52.5%、86.3%）的疼痛响应。另有研究发现菊科植物台湾蒈蒌挥发油及其所含的单萜、芳香酯和苯甲酸酯化合物具有镇痛作用。

（四）驱虫

野菊挥发油及其成分母菊薁、β- 石竹烯和桉油精对危害粮食储存的赤拟谷盗和小圆皮蠹有杀灭作用，且对后者的效果优于前者。菊科植物挥发性成分中的醛类化合物（安息香醛、辛醛、壬醛、癸醛、反式 -2- 癸醛、十一醛和十二醛）、醇类化合物（癸醇和反式 -2- 癸烯醇）和 α- 细辛脑显示很强的杀灭松材线虫的作用。有学者研究菊科植物挥发油中 1,8- 桉叶素对埃及伊蚊的抗叮咬和产卵趋避作用，研究显示，1,8- 桉叶素虽然本身没有明显的杀蚊作用，但其对埃及伊蚊具有一定的抗叮咬和较强的趋避产卵功效，且与苯并吡喃衍生物联合使用展现出很显著的杀蚊作用。此外，菊科植物挥发油对锥体虫、螨虫、裂体吸虫和蜱虫等均有一定的抑制作用。

（五）抗病毒

绵杉菊挥发油对单纯疱疹病毒 1（HSV-1）和单纯疱疹病毒 2（HSV-2）均有一定的抑制作用，通过空斑抑制实验测得 IC_{50} 分别为 0.88、0.7mg/mL，且认为其是通过直接灭活病毒途径实现抗病毒作用。实验还表明，绵杉菊挥发油可以抑制 HSV-1 和 HSV-2 的细胞间病毒的传播。

（六）抗炎

菊科植物大吴风草挥发油可以明显地降低脂多糖诱导激活的 RAW264.7 中的一氧化氮和前列腺素 E2 的产生，且挥发油浓度的降低影响诱导型一氧化氮合酶（iNOS）和环氧合酶 -2（COX-2）mRNA 的表达；对人成纤维细胞和胶质细胞的 MTT 实验结果表明，其挥发油（100mg/mL）对这两种正常细胞显示出较低的细胞毒性。

第二节　挥发性成分的提取与分离

传统的方法为水蒸气蒸馏法，随着科技的发展，目前逐渐运用超临界流体萃取法、微胶囊双水相提取法等。

一、水蒸气蒸馏法

水蒸气蒸馏有两种：共水蒸馏和通水蒸气蒸馏。此法操作简单、方便，但提取时的高温易使一些热敏性和不稳定成分遭到破坏，且香气差异较大。

二、超声波提取法

超声波可以提高提取率,缩短提取时间,简化操作步骤。运用超声波提取法提取含笑叶挥发油,并进行了工艺优化及化学成分分析,其挥发油收率为 2.48%,共鉴定出 42 种成分。分别运用超声波提取法、水蒸气蒸馏法、有机溶剂提取法提取高良姜挥发油,研究表明超声波辅助提取挥发油具有省时、成分好等优点。

三、其他新兴提取分离方法

(一)分子蒸馏

分子蒸馏(molecular distillation,MD)又称为短程蒸馏,是一种利用高真空在较低温度下将轻重分子分离的蒸馏技术,它具有浓缩效率高、质量稳定可靠、操作易规范化等优点,能分离常规蒸馏较难分离的物质,特别适合高沸点、高黏度、热敏性的物质。

(二)膜分离技术

膜分离技术具有在常温下操作无相变、能耗低等优点,特别适用于处理热敏性物质和生物活性物质。

(三)半仿生提取法

半仿生提取法(semi-bionic extraction method,SBE)是近几年提出的新方法,是模仿口服药物在胃肠道的转运过程,采用选定 pH 的酸性水和碱性水依次连续提取,其目的是提取含指标成分高的"活性混合物"。

第三节 挥发性成分的含量测定

本节介绍运用液相色谱法来测定柴胡挥发油含量。因柴胡挥发油的指标成分选择为四种醛类化合物,而醛类化合物中羰基官能团的紫外吸收强度小,无法直接用紫外检测器进行含量测定。利用羰基化合物与 2,4-

二硝基苯肼(DNPH)衍生化反应生成醛腙,引入紫外强吸收官能团,大大提高了检测器的检测灵敏度。衍生化反应拓宽了 HPLC 的分析范围,使得对某些低浓度的药物的检测成为可能。羰基化合物与 2,4- 二硝基苯肼反应方程式见图 14-1。

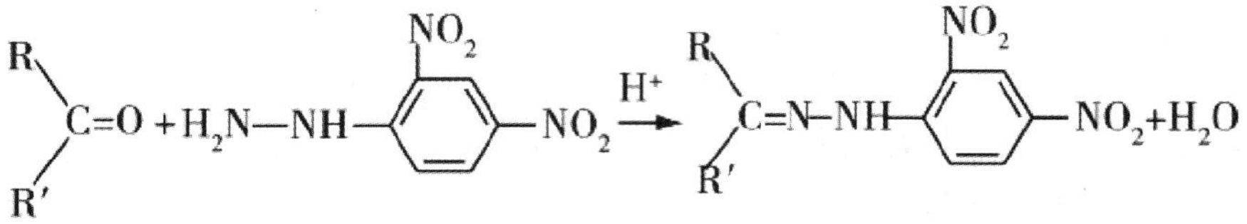

图 14-1　羰基化合物与 DNPH 反应方程式

柴胡挥发油的含量很低且水溶性很大,无法直接通过读取油总量来测定含量。采用紫外吸光度测定柴胡挥发油含量,其最大吸收波长为278nm。因柴胡挥发油主要成分己醛、庚醛的紫外吸光度较小,单纯采用紫外吸光度测定含量会使实验结果存在一定误差。而液相色谱法比紫外更加准确、可靠,醛类化合物经过衍生化处理后生成醛腙化合物,最大吸收波长变为 360nm,故液相色谱条件中测定波长为 360nm。

第四节　含挥发性成分的中药实例

怀菊花的主要化学成分是怀菊花研究的重要依据,也是其开发利用价值的重要来源。

一、怀菊花挥发油的收集与称量

利用水蒸气蒸馏法提取得到的挥发油,处于挥发油测定器中,加入正己烷使挥发油充分溶解,开启测定器下端活塞将水缓缓放出,用圆底烧瓶收集挥发油,后经旋转蒸发处理,回收正己烷,把样品放入真空干燥箱中干燥 6 h,取出,收集得到的油状液体,称重后置于阴暗干燥处,低温保存。

有机溶剂提取的挥发油,先用普通定性滤纸过滤(真空抽滤),然后用微孔滤膜再过滤(真空抽滤),经旋转蒸发处理,回收有机溶剂,后续操作与水蒸气蒸馏法一致。

二、怀菊花挥发油的提取

（一）水蒸气蒸馏法

取一定粉碎度的菊花 50g，精密称重，置 2 000mL 圆底烧瓶中，参照《中国药典》中的方法，加一定量饱和氯化钠与数粒玻璃珠，振摇混合后，连接挥发油测定器与回流冷凝管，自冷凝管上端加水使充满挥发油测定器的刻度部分，并溢流入烧瓶时为止，将烧瓶置电热套中加热至沸，调温并保持微沸一定时间，停止加热，收集挥发油。

（二）闪式提取法

称取菊花 50g，置于闪式提取仪的容器中，加一定量的有机溶剂，设定提取时间和电压，一段时间后，停止仪器工作，收集挥发油。

（三）索式提取法

将怀菊花粉碎，用分样筛筛取适宜目数 50g，加入相应量的有机溶剂，用索式提取器提取一定时间，回收溶剂，在旋转蒸发仪上除去残留溶剂，即得挥发油。

（四）酶法提取

应用黑曲霉提取怀菊花挥发油，将培养好的粗霉捣碎，按比例添加到装有怀菊花的 2 000mL 烧杯中，混匀，加入 1 500mL 的水，搅匀，调整 pH。再将烧杯放入数显恒温水浴锅里，在一定的温度下进行酶解预处理，酶解一段时间后再进行超声波辅助提取，超声波设定条件为功率 100W，温度 45℃，时间 30min，后加入石油醚浸提，除去溶剂，即得挥发油。

三、怀菊花挥发油提取结果与分析

水蒸气蒸馏法提取怀菊花的过程中使用饱和氯化钠浸泡溶液，可以提高怀菊花挥发油的得率，较蒸馏水浸泡得率提高 29.66%。

闪式法提取怀菊花挥发油的实验中，由气相色谱仪检测出的响应峰个数和峰面积大小可知，对怀菊花挥发油提取率影响的大小顺序为：丙酮＞乙酸乙酯＞石油醚＞正己烷；色状和香气以石油醚的效果最佳，表现为黄色,有光泽、微香。因此确定最佳提取溶剂为石油醚。随着料液比的提高,挥发油得率升高波动较小,在 1∶12 时得率最高,为 1.476%,随着浸提时间的延长,怀菊花挥发油的得率逐渐增加,在 35s 时达到最大,后又逐渐下降趋于不变。原因是时间的延长,有利于物料的破碎,使出油率上升;但时间过长,由于刀头的旋转会使试剂升温,物料易糊化,故挥发油的含量会下降;在搅拌电压为 200V 时,挥发油得率达到最大,为 1.535%,后随电压的升高挥发油得率下降,直至趋于不变。原因是电压低,刀头因受到物料的阻力,刀头无法旋转,无挥发油浸提出,电压高,刀头转速快,会使试剂升温,物料易糊化,也不利于挥发油的浸提。

在利用索氏提取法提取怀菊花挥发油的实验中,根据气相色谱仪检测出的响应峰个数和峰面积大小,可知乙醚作为萃取剂对怀菊花挥发油提取的效果优于石油醚和正己烷;根据色状和香气来看,三种试剂差别不大,但怀菊花挥发油得率以乙醚作为萃取剂的最大,为 1.976%。通过对不同溶剂用量对怀菊花挥发油提取效果的影响研究,得知在 6 ~ 10 倍范围内随着溶剂用量的增加,挥发油产率明显增加,这是因为溶剂用量的增加,有利于溶剂回流,使物料与溶剂接触更充分;挥发油产率在一定温度范围内随抽提温度的升高而增加,但超过一定温度,产率反而下降,即在 35 ~ 65℃时随着温度的升高挥发油的产率增加;温度超过 65℃,温度继续升高,挥发油的产率逐渐下降,原因可能是随着温度的升高,分子的扩散系数增大,即传质系数增加,有利于抽提,但随着温度的进一步增加,挥发油的溶解度下降,不利于抽提;挥发油产率随着提取时间的增加也呈现提高的趋势。

在酶法提取怀菊花挥发油的实验中,随着加酶量的增加,怀菊花挥发油的得率也不断增加,之后又缓慢下降;随着酶解作用时间的增加,怀菊花挥发油提取量也不断增加,但在 9h 后随着时间的增加,挥发油得率增加幅度不大;随着 pH 的增加,怀菊花挥发油提取量也不断增加,当 pH 为 5 时,挥发油得率达到最大,pH > 5,挥发油得率下降,原因可能是随着 pH 增大,限制了黑曲霉的活性,从而导致产酶量下降,进而影响挥发油的得率。

四、不同方法提取挥发油的比较分析

利用 4 种方法提取怀菊花挥发油,索氏提取法提取到的挥发油得率最高,其次为闪式提取法、酶提取法,最低为水蒸气蒸馏法。闪式提取法

得到的挥发油颜色较深,原因可能是在提取过程中色素溶入较多所致,索氏提取法和酶提取法得到的挥发油颜色较浅。水蒸气蒸馏法得到的挥发油是蓝色的,原因是菊蓝烃存在于挥发油中。索氏提取法得到的挥发油有甜香,闪式提取法和酶提取法得到的挥发油香气为微香,原因可能是引入了较多的杂质,水蒸气蒸馏法得到的挥发油有种令人不悦的刺鼻气息。综上所述,结合 GC-MS 的分析,以索氏提取法提取得到的挥发油质量最佳。

第十五章　甾体类成分分析

　　甾体类成分的分离纯化是从中药中提纯甾体类成分,进行下一步研究应用或者工业生产的前提。本章主要介绍中药中甾体类成分的提取、分离、纯化与应用。

第一节　概　述

　　甾体化学作为有机化学和药物化学的重要组成部分,是专门研究甾体化合物的结构、反应、转化及其在甾体药物和甾体生物活性分子合成中应用的一门学科。甾体化合物(steroids)是有机化合物中具有重要影响的一类分子和生物体内的内源性物质,呈固体状态,又称类固醇,包括性激素、强心苷、肾上腺皮质激素、昆虫变态激素、甾醇、胆汁酸、甾体皂苷、甾体生物碱等,广泛存在于动植物、微生物等生命体中,与生命体的繁衍、生长、发育等生命过程密切相关。侧链双键数目和连接位置的不同以及侧链构型上存在差异,使得甾体类化合物的结构复杂、类别繁多,但是该类化合物在结构上的共同点是都具有1,2-环戊烯骈菲甾体母核。甾体激素又称类固醇激素,是一类四环脂肪烃化合物,具有环戊烷骈多氢菲母核。在医药行业中得到广泛的应用,它是在研究哺乳动物体内分泌系统时发现的内源性物质,在免疫调节、维持生命、机体发育、调节性功能、皮肤疾病治疗及生育控制方面具有显著作用。

　　我国甾体药物的生产基本上是以甾体皂苷元为原料。甾体激素药物的发现与发展也是药物化学学科的发展,按原料来源可划分为动物性甾醇、植物性甾醇和菌类甾醇三大类。

胆汁酸是胆烷酸的衍生物,广泛存在于动物的胆汁里,例如动物药熊胆粉、牛黄等。少量的胆汁酸有促进消化的作用,与消化酶配伍使用制成复方制剂。通过胆汁酸的肠肝循环,加上外源性胆汁酸后,对胆汁的黏滞性有制约作用,有一定的利胆功能,同时可以溶解及很好预防胆固醇结石,其具有独特的生理功能。

强心苷是生物体中存在的一类对心脏有显著生理活性的、由强心苷元与糖缩合而成的一类甾体皂苷。多数来自植物,主要分布在百合科、夹竹桃科、毛茛科、玄参科、萝藦科、桑科、十字花科以及姜科等多种植物中。强心苷是一类选择性作用于心脏的药物,能增强心肌收缩,降低心率,促进心肌输出量,从而改善动脉系统供血情况,因而具有较强的强心功能。由于强心苷是一类具有毒性的药物,因此使用时定要注意。

甾体皂苷是一类由螺甾烷类化合物与糖连接而成的甾体苷类。它的水溶液经振摇后能产生大量肥皂泡沫,因此可以作为它的鉴定方法。甾体皂苷类主要分布于单子叶植物里,即百合科、石蒜科、玄参科、龙舌兰科等。在对心脑血管系统疾病的防治和抗肿瘤方面起着至关重要的作用,另外其还具有滋补强壮的功效,是一种具有极大开发潜力的抗衰老药物。

甾体皂苷元是天然的甾体皂苷的苷元,具有甾体化合物的母核,其结构特征为在雄甾烷的 D 环上稠合 – 螺环缩酮,并称之为螺甾烷类甾体。我们常见的甾体皂苷元主要包括薯蓣皂苷元(diosgenin)、剑麻皂苷元(tigogenin)和蕃麻皂苷元(hecogenin),它们都是甾体药物工业生产的主要原料。其中薯蓣皂苷元主要是从黄姜(*Dioscorea zingiberensis*)或穿龙薯蓣(*Discorea nipponica* Makino)的根茎中提取得到。随着我国科学家成功进行黄姜人工种植,黄姜得以大面积种植,我国薯蓣皂苷元资源变得非常丰富,年产值最高能达到四千吨以上。剑麻皂苷元主要存在于剑麻的叶片中,蕃麻皂苷元存在于蕃麻植物中,我国剑麻皂苷元的年产量在数百吨以上。剑麻皂苷元的利用有助于消除剑麻纤维生产工业中的环境污染物。

甾体生物碱作为一类结构较为复杂的重要生物碱,是包括茄科、夹竹桃科、百合科、黄杨科,两栖动物和海洋无脊椎动物的次生代谢物,通常以糖苷生物碱形式被分离得到。甾体生物碱主要具有抗肿瘤作用,此外还有止咳、抑制乙酰胆碱酯酶的功效。

甾体生物碱的苷元甾体生物胺也属螺甾烷类甾体,不同的是螺甾烷C-16 或 C-26 位的氧原子被氮原子取代。甾体生物碱具有基本的甾体骨架,从大体上来说是一类具有二十一碳、二十四碳、二十七碳的杂环分子。其中,具有二十一碳和二十四碳骨架又被称为孕甾烷生物碱(pregrane alkaloids)和环孕甾烷生物碱(cyclopregnane alkaloids)。具有二十七碳的生物碱是最常见的和重要的甾体生物碱,主要是从茄科和百合科中提取得到。

第二节　甾体类成分的提取与分离

　　提取和制备的本质是化合物的分离和富集,是天然产物的生产和研究中的第一步。提取过程主要通过扩散过程使萃取相与样品相紧密接触,目标化合物被提取溶剂分配或溶解。根据研究目的不同和原料的特点,采用不同的提取策略和手段,如在植物化学成分分析研究中,需要尽可能实现所有化合物的提取,有效成分的提取则要兼顾收率和避免杂质。甾体皂苷原料多为干燥的植物块茎,其提取过程包括甾体皂苷在固体原料中的扩散,固相和液相间传递,溶剂相中扩散三个阶段。

　　甾体皂苷具有极性大、不稳定、原料含量低的特点,且在水中多能发生酶水解,因此,多采用较温和的条件提取,其中采用甲醇从基隆山药(*Dioscorea pseudojaponica* Yamamoto.)冻干粉中提取皂苷时,发现皂苷含量随温度提高和时间延长而降低,尤其呋甾烷皂苷含量变化明显。甾体皂苷提取的方法多为甲醇或乙醇直接提取,当皂苷极性较大时,采用稀醇或热水提取;其中提取溶剂,提取条件(如温度、pH、料液比)和物料的性质(如组成和粒度)是决定传质效率的主要因素。传统提取技术主要包括浸提和回流提取两种。影响浸提效率的主要因素为溶解度和有效扩散;其中溶解度影响最终提取产率,有效扩散则决定了提取效率;固 - 液界面间的浓度梯度,是皂苷在植物材料内发生有效扩散的动力。浸提的提取时间长,一般需要几十个小时或者数周时间。因此,多用机械振动等手段辅助缩短提取时间。相对浸提,回流提取能够降低溶剂的使用量,减少提取时间,但是仍然需要一到十几个小时。

　　为进一步提高提取效率,缩短提取周期,超声和微波等技术被用来辅助提取。超声辅助提取是利用超声的空化效应能够破坏植物原有结构并强化介质的扩散与传质,热效应可促进溶解,相较于传统提取方法,具有效率高、溶剂用量少的优点。在 40kHz 超声辅助下,用 80% 甲醇从枣叶子中提取 30min,即获得 1.41mg/g 枣树皂苷 I 和 4.52mg/g 的枣树皂苷 II。在微波辅助提取中,微波能穿透植物原料,使内部极性分子快速产生热效应而升温,进而原料内压增大,结构破裂,促进目标物进入提取溶剂中,微波进入植物基质的渗透深度取决于介电常数、水分含量、温度和电场频率。使用微波辅助,80% 甲醇溶液,提取 30s,人参粉末中人参皂苷的提取产率与类似条件下常规回流提取 12h 的效果相当。

甾体皂苷的分离方法与三萜皂苷近似,可采用分级沉淀法、胆甾醇沉淀法、连续逆流萃取法以及色谱法等。

本节以一些代表性中药为例,介绍甾体类成分的提取与分离方法。叉蕊薯蓣的提取分离流程如图 15-1 所示。叉蕊薯蓣根茎提取约 16.0kg,将叉蕊薯蓣根状茎粉碎成细小块状。首先将细小块状药材浸泡于 95% 乙醇中,浸提 2 周。然后再用 6 倍量 90% 乙醇加热回流提取 3 次,每次 2h,用 60% 乙醇加热回流提取 3 次,每次 2h。合并所有提取液,减压回收乙醇得浸膏。取叉蕊薯蓣乙醇提取物加适量的去离子水混悬,依次用石油醚、乙酸乙酯萃取。将各萃取液减压回收溶剂,分别得到石油醚萃取部分浸膏 30.6g,乙酸乙酯萃取部分浸膏 305.0g,以及水层溶液部分。

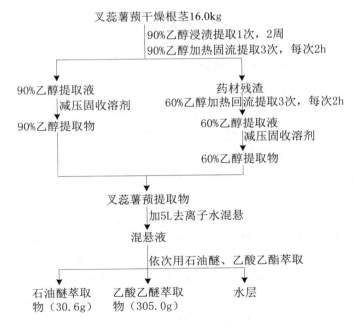

图 15-1　叉蕊薯蓣的提取分离

图 15-2 所示为采用皂苷提取通法提取穿龙薯蓣总皂苷,以 60% 乙醇为提取溶剂。图 15-3 中薯蓣皂苷元的提取采取先水解再提取的模式,操作相对简便,节省有机溶剂。

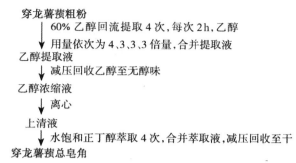

穿龙薯蓣粗粉
↓ 60% 乙醇回流提取 4 次,每次 2 h,乙醇
↓ 用量依次为 4、3、3、3 倍量,合并提取液
乙醇提取液
↓ 减压回收乙醇至无醇味
乙醇浓缩液
↓ 离心
上清液
↓ 水饱和正丁醇萃取 4 次,合并萃取液,减压回收至干
穿龙薯蓣总皂角

图 15-2　穿龙薯蓣总皂苷的提取分离

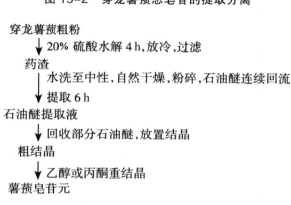

穿龙薯蓣粗粉
↓ 20% 硫酸水解 4 h,放冷,过滤
药渣
↓ 水洗至中性,自然干燥,粉碎,石油醚连续回流
↓ 提取 6 h
石油醚提取液
↓ 回收部分石油醚,放置结晶
粗结晶
↓ 乙醇或丙酮重结晶
薯蓣皂苷元

图 15-3　薯蓣皂苷元的提取分离

图 15-4 所示为麦冬总皂苷的提取分离流程。其中总皂苷的提取采用皂苷的提取通法,并利用 D101 大孔吸附树脂柱色谱进行富集纯化。正丁醇萃取液进行碱处理及大孔吸附树脂柱的 NaOH 初始洗脱,主要目的是去除酸性杂质的干扰。

薤白中皂苷的提取分离流程如图 15-5 ～ 图 15-7 所示。由于极性较大,故图 15-5 中薤白总皂苷的提取采取水提法,经大孔吸附树脂柱色谱纯化,将薤白总皂苷富集到 60% 乙醇洗脱部分。图 15-6 中薤白总皂苷的提取采用皂苷提取通法,并结合大孔吸附树脂柱色谱富集纯化。图 15-7 中薤白总皂苷的提取采取醇提取法,以 70% 乙醇为溶剂,提取液浓缩后以乙酸乙酯萃取除杂,水层以大孔吸附树脂柱色谱纯化,将总皂苷富集到 95% 乙醇洗脱部分,再结合硅胶柱色谱、中压 ODS 柱色谱等分离得到单体化合物。醇提取结合大孔树脂色谱纯化是皂苷类化合物提取的通用模式,可根据其溶解特性选择适宜的醇浓度。某些皂苷也可用水提取,再结合大孔树脂色谱 - 醇洗脱模式纯化。

麦冬粗粉
　　↓ 80%乙醇回流提取,过滤
乙醇提取液
　　↓ 减压回收乙醇至无醇味,离心
上清液
　　↓ 乙醚萃取 2 次,正丁醇萃取 4 次
正丁醇萃取液
　　↓ 0.1mol/L NaOH 萃取 2 次
正丁醇层
　　　回收正丁醇,加水分散,D101 大孔吸附树脂
　　　柱色谱,0.1%NaOH 洗至无色,再水洗至中性,
　　↓ 70%乙醇洗脱
70%乙醇洗脱部分
　　↓ 回收乙醇,减压干燥
麦冬总皂苷

图 15-4　麦冬总皂苷的提取分离

薤白粗粉
　　↓ 8 倍水提取 3 次,每次 2 h,合并提取液
水提取液
　　　减压浓缩,D101 大孔吸附树脂柱色谱,吸附 3 h,以
　　↓ 水、5%乙醇洗至无色,再以 60%乙醇洗脱
60%乙醇洗脱部分
　　↓ 回收乙醇,减压干燥
薤白总皂苷

图 15-5　薤白总皂苷的提取分离

薤白粗粉

    ↓ 75%乙醇提取

乙醇提取液

    回收乙醇,加水分散,依次以三氯甲烷、乙酸乙酯和
    ↓ 正丁醇萃取

正丁醇萃取液

    ↓ 回收正丁醇

残留物

    ↓ 大孔吸附树脂柱色谱,甲醇洗脱

总皂苷

    硅胶柱色谱,三氯甲烷-甲醇-水梯度洗脱,得到5
    ↓ 个流分

流分④

    ↓ 大孔吸附树脂柱色谱,依次用水和20%甲醇洗脱

20%甲醇洗脱部分

    硅胶柱色谱,三氯甲烷-甲醇-水洗脱,低压Lobar
    ↓ 柱色谱,ODS柱色谱

薤白苷E

图15-6 薤白苷E的提取分离

薤白粗粉

    ↓ 4倍量70%乙醇提取4次,每次2 h,合并提取液

乙醇提取液

    ↓ 回收乙醇,加水分散,乙酸乙酯萃取4次

水层

    ↓ 减压浓缩,大孔吸附树脂柱色谱,依次以水、95%乙醇洗脱

95%乙醇洗脱部分

    回收乙醇,减压浓缩,硅胶柱色谱,乙酸乙酯-甲醇-水梯
    ↓ 度洗脱,得到15个流分

流分⑤

    ↓ 中压ODS柱色谱,37%乙腈等度洗脱

薤白苷S

图15-7 薤白苷S的提取分离

图 15-8 所示为山麦冬总皂苷的提取分离流程。根据山麦冬总皂苷的极性特征,采用 70% 乙醇为溶剂进行提取。提取物以大孔吸附树脂柱色谱纯化,从 70% 乙醇洗脱部分中制备得到山麦冬总皂苷。

山麦冬粗粉

↓ 10 倍量 70% 乙醇回流 3 次,每次 2 h,合并提取液

乙醇提取液

↓ 减压回收乙醇至无醇味

浓缩液

↓ 冷却、离心,上清液上 D101 大孔吸附树脂柱色谱,依
↓ 次以水、10% 乙醇、70% 乙醇洗脱

70% 乙醇洗脱部分

↓ 回收乙醇,减压干燥

山麦冬总皂苷

图 15-8 山麦冬总皂苷的提取分离流程

图 15-9 所示为知母总皂苷的提取分离流程。采用醇提取法以 50% 乙醇为溶剂进行提取。提取物以 AB-8 大孔吸附树脂柱色谱进行纯化,知母总皂苷被富集到 80% 乙醇洗脱部分。

知母粗粉

↓ 12 倍量 50% 乙醇回流提取 2 次,每次 2 h,合并提取液

乙醇提取液

↓ 减压回收乙醇

浓缩液

↓ 加水分散,AB-8 大孔吸附树脂柱色谱,依次以水、
↓ 80% 乙醇洗脱

80% 乙醇洗脱部分

↓ 回收乙醇,减压干燥

知母总皂苷

图 15-9 知母总皂苷的提取分离流程

图 15-10 所示为薯蓣次苷 A 与伪原薯蓣皂苷的提取分离流程。采用 95% 乙醇为溶剂提取总皂苷,离心处理除去水不溶性杂质。通过硅胶柱色谱及制备型 HPLC 分离,最终依据极性由大到小依次分离得到薯蓣次苷 A 和伪原薯蓣皂苷。

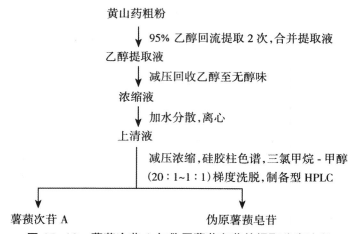

图 15-10　薯蓣次苷 A 与伪原薯蓣皂苷的提取分离流程

图 15-11 所示为薯蓣皂苷、原薯蓣皂苷和原纤细薯蓣皂苷的提取分离流程。以 60% 乙醇为提取溶剂,采用皂苷提取通法制得总皂苷。总皂苷结合加压硅胶柱色谱以及 SP825 大孔树脂柱色谱等分离得到目标化合物。SP825 大孔树脂是高多孔性苯乙烯的合成吸附剂,其表面积比 HP20 系列大,孔径分布更均匀,用于皂苷纯化效果较好。

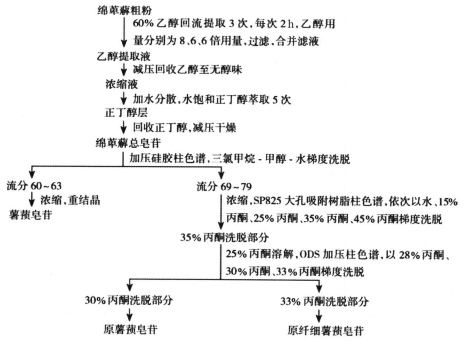

图 15-11　薯蓣皂苷、原薯蓣皂苷和原纤细薯蓣皂苷的提取分离流程

蒺藜中皂苷的提取分离流程如图 15-12 ～图 15-14 所示。图 15-12 中蒺藜总皂苷的提取采用 70% 乙醇为溶剂并结合 D101 大孔树脂柱进行纯化,总皂苷富集到 70% 乙醇洗脱部分。文献报道通过对 AB-8、D101 和 HPD-450 三种大孔吸附树脂对蒺藜总皂苷的静态吸附量和解吸率的考查,确定 D101 大孔吸附树脂较适合用于蒺藜总皂苷的分离纯化。海可皂苷元与芰脱皂苷元的提取分离工艺如图 15-13 所示。以醇提法提取总皂苷,并结合聚酰胺柱色谱、硅胶柱色谱分离。图 15-14 中采用 60% 乙醇提取总皂苷,以大孔吸附树脂柱色谱进行纯化,继而通过反复硅胶柱色谱分离得到蒺藜果呋苷 A。

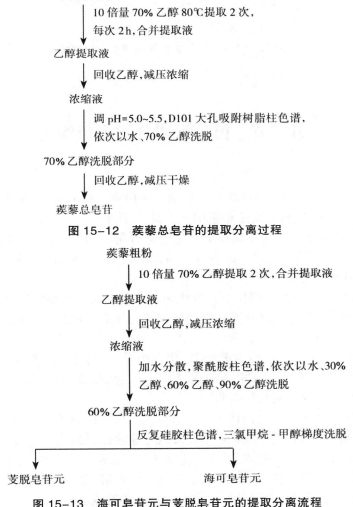

蒺藜粗粉
↓ 10 倍量 70% 乙醇 80℃提取 2 次,
　每次 2 h,合并提取液
乙醇提取液
↓ 回收乙醇,减压浓缩
浓缩液
↓ 调 pH=5.0~5.5,D101 大孔吸附树脂柱色谱,
　依次以水、70% 乙醇洗脱
70% 乙醇洗脱部分
↓ 回收乙醇,减压干燥
蒺藜总皂苷

图 15-12　蒺藜总皂苷的提取分离过程

蒺藜粗粉
↓ 10 倍量 70% 乙醇提取 2 次,合并提取液
乙醇提取液
↓ 回收乙醇,减压浓缩
浓缩液
↓ 加水分散,聚酰胺柱色谱,依次以水、30%
　乙醇、60% 乙醇、90% 乙醇洗脱
60% 乙醇洗脱部分
↓ 反复硅胶柱色谱,三氯甲烷 - 甲醇梯度洗脱

芰脱皂苷元　　　　　　海可皂苷元

图 15-13　海可皂苷元与芰脱皂苷元的提取分离流程

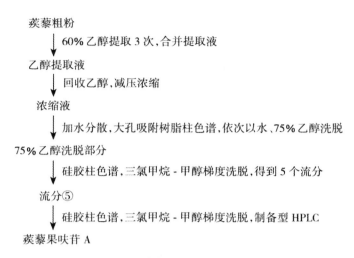

图 15-14　蒺藜果呋苷 A 的提取分离流程

第三节　甾体类成分的含量测定

对中药成分中的甾体进行含量测定一般有三种方法,分别为重量法、薄层色谱扫描法和高效液相色谱法。具体采取哪一种方法,要视具体情况而定,如果是对中药中甾体的总皂苷进行测定,那么重量法是首选;若要测定的是中药中某单一的甾体成分,那么首先要考虑选择薄层色谱法或者高效液相色谱法。

若测定中药中的甾体成分,要先采取某种方法将其提取出来,然后使其生成沉淀,根据称量的沉淀物质量和沉淀反应生成过程中反应物质的比例计算甾体总皂苷的含量。

如果采取薄层色谱扫描法测定中药中单一甾体成分,首先要将待测样品进行提取,然后将其分离纯化,制成供试品,接着采用薄层色谱操作,在薄层板上显色或直接扫描测定。

高效液相色谱法是甾体类成分含量测定常用的方法,如脂蟾毒配基、华蟾毒配基、胆酸、皂苷、牛磺熊去氧胆酸等的含量测定。它具有分离效果好、选择性强、灵敏度高、分离速度快等特点,可用于分析难挥发、热稳定性差的化合物,只要被测样品能够溶于溶剂同时被检测,就可以进行分析。甾体类成分分子结构较大,带有少量的羟基或羧基,化合物为中性或弱酸性,一般以十八烷基硅烷键合硅胶为填充剂,乙腈 - 水或甲醇 - 水为流动相。为改善峰形和分离度,有时可加入一定量的酸或缓冲盐。多采用紫外光检测器,检测波长为 200 ~ 210nm,也可采用蒸发光散射检测器。

第四节　含甾体类成分的中药实例

一、哈蟆油中甾体类化合物的提取、分离、结构鉴定

（一）哈蟆油药材的提取

取哈蟆油药材 1 500g,经 CO_2 超临界萃取技术提取,采取最佳工艺条件：温度为 45℃、压力为 35MPa、夹带剂为 55mL 95% 乙醇 /100g、时间为 4.5h。萃取后得油脂性成分和药渣两部分,将药渣部分用 85% 乙醇加热回流提取,经减压浓缩,干燥后得浸膏 104g,加适量水稀释,依次用乙酸乙酯和正丁醇萃取浸膏,再经减压浓缩,干燥,分别得到乙酸乙酯萃取部分 15.1g,正丁醇萃取部分 41.2g,水层部分 23.5g。提取流程图如图 15-15 所示。

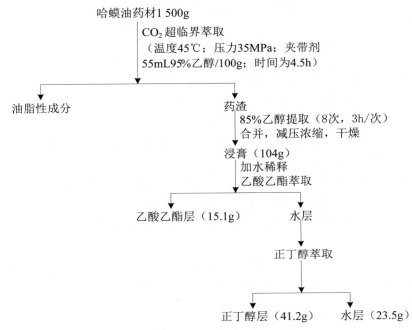

图 15-15　哈蟆油药材提取流程

（二）哈蟆油化学成分的分离

用氯仿 - 甲醇（1∶2）溶解乙酸乙酯萃取得到的浸膏，经 0.45μm 滤膜过滤，反复用 Sephadex LH-20 柱层析，首先以氯仿 - 甲醇（1∶2）为流动相洗脱，后以甲醇为流动相洗脱。合并馏分，减压干燥后，用甲醇溶解，0.45μm 滤膜过滤，用 C-18 反相硅胶柱层析，以甲醇 - 水（90∶10）为流动相进行洗脱，得到两个馏分 Fr.1 和 Fr.2，把 Fr.2 经制备 HPLC 法分离得到 1 个化合物即 HI。分离流程如图 15-16 所示。

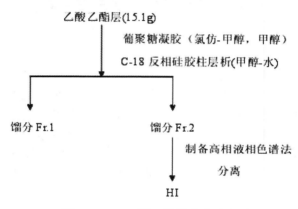

图 15-16　乙酸乙酯层分离流程

（三）化合物的结构鉴定

化合物 HI 为白色粉末，可溶于甲醇、氯仿、石油醚。薄层色谱条件：以甲苯∶乙酸乙酯（2∶1）为展开剂，以体积分数为 10% 的硫酸乙醇为显色剂，105℃加热 3min，显天蓝色斑点。

化合物 HI 的 ESI-MS 在 m/z 384 处出现离子峰，初步表明该化合物的相对分子质量为 384。

^{1}H-NMR（CDCl$_3$，600 MHz）：5 个甲基氢信号 δ0.70（3H，d，J=3.0），δ0.87（3H，d），δ0.85（3H，d），δ0.91（3H，d，J=3.8），δ1.17（3H，s，J=3.7）；1 个烯氢信号 δ5.71（1H，s，J=1.0），具有甾醇类化合物的特征信号。

^{13}C-NMR（CDCl$_3$，150MHz）：除去杂质峰与溶剂峰，共有 27 个碳信号，其中，δ199.31 是 1 个连氧碳的信号，δ171.37 和 δ123.65 是 2 个烯碳信号。

表 15-1　该化合物 ^{1}H-NMR 谱中复信号和 ^{13}C-NMR 谱中的全部碳信号的解析和归属

序号	^{1}H-NMR	^{13}C-NMR	序号	^{1}H-NMR	^{13}C-NMR
1		35.51	15		27.89
2		33.87	16		24.07
3		199.31	17		56.02
4	δ5.71（1H，s，J=1.0）	123.65	18	δ0.70（3H，d，J=3.0）	17.28
5		171.37	19	δ1.17（3H，s，J=3.7）	20.94
6		32.83	20		35.64
7		31.96	21	δ0.91（3H，d，J=3.8）	11.86
8		35.61	22		36.03
9		53.73	23		23.72
10		39.40	24		39.54
11		18.55	25		28.06
12		38.48	26	0.87（3H，d）	22.72
13		42.29	27	0.85（3H，d）	22.47
14		55.75			

二、六妹羊肚菌子实体化学成分提取、分离、结构鉴定

六妹羊肚菌（*Morchella sextelata*）隶属于盘菌纲（Discomycetes），盘菌目（Pezizales），羊肚菌科（Morchellaceae），羊肚菌属（*Morchella*）。因为其在系统发育学分类的编号是 Mel-6，故得名六妹羊肚菌。从形态学上分类，六妹羊肚菌属于黑色羊肚菌，且从外形上跟黑色羊肚菌的其他种类几乎没有差异。六妹羊肚菌子实体高 4 ~ 10cm；菌盖呈圆锥状且表面覆盖网状裙皱，随着子囊果成熟，颜色从白色逐渐变为棕色最终呈近黑色；菌柄长 2.0 ~ 5.0cm，宽 1.0 ~ 2.2cm，呈白色圆柱状且内部中空。六妹羊肚菌常大量生长在海拔 1 000 ~ 1 500m 的过火后的针叶林下，且随着时间推移逐渐减少，这也是其与其他黑色羊肚菌的区别之一。

中医记载羊肚菌性平、味甘，有健胃消食和化痰理气的功效。现代研

究证明羊肚菌子实体、菌丝体、羊肚菌多糖等均具有较高的药用价值,如降血脂、抗氧化、保护肝肾、抗肿瘤等。但由于羊肚菌繁殖困难,目前关于羊肚菌化学成分尤其是子实体的化学成分报道较少,对其药用价值的研究也较为浅显。

（一）六妹羊肚菌子实体化学成分的提取与分离

将 9kg 干燥的六妹羊肚菌子实体粉碎,用 95% 乙醇常温浸提 3 次,每次 7d,将乙醇提取液减压浓缩至无醇味得到乙醇提取物约 1.6L,加入 8L 水稀释后,再用乙酸乙酯萃取三次,每次 10L,合并乙酸乙酯萃取液,减压浓缩得到黑褐色乙酸乙酯浸膏 165g。

取 110g 乙酸乙酯浸膏用氯仿 / 甲醇溶解,于 45℃ 水浴下加入 100 ~ 200 目硅胶 130g 搅拌至无明显颗粒感。取 1.5kg 200 ~ 300 目硅胶均匀装入硅胶柱,然后用石油醚 - 乙酸乙酯（100∶1 ~ 1∶1）进行梯度洗脱,约 300mL 收集 1 瓶,2 ~ 4 瓶为 1 个组分,收集得到 80 个组分。通过 TLC 检测将相似的组分合并后得到 22 个有效组分 A1 ~ A22。六妹羊肚菌子实体化学成分提取总流程如图 15-17 所示。

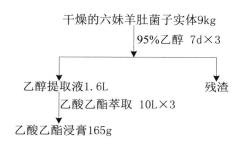

图 15-17 六妹羊肚菌子实体化学成分提取总流程图

A4（16.546g）,金黄色油状液体,取 1.0g 用氯仿溶解后进行硅胶柱层析（硅胶 H：26g）,环己烷 - 丙酮（100∶1）洗脱,得到三个组分 A4.1、A4.2 和 A4.3。A4.1（108.0 mg）,通过两次葡聚糖凝胶柱层析（Sephadax LH-20,氯仿 - 甲醇 /2∶1）得到化合物 1（MS-7-1,12mg,淡黄色油状液体）。A4.2（716.3mg）,取 300mg 进行硅胶柱层析（硅胶 H：6g）,环己烷 - 丙酮（100∶1）洗脱,分离得到两个组分 A4.2.1 和 A4.2.2。A4.2（278mg）通过葡聚糖柱层析（Sephadax LH-20,氯仿 - 甲醇 /2∶1）纯化得到化合物 2（MS-11-1,41mg,无色油状液体）。A4.3（70.6mg）,经过葡聚糖柱层析纯化得到化合物 3（MS-5-1,26mg,淡黄色油状液体）。

A7（1.1g），金黄色油状液体，通过硅胶柱层析（硅胶 H：20g），环己烷-乙酸乙酯（60∶1）洗脱得到五个组分，将 A7.2（54mg）进行葡聚糖纯化得到化合物 4（MS-53-1,8mg，无色针状晶体）。

A8～A10，通过 TLC 发现其主要成分与前后几个组分相同，故未进一步分离。

A11（2.20g），观察到有白色固体析出，故进行重结晶，减压抽滤回收滤渣得到化合物 5（MS-27-1,57mg，无色针状晶体）。回收滤液得组分 A11.2,1.05g。A11.2 通过硅胶柱层析（硅胶 H：20g），环己烷-丙酮（60∶1）洗脱，分离得到五个组分。A11.3 通过硅胶柱和葡聚糖柱进一步分离得到化合物 6（MS-39-1,6mg，无色针状晶体）。

A12（550mg），氯仿溶解后进行硅胶柱层析（硅胶 H：12g），石油醚-乙酸乙酯（50∶1）洗脱，分离得到四个组分。A12.2（149mg）依次通过硅胶柱及 C18 反相硅胶柱分离得到化合物 7（MS-62-2a,5mg，白色粉末状固体）。

A13（1.48g），氯仿溶解后进行硅胶柱层析（硅胶 H：25g），石油醚-乙酸乙酯（50∶1）洗脱，分离得到六个组分。A13.1（244mg）先后通过葡聚糖柱及反相柱分离纯化得到化合物 8（MS-71-la，无色油状液体）。

A14～A16，总计约 45mL，观察到有大量白色固体析出，故进行重结晶，回收滤渣 A14.1、A15.1 及 A16.1，通过 TLC 发现这三个组分均为相同的两种化合物的混合物，与标准品对比发现 A14.1 以 β-谷甾醇为主，A16.1 以另外一种化合物为主。将 A16.1 再次重结晶得到化合物 9（MS-1-16a，无色透明针状晶体）。回收 A16 的滤液得到组分 A16.2（1.5g），通过硅胶柱进行分离（硅胶 H：30g），石油醚-乙酸乙酯（30∶1）洗脱得到四个组分。A16.2.4（320mg）重结晶后得到化合物 10（MS-444,26mg，无色针状结晶）。A16.2.2（167mg）通过硅胶柱和葡聚糖柱进一步分离纯化得到化合物 11（MS-47-1,4mg，无色针状晶体）。

A18（580mg），观察发现有大量淡黄色沉淀，减压抽滤，沉淀呈粉末状且在常见溶剂中均难溶。再次减压抽滤，回收滤液得到组分 A18.2,通过硅胶柱进行分离（硅胶 H：15g），石油醚-乙酸乙酯（10∶1）洗脱得到六个组分。A18.2.2 通过葡聚糖纯化得到化合物 12（MS-82-2a,8mg，白色固体）。

A19 与 A18 有相似固体，减压抽滤，回收滤液得到组分 A19.2（1.25g），通过硅胶柱进行分离（硅胶 H：26g），石油醚-乙酸乙酯（10∶1）洗脱得到五个组分。A19.2.2 通过葡聚糖纯化得到化合物 13（MS-95-2,4mg，无色油状液体）。A19.2.3 通过反相柱及葡聚糖柱分离纯化得到化合物 14

（MS-90-1，3mg，无色针状结晶）。

（二）六妹羊肚菌化学成分的结构鉴定

1. 长链脂肪酸类化合物的鉴定

化合物1：无色油状液体，核磁共振碳谱显示共有57个碳原子，包含三个双取代烯烃碳 [δ_H：5.34（6H，m），δ_C：128.09，128.08，127.90，130.23，130.03，129.69]，三个羰基（δ_C：173.31，173.26，172.85），一个含氧次甲基碳（δ_C：68.89），两个含氧亚甲基碳（δ_C：62.11，62.11），三个甲基 [δ_H：（0.88，9H，m），δ_C：14.21，14.13，14.09]，以及多个亚甲基信号 [δ_H：2.31（6H，m），δ_C：34.21，34.06，34.04；δ_H：2.02（12H，m），δ_C：27.24 ～ 27.19；δ_H：1.61（6H，m），δ_C：25.60，24.86，24.88；δ_H：1.25 ～ 1.30（30H，m），δ_C：29.07 ～ 29.76，22.70，22.70，22.59]，通过数据对比，鉴定该化合物为三油酸甘油酯。

化合物3：无色油状液体，核磁共振谱显示共有18个碳原子，包含两个双取代烯烃 [δ_H：5.34（4H，m），δ_C：130.24，130.05，128.08，127.92]，一个羰基（δ_C：179.57），一个甲基 [δ_H：（0.88，3H，m），δ_C：14.13]，以及多个亚甲基信号 [δ_H：2.77（2H，dd，J = 6.0Hz），δ_C：24.71；δ_H：2.34（2H，t，J= 8.0Hz），δ_C：34.03；δ_H：2.05（4H，m），δ_C：27.22，27.20；δ_H：1.62（2H，m）；δ_H：1.25 ～ 1.32（14H，m）]，通过数据比对，鉴定该化合物为亚油酸。

化合物8：无色油状液体，核磁共振谱显示共有19个碳原子，包含一个双取代烯烃 [δ_H：5.34（2H，m），δ_C：130.01，129.76]，一个羰基（δ_C：174.35），一个甲氧基 [δ_H：3.67（3H，s），δ_C：51.46]，一个甲基 [δ_H：0.88，3H，m），δ_C：14.13]，以及多个亚甲基信号，通过数据比对，鉴定该化合物为油酸甲酯。

2. 甾体类化合物的鉴定

化合物4，无色透明针状晶体（乙酸乙酯），熔点：129 ～ 138℃，10%浓硫酸 - 乙醇显蓝紫色，紫外254nm下有吸收，提示含有共轭体系。核磁共振谱图显示为典型甾类化合物，共有28个碳原子，包含一个羰基（δ_C：199.74），一个三取代烯烃 [δ_H：5.71（1H，s），δ_C：171.78，123.75]，以及一个双取代烯烃 [δ_H：5.18（2H，dd，J=10.4 Hz，7.2Hz），δ_C：135.66，131.89]，6个甲基 [δ_H：1.18（3H，s），0.99（3H，d，J= 6.8Hz），0.91（3H，d，J= 6.8Hz），0.82（6H，m），0.72（3H，s）]，通过数据比对鉴定此化合物为 ergosta-4, 22-dien-3-one。

化合物 5，无色透明针状晶体（乙酸乙酯），熔点：154 ~ 156℃，10% 浓硫酸 - 乙醇显蓝紫色，核磁共振谱图显示为典型甾类化合物，^{13}C-NMR 谱图显示共有 28 个碳原子，包含一个三取代烯烃 [δ_H: 5.35（1H, d, J=5.2 Hz），δ_C: 140.76, 121.73]，一个双取代烯烃 [δ_H: 5.18（2H, m），δ_C: 135.85, 131.73]，以及含氧次甲基 [δ_H: 3.49（1H, m），δ_C: 70.82]，6 个甲基 [δ_H: 1.01（6H, m）, 0.91（3H, d, J=7.2 Hz）, 0.86 ~ 0.76（6H, m）, 0.68（3H, s）]，通过数据比对，鉴定此化合物为菜籽固醇。

化合物 6，无色透明针状晶体（乙酸乙酯），熔点：136 ~ 140℃，10% 浓硫酸 - 乙醇显紫红色，与标准品在三种不同的展开系统中共薄层对比（环己烷：乙酸乙酯 =3：1；环己烷：丙酮 =3：1；氯仿：乙酸乙酯 =10：1），显示 R_f 值一致，由此鉴定该化合物为 β- 谷甾醇。

化合物 9，无色透明针状晶体（乙酸乙酯），熔点：151 ~ 152℃，10% 浓硫酸 - 乙醇显蓝紫色，紫外 254nm 下有吸收，提示含有共轭体系。核磁共振谱显示为典型甾类化合物，共有 28 个碳原子，包含两个共轭三取代烯 [δ_H: 5.57（1H, s）, 5.39（1H, s），δ_C: 141.37, 139.84, 119.59, 116.31]，一个双取代烯烃 [δ_H: 5.19（2H, m），δ_C: 135.59, 131.99]，以及一个含氧次甲基 [δ_H: 3.64（1H, m），δ_C: 70.45]，6 个甲基 [δ_H: 1.03（3H, d, J=6.4Hz）, 0.95（3H, s）, 0.92（3H, d, J=6.8Hz）, 0.81（6H, t, J= 6.4Hz）0.63（3H, s）]，通过数据比对，鉴定此化合物为麦角甾醇。

化合物 10，无色透明针状晶体（乙酸乙酯），熔点：177 ~ 178℃，10% 浓硫酸 - 乙醇显墨绿色，^{1}H-NMR 图谱显示有 4 个烯烃氢 [δ_H: 6.50（1H, d, J= 9.0Hz）, 6.25（1H, d, J= 8.4Hz）, 5.20（1H, dd, J=15.0Hz, 7.8Hz）, 6 个甲基 [δ_H: 1.00（3H, d, J=6.6Hz）, 0.90（6H, m）, 0.83 ~ 0.78（9H, m）]。通过数据比对，与标准品在三种不同的展开系统中共薄层对比（石油醚：乙酸乙酯 =2：1；环己烷：丙酮 =3：1；氯仿：甲醇 =7：1），显示 R_f 值一致，鉴定此化合物为 5A、8A- 表二氧麦角甾醇。

化合物 11，无色透明针状晶体（氯仿 - 甲醇）10% 浓硫酸 - 乙醇显蓝紫色。核磁共振谱显示为典型甾类化合物，共有 28 个碳原子，包含一个三取代烯烃 [δ_H: 5.16（1H, m），δ_C: 139.57, 117.50]，一个单取代烯烃 [δ_H: 4.71（1H, s）, 4.65（1H, s），δ_C: 156.89, 105.96]，以及一个含氧次甲基 [δ_H: 3.59（1H, m），δ_C: 71.09]，5 个甲基 [δ_H: 1.02（6H, dd, J=6.8Hz, 2.0Hz）, 0.95（3H, d, J=6.4Hz）, 0.80（3H, s）, 0.54（3H, s）]，通过数据比对，鉴定此化合物为 episterol。

化合物 14，无色透明针状结晶（氯仿 - 甲醇），熔点：229 ～ 230℃，10% 浓硫酸 - 乙醇显蓝紫色。高分辨质谱给出该化合物分子式为 $C_{25}H_{44}O$（m/z：[M-H]411.328 2，计算值 411.326 3），提示其不饱和度为 7。核磁共振谱显示其为典型甾类化合物，共有 28 个碳原子，包含一个三取代烯烃 [δ_H：5.31（1H，s），δ_C：143.48，114.72]，一个双取代烯烃 [δ_H：5.17（1H，dd，J=15.9，6.6Hz），5.18（2H，m），δ_C：135.55，131.93]，以及两个含氧次甲基 [δ_H：3.98（1H，m），δ_C：67.07；3.57（1H，d，J=3.2Hz）]，三个 O 取代的碳 [δ_C：75.93，72.76，67.07]，6 个甲基 [δ_H：1.07（3H，s），1.03（3H，d，J=6.5Hz），0.92（3H，d，J=7.0Hz），0.84（6H，dd，J=7.5，7.0Hz），0.62（3H，s）]，通过数据比对，鉴定此化合物为 6,9-epoxy-ergosta-7,22-dien-3β-ol。

3. 其他类型化合物的鉴定

化合物 2：无色油状液体，10% 浓硫酸 - 乙醇不显色，紫外 254nm 下有吸收，提示含有共轭体系。核磁共振谱显示该化合物含有一个羰基碳 [δ_C：167.68]，一个邻位二取代苯环 [δ_H：7.73（2H，m），7.53（2H，m），δ_C：132.38，130.93，128.85]，一个含氧亚甲基 [δ_H：4.10（2H，d，J=7.2Hz），δ_C：71.7]，一个叔碳（δ_C：27.7），两个甲基 [δ_H：0.98（6H，d，J=6.8Hz），δ_C：19.16]，通过数据比对，鉴定此化合物为邻苯二甲酸二异丁酯。

化合物 7，白色无定型粉末（氯仿），10% 浓硫酸 - 乙醇不显色，紫外 254 nm 下有吸收，提示含有共轭体系。核磁共振谱显示有一个 ABX 三取代苯环氢质子信号 [δ_H：7.14（1H，d，J= 6.4 Hz），7.08（1H，s），6.89（1H，d，J= 8.4 Hz）]，一个双取代烯烃氢质子信号 [δ_H：7.75（1H，d，J=15.6 Hz），6.30（1H，d，J= 16.0Hz）]，两个甲氧基信号 [δ_H：3.93（6H，s）]，通过数据比对，鉴定此化合物为反式 -3,4- 二甲氧基肉桂酸。

化合物 12，无色油状液体，10% 浓硫酸 - 乙醇不显色，紫外 254nm 下有吸收，提示化合物中存在共轭体系。核磁共振谱显示此化合物含有一个羰基（δ_C：167.77），一个邻位二取代苯环 [δ_H：7.73（2H，m），7.52（2H，m），δ_C：132.45，130.90，128.80]，两个含氧亚甲基 [δ_H：4.22（4H，m），δ_C：68.14]，两个叔碳 [δ_H：1.69（2H，m），δ_C：38.73]，四个甲基 [δ_H：0.94 ～ 0.86（12H，m），δ_C：14.06，10.97]，以及八个亚甲基 [δ_H：1.69（2H，m），1.42（16H，m）；δ_C：32.45，30.37，28.93，23.75，23.00]，通过数据比对，鉴定该化合物为邻苯二甲酸二（2- 乙基）- 己酯。

化合物 13，无色晶体（甲醇），熔点：195 ～ 196℃，10% 浓硫酸 - 乙醇不显色，紫外 254nm 下有吸收，提示该化合物结构中含有共轭体系。核磁共振谱显示该化合物含有一个羰基（δ_C：168.92），一个 ABX 三取代苯环

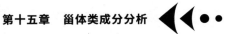

[δ_H: 7.44（2H, t, J=5.0Hz), 6.81（1H, d, J= 8.4 Hz), δ_C: 150.14, 144.65, 112.56, 121.69, 116.33, 114.40], 通过数据比对, 鉴定该化合物为原儿茶酸。

第十六章　其他化学成分及中药实例

有机酸类成分、强心苷类成分和天然色素的分离纯化是进行下一步研究应用或工业生产的前提条件。本章主要介绍中药中有机酸类成分、强心苷类成分和天然色素的提取、分离、纯化方法与具体实践。

第一节　有机酸类成分

一、概述

有机酸是指一些具有酸性的有机化合物,常见的有机酸主要是羧酸,其酸性主要来源于有机酸中的羧基(—COOH)、磺酸基(—SO_3H)、亚磺酸基(—SOOH)、硫羧酸基(—COSH)等。在过去很长的一段时间里,研究者们对中药有效成分的研究主要针对黄酮、皂苷、生物碱等活性成分,有机酸并不被重视。近年来随着天然药物学、药理学的不断研究以及化学分析分离技术的不断提高,已经在中药中发现了部分具有药理活性的有机酸成分,在文献中常报道的有机酸成分主要有咖啡酸、绿原酸、丁香酸、熊果酸、没食子酸、齐墩果酸、原儿茶酸等。

有机酸的常见药理活性有抗炎、抗氧化、抑制血小板聚集、抗血栓和内皮细胞过氧化损伤保护作用等。近年来对其进一步的研究,也为有机酸的应用和发展提供了理论依据。目前针对有机酸最常见的分离提纯以及定性定量方法主要包括毛细血管电泳法、离子色谱法、超声辅助离子色谱法、高效液相色谱法,其中高效液相色谱法是各种分析技术对中草药有机酸成分测定中最成熟的方法。表 16-1 列出近年来利用高效液相色谱法及其联用技术在分析有机酸化合物中的应用。

表 16-1　高效液相色谱法测定有机酸化合物

待测物	样品	方法
草酸、酒石酸、苹果酸等	青梅	HPLC
绿原酸、咖啡酸、3,5-二咖啡酰奎尼酸	金银花	RP-HPLC
焦谷氨酸、乳酸、苹果酸等	酱油	SPE-HPLC
酒石酸、抗坏血酸、丙酮酸等	山楂	HPLC
草酸、琥珀酸、柠檬酸等	山楂	MSPD-HPLC
绿原酸、齐墩果酸等	对萼猕猴桃	HPLC-MS
阿魏酸、十六烷酸等	大川芎	UPLC-ESI-QTOF
柠檬酸、原儿茶酸、异柠檬酸等	五味子	UPLC-ESI-TOF/MS
草酸、酒石酸、苹果酸等	赤霉果	HPLC

二、金银花中有机酸分析

（一）定性分析

取金银花粉末 0.2g，加甲醇 5mL，放置 12h，过滤，滤液作为供试品溶液。另取绿原酸对照品，加甲醇制成每 1mL 含 1mg 的溶液，作为对照品溶液。分别吸取供试品溶液 10 ~ 20μL、对照品溶液 10μL，分别点于同一以羧甲基纤维素钠为黏合剂的硅胶 H 薄层板上，以乙酸丁酯-甲酸-水（7：2.5：2.5）的上层溶液为展开剂，展开，取出，晾干，置紫外光灯（365nm）下检视。供试品色谱中，在与对照品色谱相应的位置上，显相同颜色的荧光斑点。

（二）绿原酸含量测定

采用高效液相色谱法对金银花中绿原酸含量进行测定。

色谱条件与系统适用性实验。以十八烷基硅烷键合硅胶为填充剂；以乙腈 -0.4% 磷酸溶液（13：87）为流动相；检测波长为 327nm。理论板数按绿原酸峰计算不低于 1 000。

对照品溶液的制备。精密称取绿原酸对照品适量，置棕色量瓶中，加 50% 甲醇制成每 1mL 含 40μg 的溶液，即得对照品（10℃以下保存）。

供试品溶液的制备。取本品粉末（过四号筛）约 0.5g，精密称定，置具塞锥形瓶中，精密加入 50% 甲醇 50mL，称定质量，超声处理（功率 250W，频率 35kHz）30min，放冷，再称定质量，用 50% 甲醇补足减失的质量，摇匀,过滤,精密量取续滤液 5mL,置 25mL 棕色容量瓶中,加 50% 甲醇至刻度,摇匀,即得供试品。

测定法。分别精密吸取对照品溶液与供试品溶液各 5 ~ 10μL,注入液相色谱仪,测定。

第二节　强心苷类成分

强心苷类成分主要是从马利筋属、牛角瓜属、杠柳属、马莲鞍属等植物中分离得到,包括强心苷元和强心苷。

强心苷(cardiac glycosides, CGs)是由强心苷元和糖单元形成的苷类化合物。从萝摩科中分离出来的强心苷类化合物均为甲型强心苷,即苷元为卡烯内酯,由类固醇结构和 α, β- 不饱和内酯环组成,结构中的 B/C 环为反式稠合, C/D 环为顺式稠合, A/B 环大部分为顺式稠合,也有反式稠合; α, β- 不饱和内酯环位于 C-17 位,且基本为 β 构型; C-3 位和 C-14 位均有羟基,3-OH 大多为 β 构型。另外,结构中的其他位置如 C-1、C-2、C-11、C-12 位等都会有羟基取代的情况等,还有双键、羧基等基团的变化也会使得苷元结构不同。糖链连接在 C-3 羟基,强心苷的糖单元除了典型的葡萄糖等,还有 2- 去氧糖、2,6- 去氧糖、4,6- 去氧糖等特有的去氧糖。强心苷元不同的骨架变化以及糖单元的不同,使得 CGs 的种类丰富多样。

强心苷的骨架结构分为三种类型,典型的卡烯内酯骨架(A 类)、变形的卡烯内酯骨架(B 类)以及人工产物(C 类)。

A_1 ~ A_5 类骨架均为典型的卡烯内酯骨架,即典型的 A/B/C/D 环甾醇结构。这类骨架主要区别在于取代基的变化,根据 C-19 位取代基的不同分为 A_1 ~ A_5 类。 A_1 类结构中, C-19 位为甲基取代,最为常见,另外结构中可能存在 C-11/C-12 位羧基取代, C-7/C-8 位、C-8/C-14 位以及 C-11/C-12 位羟基缩合形成环等。 A_2 类结构中 C-19 位为醛基、羧基或羟甲基取代,在牛角瓜属、杠柳属等植物中发现; A_3 类结构中 C-19 位为羟基或 OAc 取代,这类结构在植物 *Periploca nigrescens* Afzel 中分离得到; A_4 类结构中 C-19 位为氢, C-15 位为醛基或羟甲基取代; A_5 类结构作为 C-19 位降羟的强心苷单独表述,此类结构在牛角瓜的叶中分离得到。骨架中其他羟基取代的变化等在此不做赘述。

B 类分为 B_I、B_{II} 两种类型。其中 B_I 类骨架中 C/D 环变形,最早在杠柳属植物黑龙骨中发现；B_{II} 类骨架中 C-18 与 C-20 位缩合形成醚键，成为四氢呋喃环，并且与内酯环形成螺环，这类结构也是在牛角瓜的叶中分离得到的。C 类是一种人工产物，是在 A_2 类 C-19 位为醛基取代的苷元骨架基础上衍生出来的。

强心苷的单糖跟 C-21 甾苷的单糖种类类似，也有典型的己糖、戊糖和独特的去氧糖。另外，牛角瓜属中分离的强心苷还有 4,6- 二去氧 -2- 酮醛糖，在结构中与苷元的 2,3 位羟基双缩合成二氧六环结构，有文献指出此类强心苷为有毒成分；有些单糖结构中出现了含 N 和 S 原子的杂环；还有 4,6- 二去氧呋喃糖等。

一般常用甲醇或 70% ~ 80% 乙醇作溶剂连续回流提取强心苷，既能抑制酶的活性，又能保证较高的提取率。提取后回收乙醇，即得总提取物的浸膏，可供进一步分离。强心苷可采用系统溶剂法、溶剂分配法、色谱法等方法进行分离纯化。例如，采用冷法渗漉 + 溶剂分配法 + 氢氧化钙去除法对毛花洋地黄（多为甲型次生苷）中强心苷类成分进行提取分离纯化（图 16-1 ~ 图 16-3 ）。

黄花夹竹桃 [*Thevetia peruviana*（Pers.）K.Schum.] 为夹竹桃科（Apocynaceae）黄花夹竹桃属（*Thevetia*）植物。黄花夹竹桃苷是黄花夹竹桃果仁中提取的中药有效成分，为亲脂性强心苷混合物。临床一般用于心脏病引起的心力衰竭等心血管疾病。黄花夹竹桃苷的药理活性研究发现，黄花夹竹桃苷对肿瘤有一定抑制作用，如人宫颈癌、肉瘤 S180、肝癌 HAc、小鼠 Lewis 肺癌等。

例如，以甲醇为溶剂，氧化铝柱色谱洗脱提取黄花夹竹桃中强心苷总苷（图 16-4 ）；采用脱附 + 酶解法提取黄夹次生总苷（图 16-5 ）；采用逆流分溶法对黄夹苷甲和黄夹苷乙进行分离（图 16-6 ）。研究发现，黄夹次苷乙、单乙酰黄夹次苷乙均对人口腔上皮癌 KB、人乳腺癌 BC、人小细胞肺癌 NCI-H187 细胞生长有增殖抑制作用，且黄夹次苷乙抑制人肝癌细胞 HepG2、人结肠癌细胞 Col2 生长并将细胞周期阻滞在 G2M 期。黄夹次苷甲诱导人前列腺癌 PPC-1 和 PC-3、人宫颈癌 HeLa、人卵巢癌 OVCAR3、人乳腺癌 T47D 发生失巢凋亡。

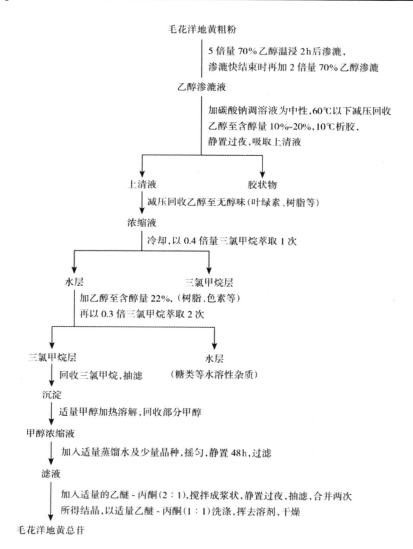

图 16-1　毛花洋地黄总苷的提取

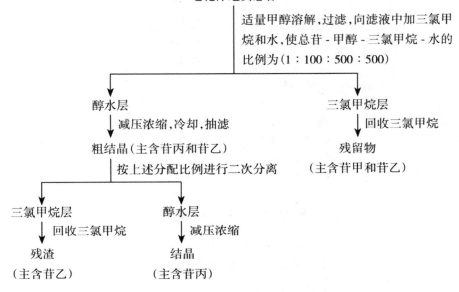

图 16-2 苷丙的分离

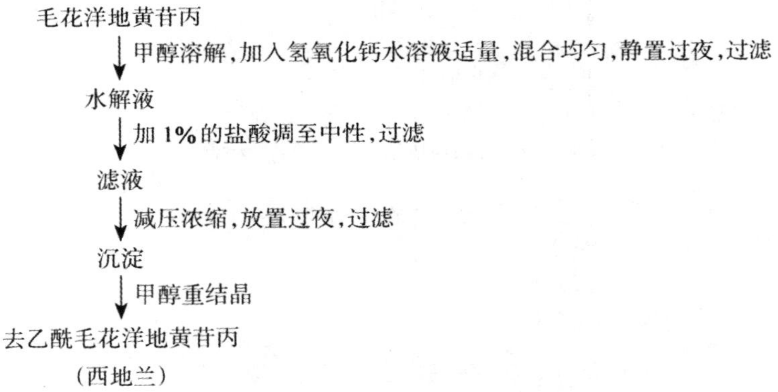

毛花洋地黄苷丙
  ↓ 甲醇溶解,加入氢氧化钙水溶液适量,混合均匀,静置过夜,过滤
水解液
  ↓ 加 1% 的盐酸调至中性,过滤
滤液
  ↓ 减压浓缩,放置过夜,过滤
沉淀
  ↓ 甲醇重结晶
去乙酰毛花洋地黄苷丙
  (西地兰)

图 16-3 去乙酰毛花洋地黄苷丙的分离

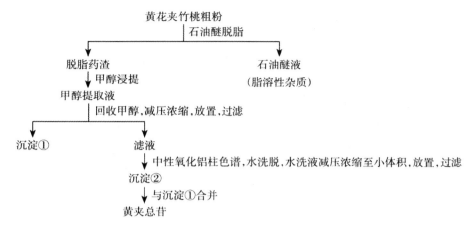

图 16-4 黄夹总苷的提取

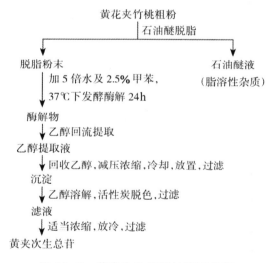

图 16-5 黄夹次生总苷的提取分离

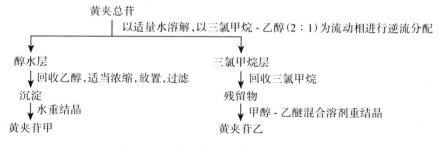

图 16-6 黄夹苷甲与黄夹苷乙的分离

铃兰化学成分研究表明,除不含种子的成熟浆果外,铃兰的所有组织都含有强心苷。研究进一步表明,在地表器官内强心苷的含量在植株的整个生长周期一直处于变化阶段;而地下部分,即根茎和根部的含量几乎保持恒定。

铃兰毒苷是一种强心苷,可从广泛分布于欧洲和亚洲的侧金盏花(*Adonis amurensis* Regel et Radde)中分离获得。近来,已证实铃兰毒苷具有广泛的药理特性,包括抗菌、抗氧化、抗炎和抗癌活性。国外已研制出铃兰毒苷速效强心剂,价格昂贵。有研究者对铃兰中强心苷进行提取并测定其含量,确定了强心苷类的提取方法,给出含量测定步骤和铃兰叶子强心苷含量的计算公式。

图 16-7 所示为采用苯 - 乙醇(9∶1)提取、析胶除杂以及三氯甲烷 - 乙醇混合溶液萃取对铃兰中铃兰毒苷进行提取分离。

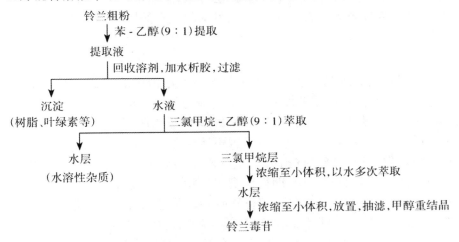

图 16-7　铃兰毒苷的提取分离

第三节　天然色素类成分

一、天然色素的提取方法

(一)水提法

水提法是最早使用的对水溶性物质提取的方法,可在不同压力及温度下提取。它的最大优点就是便宜,获取较容易。虽然所用的仪器及操作简单,安全可靠,提取溶剂即为经过处理的纯净水,但是水提法工作时间长、效率低,提取的天然色素的杂质较多,影响天然色素的纯度,不利于进一步的精提。此方法常常加温使用,因此适用于对湿度和高温较稳定的水溶性天然色素。

（二）有机溶剂提取法

有机溶剂提取天然色素的原理是提取溶剂的极性与需提取出来的天然色素的极性相似,根据相似相溶的原则,尽可能多地将天然色素提取出来。根据固液状态,此方法分为两类:①浸提法即固液提取,适用于萃取固体中天然色素,选取合适的浸提溶剂是方法的关键;②萃取法即液液提取,用于萃取液体中的天然色素。此法有仪器及操作简单、安全、无伤害性、操作周期较短等优点,可用于脂溶性天然色素的提取。

（三）碱提法

碱提法的原理是天然色素在碱性与酸性溶液中的溶解度不同,此方法适用于碱性溶液中溶解性大且难溶于酸的天然色素,先用 pH 大的碱对天然色素进行提取(如饱和石灰水溶液、氢氧化钠溶液等),再向提取液中加入酸调节溶液至酸性,天然色素因不溶于酸而析出。方法为用经前处理的色素发酵液与碱水按比例混合→保温提取→用酸调节 pH 析出沉淀→高速离心机离心→干燥,即得色素粗提物。碱提法中碱的浓度需要有效地控制,因为有些天然色素组分在碱性较强的情况下会水解。碱提法方法简单,危险性及成本都很低,但是对酸碱的使用量较大,实验后的废液不好处理,得到的天然色素沉淀不溶于水及有机溶剂,而且形成的色素粗提物结构复杂,中间还掺杂着蛋白质,对下一步再分离纯化造成困难。萃取法的提取效率远高于此方法。

（四）酸提法

酸提法与碱提法原理基本相同,此方法适用于在酸性溶液中溶解性大且难溶于碱的天然色素,先使用 pH 小的酸来对天然色素进行提取,再将提取液加入碱调节溶液至碱性,因为天然色素不溶于碱就会析出。此方法如果不能控制好溶液的 pH,会对天然色素的结构、稳定性产生影响。用酸提取微生物色素的方法也是实验室较为常用的方法,且提取效果较好,但是其方法需耗费大量的酸和碱,提取废液很难处理、对环境影响也较大。

（五）酶提取法

酶提法的原理是使用对细胞膜及细胞壁进行破坏的蛋白酶,可以将细胞内的大量脂溶性天然色素提取到细胞外。由于细胞膜及细胞壁的破坏,大量天然色素可被快速地提取出来,大大提高对天然色素的提取速率,此方法有节省时间、降低成本、提取的条件温和、副反应少等优点。在目前的研究中,酶提取法大多用于植物源色素的提取,但是酶需要在温度不超过 60℃ 的条件下使用。由于微生物中存在的物质较为复杂,所以酶提法在微生物色素提取方面很少应用。

（六）超临界流体萃取法

作为化工行业的新兴技术,超临界流体萃取法是将溶剂萃取与蒸馏融为一体,与平常萃取不同的是此方法的萃取剂为超临界二氧化碳,可提取固体中的天然色素成分。在天然色素的固体中能迅速渗进超临界二氧化碳,可以有效地将相对分子质量不同、极性不同的成分分离,从而分离出天然色素。此方法的优点为全程不使用有机溶剂、安全、提取出的产品纯度高、有效成分破坏少等。在天然色素的提取工艺中其是较为高效的方法之一。但是此方法所需仪器昂贵,运行费过高以及技术尚不完善,且具有局限性,强极性或相对分子质量较大的物质很难用此方法萃取出来。

（七）微波提取法

微波提取法需要在密闭状态超声波的作用下,通过吸收微波热量来进行内部加热,增大天然色素的溶解度,从而加速天然色素的提取。此方法可在常压、高压下提取,方法选择性及有效成分保留率高于有机溶剂提取法,有产量高、效率高、提取纯度较高、萃取溶剂用量少、操作方便、无污染等优点,属于绿色工程。

二、天然色素的分离方法

（一）树脂吸附法

树脂为表面有多孔且具备吸附性的高分子聚合物,多孔增大了树脂表面积。根据孔径不同,树脂分为多种型号,不同的树脂可以分离不同分子质量的组分。使用此法的步骤:①通过天然色素的分子质量选取树脂型号；②将含有天然色素的溶液倒入树脂中，利用范德华力、偶极-偶极作用力及氢键作用力对天然色素进行吸附；③用水将没有吸附的杂质洗下；④对吸附的天然色素洗脱，收集；⑤将洗脱剂旋蒸出去得到天然色素组分。该法特点是易于操作，所需仪器简单，适用于实验室中天然色素的分离。树脂也可重复利用，实验成本较低。使用的有机溶剂易于回收，对环境污染小，但不适用于相对分子质量相近成分的分离。

（二）柱层析分离法

柱层析法主要有固定相和流动相两要素，常用固定相为柱层析硅胶，不同极性的物质要选择不同配比的有机溶剂为流动相。柱层析的分离原理是根据硅胶或氧化铝对天然色素粗提物中物质的吸附能力的不同从而进行分离，当用硅胶洗脱时，极性小的先于极性大的洗脱下来，整个柱层析中的硅胶相当于无数层的塔板对天然色素粗提物中物质吸附、解吸附、再吸附、再解吸附，最后分离所需组分。方法包括：活化硅胶→加入低极性的溶剂搅拌均匀→倒入层析柱装柱→用泵将硅胶压实后上样→洗脱天然色素→薄层色谱检测→合并相同组分→干燥→送谱。

这里主要对硅胶柱的装柱、洗脱与收集过程进行介绍。①装柱。采用湿法装柱，固定玻璃色谱柱于铁架台上，称取40g硅胶（200～300目），在110℃的干燥箱中活化1h，将活化好的硅胶取出放于烧杯中，加入两倍体积的正己烷，搅拌制成硅胶匀浆，放入超声波仪器中20min，排出气泡。将色谱柱底放入石英砂，先添加少量的正己烷，在层析柱上方放一个漏斗，在漏斗内一次性倒入硅胶匀浆。使用加压泵将硅胶柱压实，用正己烷将色谱柱内壁硅胶冲入柱中。当正己烷的液面与硅胶的液面相齐时，将10mL天然色素粗提物用胶头滴管加入层析柱中，上面盖上一层石英砂，防止洗脱剂冲坏硅胶表面。②洗脱与收集。选择正己烷：乙酸乙酯（50：1）为洗脱剂，洗脱至无组分洗出，更换比例25：1继续洗脱，当洗脱液有颜色时，开始以20mL为一个单位收集洗脱液，使用1、2、3依次编出号码，浓缩。用薄层色谱法将洗脱液进行初步分析及合并。此法所得成分纯度较高，分离量较大，还具有仪器简单、操作方便、安全可靠、成本低、无污染等特点。

三、天然色素纯化

将每次柱层析得到的天然色素干燥物分别加入 10mL 色谱甲醇溶解，使用有机膜过滤，半制备液相色谱仪纯化天然色素的条件为色谱柱 Cis 柱（20mm×250mm），填料 SinoChrom ODS-B（10μm），定量环 10mL，进样量 5mL，柱温 27℃，流动相无水甲醇：1% 磷酸 =8：2，在 517nm 波长下进行检测，分离时间为 30min。将分离出来的不同的天然色素写好标号，分别保存，备用。

四、天然色素结构鉴定

（1）微生物源天然色素最大紫外吸收波长的确定：取 3 ~ 5mL 天然色素甲醇溶液，在 400 ~ 800nm 范围内进行紫外吸收光谱扫描，通过紫外光谱可得天然色素的最大紫外吸收波长。

（2）高效液相色谱 - 串联质谱法对微生物源天然色素的检验：将半制备液相色谱仪纯化得到的天然色素溶于适量甲醇中，利用高效液相色谱 - 串联质谱进行检测，色谱柱 Cis 柱，以无水甲醇：1% 磷酸 =9：1 为流动相，检测时间为 0.5h。

（3）核磁共振波谱仪对微生物源天然色素的检验：将天然色素完全干燥，放入干燥清洁核磁管中，向核磁管中添加 0.5mL 氯代甲醇使天然色素完全溶解，对其进行核磁共振氢谱（^{1}H-NMR）及碳谱（^{13}C-NMR）的检测。

五、含天然色素的中药实例

辣椒为茄科植物辣椒（*Capsicum anmuum* L.）或其栽培变种的干燥成熟果实。辛，热，归心、脾经，具有温中散寒、开胃消食的功能。用于寒滞腹痛，泻痢，冻疮。所含辣椒红素和辣椒黄素的提取分离工艺流程如图 16-8 所示。

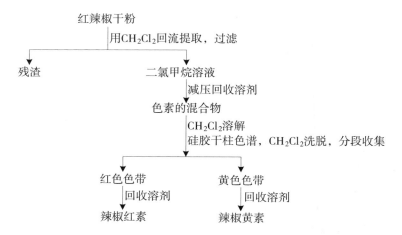

图 16-8　辣椒中天然色素的提取分离

第十七章　中药化学成分分析方法现状

本章主要对紫外－可见分光光度法、薄层色谱法、超临界流体色谱法、气相色谱法、液相色谱法、定量核磁法以及联用技术在中药化学成分分析中的应用现状和发展展开介绍。

第一节　紫外－可见分光光度法

一、紫外－可见分光光度法在药物分析中的应用

（一）直接紫外－可见分光光度法

某些中药自身就存在着可以吸收紫外光以及可见光的基团，基于有效的溶剂作为吸收光谱。当其吸收峰点位的溶剂和其他干扰项的吸收较大，该情况下则可以直接开展有关药物的检测工作。与其他方法比较，该方法的可操作性更强，但由于在检测关键组分时，其他非检测组分对结果造成干扰，所以在实际中的应用并不广泛。

（二）基于显色反应的紫外－可见分光光度法

有些中药可以与特殊显色剂发生反应而实现着色，这样在对中药中某种成分进行检测分析时，只要选取合适的显色剂，并保证该显色剂不会与其他杂质或成分发生反应，就能实现利用显色反应完成目标成分的检测与鉴定。半夏药物利用超声波技术原理以及酸性染料比色机制，在pH=5.4时添加 0.1g 的溴麝香草酚蓝试剂，可在 416nm 波长下定量分析得到其总生物碱的具体占比情况。

（三）层析分离工艺与紫外 - 可见分光光度法的结合应用

中药成分大多都很复杂,紫外 - 可见分光光度法最大的缺点在于共存成分会对目标成分的检测带来干扰,影响鉴定结果。为解决该问题,紫外 - 可见分光光度法通常会与层析分离工艺结合使用。例如,利用乙醇提取药物,乙酸乙酯进行萃取,聚酰胺柱层析分离,并在 360nm 波长下定量分析得到高良姜黄酮的占比情况。

（四）其他技术分析

为排除杂质与非目标检测成分对目标成分的干扰以及分离工艺与紫外 - 可见分光光度法综合使用导致的流程增加,很多研究人员开始尝试新方法。例如,针对感冒通片内部存在的人工牛黄,其他成分等则主要基于一阶导数分光光度法进行检测,定量分析其内部的氯苯那敏等,不仅可以规避其他组分等的影响,同时回收效率大大提升,流程更为简便。

二、药物含量测定中的应用

紫外 - 可见分光光度法的灵敏度高,不仅可以检测鉴定中药中的常量成分,对微量成分以及多组分混合的中药检测也同样适用。主要是对中药化学成分的占比、制剂成分占比以及溶出度进行检测。在对中药成分的常规含量进行检测时,除按特定要求进行目标检测鉴定以外,还要配以供试品溶液的一个批次的溶剂作为对照。

三、发展趋势

与其他分析方法相比,紫外 - 可见分光光度法可操作性强,投入相对较低,因此应用越来越广泛。未来,随着分析试剂技术的进一步发展,特别是氯冉酸等显示技术的发展,会将紫外 - 可见分光光度法在中药化学成分分析中的应用推向一个新的高度。经过多年的发展,可调谐染料激光理论与技术已成熟并付诸实践应用。光声光谱技术作为中药方面研究成分分析的有力工具,因其巨大的潜力而受到越来越多的科研人员的关注,普及程度越来越高。化学计量有关研究的不断成熟,将其和药物光度分析相融合,则是未来有效应对组分检测和中药等烦琐样品快速检测的重要策略。

第二节　薄层色谱法

薄层色谱法系利用各种成分在固定相和展开剂之间分配系数的不同而分离,通过适宜的方法显色后,将所得供试品和对照品的色谱图进行对比的方法。

薄层色谱法的实验操作步骤如下:

(1)制板。制备薄层的载板通常选择玻璃,规格有 10cm×20cm、20cm×20cm 等,视需要而定。需注意的是,针对不同的分离对象,吸附剂不同,原材料用量配比也不同,以下以硅胶薄层色谱为例。使用前须保证玻璃夹板干净、平整。在研钵里加入硅胶 5g,再加入约 17mL 0.5% 羧甲基纤维素钠(CMC-Na)水溶液,充分研磨,调成糊状,均匀涂布于载玻片上。涂层厚度通常为 0.2 ~ 0.25mm,室温下自然风干,然后再将板置于110℃烘箱中活化约 30min,取出置于干燥处备用。为了达到涂布效果,往往使用涂布器,将涂布器与玻璃夹板固定好,设置好厚度,将糊状物倒入涂布器中,平稳地迅速移动涂布器即可。

(2)点样。通常选用合适易挥发的有机溶剂将试样完全溶解,在板上用铅笔画一条距底端 10mm 的线作为基线,在基线处用毛细管吸取少量液体点于板上,直径一般不超过 4mm。

(3)展开。点样结束,溶剂挥干后,在密闭容器如层析缸中展开,选择合适的展开剂配好迅速倒入槽中,保证槽内溶剂不会没过点样基线,混合均匀饱和 30s,把板放好放稳,待试样沿线展开到距离板最上端 10mm 时取出,置于通风橱里挥干待处理。

(4)显色定性观察及测定保留因子。展开结束后,先在日光下观察有无斑点,有的话则圈好做好标记,再在紫外灯 254nm 和 365nm 波长下观察斑点并圈好做好标记,对比看是否处于同一位置。根据化学成分类型的不同,选择不同的特征显色剂及通用显色剂如香草醛 - 硫酸显色剂进行定性对比。实验结束后,通常用保留因子来表示斑点的位置情况。

对硝基苯胺和邻硝基苯胺的薄层鉴别实例:取 10mg 样品,分别用4mL 甲醇溶解,用毛细管在 GF_{254} 硅胶板上一定间距分别点两个点,展开剂为甲苯:乙酸乙酯(4:1),展开至离板顶 0.5cm 取出,待有机溶剂在通风橱挥干后,圈出日光灯及紫外灯下斑点位置,邻位值为 0.4,对位值为 0.6。

薄层色谱法具有操作简单、检测速度快、适用范围广、成本低等优点，在中药的分离纯化，中药材及其制剂的质量控制等方面应用广泛。与其他中药成分分析方法不同的是，薄层色谱法可提供类似图画的成像，使得中药中的成分组成能够整体地被可视化。不同种属的中药产生的薄层色谱图像具有各自的专属性。

第三节　超临界流体色谱法

超临界流体色谱技术是采用超临界状态下的流体作为流动相的色谱分离技术，具有绿色环保、快速高效等优势。超临界流体色谱技术最初由 Klesper 等人在 1962 年提出，他们采用超临界态的 CCl_2F_2 和 $CHClF_2$ 作为流动相，分离镍卟啉异构体。最初，SFC 方法只适用于非极性化合物的分离分析，与同时期的 HPLC、GC 等发展迅速的色谱方法相比，表现出明显的局限性，因此 SFC 的发展遭遇了瓶颈。到了 20 世纪 80 年代，有人提出了毛细管柱超临界流体色谱的设计构想，它由纯二氧化碳、流动相输送控制泵、柱温箱、毛细管色谱柱、压力限流器、检测器组成，整个系统相当于气相色谱体系的一个延伸。与此同时，Gere 等在 1982 年提出了填充柱超临界流体色谱，并在之后得到越来越广泛的关注，它由超临界流体输送泵、液相泵、柱温箱、填充型色谱柱、检测器、背压控制单元组成，整个系统与液相色谱体系相似。

常见的超临界流体有二氧化碳、乙烯、丙烷、甲醇、乙醇等。CO_2 是应用最广泛的超临界流体色谱流动相，它的超临界状态（p_c=7.39MPa，T_c=31.1℃）易于实现，同时超临界态 CO_2 流体安全无毒、环境友好、不燃不爆、化学性质稳定。基于相似相溶原理，非极性的纯超临界态 CO_2 流动相在 SFC 中仅适用于分离非极性或弱极性化合物；对于中等或较强极性化合物的分离，可以通过添加少量极性改性剂（一般少于 20%）改变流动相极性，以增强流动相对极性化合物的溶剂化能力，从而有效洗脱并分离极性化合物。

近年来，超临界流体色谱仪器的成熟发展促进了超临界流体色谱方法在分析检测中的应用，在农药残留、多环芳烃、环境污染物、药物组分、天然产物等方面，超临界流体色谱方法都具有独特的优势。

Lesellier 和 Elfakir 等采用超临界流体色谱 - 蒸发光散射法对 17 种三萜类进行了快速分离。三萜类物质的传统分析方法主要是 TLC、GC、HPLC 等,这些方法的分离度差,灵敏度低,并且通常需要对目标化合物进行衍生化。该方法采用超临界流体色谱联用蒸发光散射检测,提高了对三萜类化合物的分离度和灵敏度,同时省去了衍生化过程。该研究对超临界色谱条件(固定相、改性剂、背压、温度等)进行了优化,并将该方法用于苹果渣萃取液中 15 种三萜类化合物的检测。Kohler 等采用超临界流体色谱法在 8min 内对青蒿中的倍半萜烯类化合物青蒿素和青蒿酸进行分离。Wang 等用 SFC-DAD 法成功分离了黄芪中 7 种黄酮类化合物,实验考察了它们在 BEH 2-EP、CSH Fluoro-Phenyl、BEH 和 HSS C18 SB 四种固定相上的保留行为,从分离度、保留时间和峰对称性来看,CSH Fluoro-Phenyl 和 HSS C18 SB 是最佳选择。王波等利用超高效液相色谱法(UPC2)快速分离和测定黄芪中 5 种主要黄酮类化合物(毛蕊异黄酮、毛蕊异黄酮苷、美迪紫檀素、芒柄花苷、芒柄花素)。黄芪样品采用 80% 乙醇提取后,以超临界 CO_2-0.2%H_3PO_4- 甲醇溶液为流动相,梯度洗脱,色谱柱为 Waters ACQUITY UPC2 CSH 柱(100mm × 3.0mm,1.8μm),检测波长为 280nm。5 种黄酮类成分的检出限及定量限范围分别为 0.3 ~ 0.5mg/kg 和 1.0 ~ 2.0mg/kg,加标平均回收率均高于 99.7%,相对标准偏差(RSD)小于 2.2%($n=6$)。袁云等为分离瓜蒌子,创新性地结合了离线二维反相液相色谱方法与超临界流体色谱方法,其中前者被应用于实验的第一维,即按色谱峰采集样品中制备的 12 个组分,后者被应用于实验的第二维,即将第一维得到的组分再次分离。SFC 方法采用了乙醇-正己烷(3∶7)混合溶剂作为改性剂,既提供了适当的洗脱能力,也保证了在上样量增加时满足样品溶解的要求。

第四节　气相色谱法

一、气相色谱法

气相色谱法具有与液相色谱法类似的原理。在检测复杂混合物中目标物之前,需先将其从复杂混合物中分离出来。色谱柱是气相色谱分析所需的基本元素。不同气相色谱柱的丰富与发展为使用各种基质进行分析提供了可能性。通过控制色谱柱的升温程序控制分离情况,分离情况表现在气相色谱图中为保留时间的差异。一般情况下,热稳定性良好的化合物均可以通过气相色谱分析检测。目前这种方法已经用于液体离子理化性质的测定,生物学中化合物的定量分析,非法制剂中毒品的检测,食品组学研究,药物制剂的成分分析等。在定量分析应用中,也需要外标法定量,故需要与目标物相同的纯度参考物质。常与其他方法如质谱法共同使用,通过保留时间佐证进行定性分析。

除传统的气相色谱技术外,其也在不断发展以求更广泛的应用、更高的灵敏度、更精确的定量、更高的效率。

气相色谱在天然产物化学成分研究中应用较为广泛,常与质谱联用,如定性分析,利用气相色谱法研究乌鸡白凤丸的真伪;定量分析,对中药复方中多个有效成分的含量测定。但一般需在较高温度下进行分离测定,其应用范围又受到较大限制,只能分析气体和沸点较低的化合物。近年来,气相色谱在很多方面均有发展,如批量处理高灵敏度的全二维气相色谱、新型固定相的开发等。GC 是一种快速、简单、相对便宜且可重现的方法,用于分析不同基质(包括环境、药物和食品样品)中的多种分析物。GC 固有的高分辨率和易于与灵敏和选择性检测器连接的优点,使其成为常用的检测方法。

二、衍生化气相色谱

许多目标物质的极性较大,所以无法通过 GC 直接检测,而且某些化合物易于在色谱柱或进样器上吸附和分解,导致色谱峰峰形改变、重复性差,通过衍生化反应可以克服该问题。尽管极性化合物,例如羧酸和胺,可以不经过衍生反应在极性色谱柱上直接分析,但是衍生化反应有两个优点:分离性能和检测性能。衍生化可以增加目标物的挥发性,降低极性化合物的极性,并改善分析物的热稳定性。制备衍生物是为了提高检出限、选择性或同时提高两者。

许多氨基化合物具有足够的挥发性,但易于在色谱柱上吸附和分解,并且由于极性的—NH 基团和氮上未共享的电子而出现拖尾峰。在痕量分析物中,吸附会导致"重影"现象和低检测器灵敏度。因此,通常需要进行衍生化步骤以降低极性,提高挥发性并赋予可检测性。羧基官能团具有高极性,用于直接分析这些化合物的极性固定相,具有相对较低的热稳定性,而且由于挥发性较小,不能直接分析大多数羧酸,一些一元羧酸具有足够的挥发性,但必须对其进行衍生化以改善其峰。醇和酚具有多种特性,因此很难进行 GC 分析,大多数低相对分子质量的单官能团的醇和苯酚具有足够的挥发性,可用于 GC 分析,但它们具有宽的拖尾峰。但是,这些化合物在痕量水平上的分析通常受限于它们在色谱柱中的吸附和"重影"现象,以及某些 GC 检测器的低灵敏度,而且由于羟基的极性,很难对这些化合物进行分离,易导致样品制备过程中分析物的损失。

衍生化方法可分为三类:柱后、柱前和柱上衍生方法。柱后衍生化是液相色谱中的常用方法,在该法中,衍生化发生在分析物在色谱柱中分离之后,然后将分离的分析物转化为更适合检测的形式。通常,GC 常使用柱前和柱上衍生模式,主要是为了提高挥发性、热稳定性和(或)可检测性。在柱前衍生模式下,分析物的衍生化是在将组分注入 GC 色谱柱之前进行的,该方法适用于热不稳定的样品和极性或离子分析物,但杂质、试剂过量和副反应产物而产生的污染物的引入(可能会干扰分析物)以及不完全反应是这种模式的普遍缺陷。在进样口或柱上衍生化的情况下,是将分析物和衍生化试剂混合在一起然后注入 GC 系统中,衍生化反应在进样口发生。

衍生化反应也可以在萃取前、萃取后或与萃取同时进行。在萃取前衍生的模式下,衍生化反应在分析物被萃取到另一相之前发生,在这种情况下,母体分析物的分配系数低,必须进行衍生化才能进行提取。在萃取后衍生模式下,分析物转化为适用于后续分离和检测的形式,在这种方法下,受体相中的浓缩分析物暴露于衍生化试剂中,进样口衍生化可以视为提取后衍生的方法。在衍生和萃取同时进行的情况下,提取和衍生化同时进行。

(一)衍生化气相色谱的研究现状

气相色谱中常见的衍生试剂主要有酰基化反应、硅烷化反应、烷基化反应(包括酯化反应)和其他衍生反应等,该部分通过对不同的衍生反应进行分类阐述了衍生化气相色谱的研究现状。

1. 酰基化反应

酰基化试剂主要由酰卤、酸酐、酰基咪唑、酰胺及烷基氯甲酸酯等组成。该类试剂可用于醇、酚、硫醇、胺、酰胺、磺酰胺等化合物的衍生。

衍生反应的实质是衍生试剂的酰基取代极性化合物中的活性氢。

Ito 等报道使用原位衍生化(DLLME)与 GC-MS 联用测定人尿样品中两种抗抑郁药(去甲丙咪嗪和去甲替林)的方法。将甲醇(分散溶剂)、四氯化碳(萃取溶剂)和乙酸酐(衍生试剂)的适当混合物快速注入人尿样品中,这些仲胺衍生化和萃取后,通过气相色谱分析。陈敏儿建立了原位衍生化 - 分散液液微萃取 - 气相色谱测定水样中酚类化合物含量的方法,实验结果表明最佳条件为:在 5mL 分析水样中(pH=7.0),加入 800μL 衍生剂乙酸酐,置于 50℃水浴中加热 30min,淬冷至室温后,以 200μL 二氯甲烷为萃取剂,以 10μL 甲醇为分散剂,密封振荡后离心 5min,取 1.0μL 萃取液进行分析。Brede 等建立用三氟乙酸酐(TFAA)进行固相分析衍生化的方法,用于通过 GC-MS 测定水中的伯芳族胺。Eshaghi 等报道一种基于固相微萃取技术(SPME),然后用乙酸酐进行衍生化的方法,用于测定空气中的苯酚,衍生化反应快速,仅产生一种稳定的产物,通过 GC-MS 分析。王晓琳等建立了鳗鱼、泥鳅、黄鳝和鱼组织中五种苯甲酰脲类杀虫剂的 GC-MS 检测方法,样品组织经提取、净化等步骤,七氟丁酸酐(HFBA)衍生化,GC-MS 分析。Kowalczyk 等建立了 GC-MS 测定蜂蜜中 1,2- 不饱和吡咯里西啶生物碱含量的方法,蜂蜜样品用 MCX 固相萃取柱净化、浓缩,随后用 HFBA 在 70℃进行衍生。Sanghi 等首次报道用五氟苯甲酰氯(PFBOC)原位衍生化或溶剂微萃取测定短链脂肪胺。水中存在的脂肪胺在碱性介质中与 PFBOC 反应,形成热稳定的挥发性衍生物,并通过 GC-MS 对其进行定量分析。

2. 硅烷化反应

艾斯凯尔·艾尔肯等用 GC-MS 检测人体血液、尿液中四氢大麻酚、四氢大麻酚酸、大麻酚和大麻二酚的含量,人体样本经水解后制成弱酸性溶液,加入内标,用固相萃取的方法提取生物样本中的目标物,然后与硅烷化试剂 BSTFA(含 1% TMCS)进行衍生化后,采用 GC-MS 进行含量测定。Saraji 和 Bakhshild 在对水样中的酚类化合物进行 SDME 处理后,将 BSTFA 用作衍生剂,使用乙酸乙酯从样品溶液中提取分析物,提取后在注射器中进行衍生化,并通过 GC-MS 分析衍生物。Zhang 等建立一种灵敏的 GC-MS 方法检测粪便和血清中微生物代谢物短链脂肪酸(SCFAs),用无水醚从酸化的粪便提取物或血清样本中提取 SCFAs,然后用硫酸钠脱水,在较低的温度下用 BSTFA 衍生。Shi 等用蛋白质沉淀法和大容量进样 - 气相色谱 - 串联质谱法(LVI-GC/MS/MS)测定中国人头发样品中的乙基葡萄糖醛酸酯(EtG),头发样本用 1mL 去离子水超声处理 1h,过夜孵育,然后将这些样品去蛋白以去除杂质,并用 15μL 吡啶和 30μL BSTFA 衍生化,采用 GC-MS/MS 多反应监测模式检测 EtG。Pereira 等用 QuEChERS 方法提取,GC-MS 测定谷类加工的婴儿食品中 12 种单端孢霉烯族化合物,然后用 50μL BSA∶TMCS∶TMSI(3∶2∶3)在

80℃反应20min。

Aydin等建立原位衍生-涡旋辅助-液液微萃取（VALLME）GC-MS分析水样中双氯芬酸，最优提取条件为200μL氯仿，25μL衍生化试剂MSTFA，涡提取和衍生化时间为5min。Marsol-Vall等建立了分散液微萃取衍生化GC-MS技术对果汁中游离亲脂化合物进行分析的方法，MSTFA与吡啶（1：1）为衍生试剂，样品与衍生试剂1：1在进样口温度为280℃下进行衍生化反应。

Casal等报道一种衍生化方法，胺与MTBSTFA一步反应衍生化，通过GC-MS分析食品中12种杂环芳香胺（HAAs）。Saraji和Mousavinia报告了一种基于SDME结合衍生化和GC-MS的方法来测定水果和果汁中某些酚酸。Rodriiguez等报道用SPME和纤维上硅烷化方法测定水样中非甾体类酸性抗炎药。在微萃取步骤之后，将SPME纤维放入装有MTBSTFA（作为衍生剂）的顶空瓶中，然后将衍生物解吸到GC-MS进样器中。

3. 烷基化反应（包括酯化反应）

烷基化试剂主要由重氮烷烃、烷基卤、季铵盐、醇类、烷基氯甲酸酯等组成。Salimon等以三甲基硅烷重氮甲烷（TMS-DM）为底物，采用脂质提取与衍生化相结合的方法，利用气相色谱法对食品脂肪样品中脂肪酸（FAs）和反式脂肪酸（TFAs）进行准确、可靠的鉴别和定量。Dufour等建立一种新型、灵敏和快速的方法同时定量分析人血清样本中五氯酚（PCP）、四溴双酚A（TBBPA）、4-溴酚、7-羟基多氯联苯（OH—PCBs）和3-羟基多溴联苯醚（OH—PBDEs），该方法用强阴离子交换固相萃取柱对样品进行了净化和富集。经过快速液-液萃取去除酸性痕量后，用三甲基硅烷重氮氮甲烷（TMSD）对萃取物进行衍生化，最后用气相色谱联用电子捕获负化学电离源，并结合在单离子监测下的三重四极质谱仪（GC-ENCI-MS）进行分析。分散固相萃取-衍生化GC-MS测定水样中的全氟碳酸是基于全氟化羧酸与三乙基硅醇的酸催化酯化反应，优化后的衍生化方法是在试管中加入250μL的5mol/L H_2SO_4水样，加入250μL三乙基硅醇溶液（20mg溶于2mL正庚烷），震荡30min，然后取有机相进行GC-MS分析。

4. 氨基甲酸酯形成

最常用的氨基甲酸酯形成试剂为烷基氯甲酸酯，主要有氯甲酸甲酯、氯甲酸乙酯和氯甲酸异丁酯。Almeida等建立了一种微萃取衍生化方法，用于测定啤酒中的脂肪族、杂环和芳香族生物胺。在建立的 DLLME-GC-MS 方法中,将乙腈(分散溶剂)、甲苯(萃取溶剂)和氯甲酸异丁酯(衍生试剂)的混合物用作萃取衍生试剂。Farajzadeh 等建立了同时衍生化和固相分散液 - 液微萃取用于提取和浓缩尿液和血浆中抗抑郁药和抗心律失常药,然后进行 GC-FID 的检测方法。在该方法中,将 1,1,2,2- 四氯乙烷(萃取溶剂)和氯甲酸异丁酯(衍生化试剂)的混合物加到糖(固体分散剂)上,然后将其引入含有分析物和催化剂的水样中,通过手摇振荡溶解方糖,在此过程中萃取剂和衍生化剂以非常细小的液滴的形式逐渐释放到样品中,然后将得到的混浊溶液离心,并用 GC-FID 分析。Peña 等对唾液样品中不同的多胺(腐胺、尸胺、精胺)及其相关化合物(γ- 氨基丁酸和 L- 鸟氨酸)进行了测定,实验优化了氯甲酸乙酯(ECF)的原位衍生化过程,66.5μL 5.0mol/L NaOH 溶液,165μL 吡啶,200μL 乙醇和 200μL ECF。Mudiam 等报道了牛奶和水样中双酚 A 用氯甲酸乙酯的衍生化,条件为室温和在吡啶存在下,并使用 SPME 提取生成的非极性衍生物,然后进行 GC-MS 分析。Luan 等开发了一种基于同时衍生和 DLLME 的样品制备方法,用于测定水性样品中的壬基酚和辛基酚,加入分散剂 / 衍生化催化剂(甲醇 / 吡啶混合物)后,将衍生化试剂 / 萃取溶剂(氯甲酸甲酯 / 氯仿)注入样品溶液中,通过 GC-MS 分析富集的衍生物。

5. 其他衍生化方法

Monika 等提出了一种将固相萃取与苯胺(2,4- 二硝基苯胺)衍生化相结合的气相色谱法测定地表水样品中 C_4-C_{12} 全氟羧酸(PFCAs)的方法,实验对比了酰胺化衍生反应和酯化反应对 PFCAs 的衍生结果,最终采用 PFCAs 苯胺法作为最终的衍生化方法,并进行了优化。龙剑英等用次氯酸将水质中的三硝基苯酚衍生化为氯化苦,采用气相色谱法,探讨了次氯酸加入量、衍生化时间及萃取溶剂对萃取效果的影响,最终确定为向 10 mL 水样中加入 2mL NaClO,室温下避光反应 30min 后用 1mL 正己烷萃取。Malaei 等建立了超声辅助分散液 - 液微萃取 GC-FID 法用 2,4- 二硝基苯胺(DNPH)衍生化分析人血浆中的丙二醛,确定最佳反应条件为在 40℃反应 60min。

(二)衍生化气相色谱的发展趋势

1998 年,Anastas 和 Warner 制定了绿色化学的 12 条原则。2000 年,Namiesnik 提出了绿色分析化学(GAC)的概念。2013 年,Galuszka 使用

了 Anastas 和 Warner 提供的 4 个原则,并补充了 8 个新的原则,这些原则在 GAC 中有重要的应用。理想情况下,在设计绿色分析方法时,应尽可能避免不必要的衍生化(阻塞组、保护/去保护、物理/化学过程的临时修改)。然而,这在分析化学中很难实现,特别是当需要提高测量的灵敏度和/或选择性时。即使使用最复杂和先进的仪器,衍生化也被用来改进分析方法的定量和定性方面,毫无疑问,衍生化在某种程度上涉及由于试剂、溶剂和能源的消耗以及/或产生的废物的增加而造成的环境影响。衍生化过程可以被认为是一种特殊类型的微尺度合成化学,它包括几个步骤,这些步骤耗时,并且在极端的温度和压力条件下涉及危险的试剂/溶剂。衍生化过程中使用的试剂和溶剂通常具有刺激性、腐蚀性和毒性,用其他更环保的试剂和溶剂代替它们可能会带来积极的效果。

因此,在利用衍生化进行前处理的时候,要尽量使衍生过程变得更"绿色",主要有以下几种方式。

1. 使用绿色溶剂和试剂

衍生化过程中常用的经典有机溶剂的绿色替代品可以分级分类:水,生物衍生溶剂和低共熔溶剂,超临界流体(SFs)、离子液体(ILs)和可用的经典溶剂。在理想情况下,使用无溶剂衍生化程序是 GAC 环境下最一致的选择。大多数衍生化反应使用的是有毒、易挥发的传统有机溶剂,以更环保的经典溶剂替代这些溶剂是最简单的策略,但很难做到,因为溶剂对反应的影响很大。虽然寻找毒性较低的天然化合物作为衍生试剂进行衍生化应成为新的分析发展目标,但成果甚少。

2. 酶衍生化

将酶用于衍生化可被认为是一种绿色策略,因为它意味着使用自然的和选择性很强的催化试剂,这显然比使用化学计量试剂有利。此外,它们在无腐蚀性的软水介质中工作。酶易于降解,也有助于最大限度地减少废物产生和能源消耗。

3. 衍生化过程的节能

从绿色化学的角度来看,减少化学反应所消耗的能量是必要的,因为能源的产生和消耗对环境至关重要。虽然在环境温度下进行衍生化过程的设计是可取的,但这些过程大多需要能量输入。衍生化过程通常需要加热反应混合物 15min 到几个小时,一般来说,热能是非特异性的,大部分是周围环境流失的。为尽可能减少衍生化反应的能耗,应考虑替代能源。在这个意义上,更具体的形式的能量,如微波、超声、光化学或电化学,可以用于绿化衍生反应。

4. 微波辅助衍生

对于化学反应来说,微波是一种可替代的能量形式,它能大大缩短反应时间,尽管这在很大程度上取决于所涉及的物质。因此,当衍生化过程中反应混合物为极性时,利用微波能将加热时间从几个小时缩短到不到5min。如今,微波加热已经成为样品制备的流行工具,尤其是用于消解和提取。尽管这个想法很简单,但在分析实验室中,利用微波进行衍生化的情况仍然很少见。

5. 超声辅助衍生

超声辅助反应在有机合成和工业中有广泛的应用。然而,尽管超声具有绿色潜力,但它在分析方法中的使用较少。一般来说,超声使用更温和的条件来加速反应,非均相反应比均相反应受超声的影响更大,均相催化反应比均相非催化反应受超声的影响更大。

6. 光衍生化

光衍生化在医药和食品分析中的应用非常广泛。光化学反应被认为是干净、灵活、快速和简单的,而光被认为是最便宜的衍生化剂。紫外 - 可见光辐射产生的光子不会产生废物,只需简单的设备(灯具和光反应器)就能在实验室中实现光衍生化。一般情况下,中高功率的水银或氙气水银灯可用于此目的。微型化的光催化反应器用于反应,从而增加该方法的绿色特性。

(三)展望

衍生化气相色谱已经广泛用于药品、食品、环境样品等分析中,除传统的衍生方法(硅烷化衍生、酰基化衍生、烷基化衍生等)外,也有很多方法基于物质含有的活性基团来进行衍生化反应生成易于分离、检测的物质,我们可以根据化学反应机理从理论出发,对研究目标物进行化学衍生反应以及 GC 或 GC-MS 检测,达到对目标物的定性定量分析。在进行衍生反应时,应通过使用绿色溶剂、试剂,改变衍生条件使衍生反应绿色化,在利用衍生反应提高灵敏度的同时达到对环境最大限度的保护,最低程度的危害。

第五节 液相色谱法

液相色谱法利用了化合物分子溶于液体,而且被吸附到固体表面或与固体表面相互作用的原理。利用这种相互作用不同的差异将不同分子分离,表现为液相色谱图中保留时间的差异。目前最常用的检测器为紫外吸收检测器,其适用于有紫外吸收的物质的分析与检测。在有机物的定值分析中,常将主成分峰与其余杂质峰分离后,确定检测波长进行积分。由于不同化合物在同一波长下的响应信号与浓度的关系不同,不能简单地使用面积归一化法进行定值。在没有纯度标准物质的情况下,需要对主要杂质进行定性分析,用外标法对杂质定量,最后进行扣减从而得到有机物纯度。液相色谱是应用广泛的分析方法,还可用于样品纯化。

液相色谱的使用已有一百多年的时间,但由于其快速、灵敏、选择性好的优点,仍然是最常用的分析手段,其技术也在不断发展中,衍生出与质谱、核磁等其他方法联用的分析手段。有研究者还开发出几种内标定量方法用于定量一种非甾体消炎药,并对其准确度和精密度与其他方法进行比较。

第六节 定量核磁法

定量核磁法的测量原理是信号强度与引起特定共振的核数成正比,因此它可以通过使用几种认证的参考物质作为内标来检测大多数有机化合物。核磁谱仪实验参数主要有弛豫时间、激发脉冲角度、核磁样品管的旋转、激发中心位置。

弛豫时间对定值结果的影响表现为对添加内标的样品进行定量实验,实验结束后计算在不同弛豫时间实验条件下定量样品的纯度值,结果随着弛豫时间的增大而增大或减小,最后到达一个稳定值。

脉冲宽度(单位:μs)代表脉冲激发的长度,在保障准确定量的前提下可以通过使用不同的脉冲角度缩短分析时间。

一般在核磁定量实验时应把核磁样品管设定为不旋转,不旋转是为去除自旋边带,自旋边带产生信号重叠,强度与低水平杂质相当。

谱图窗口(又称采集窗口或扫描宽度)是无线频率激发的范围,取决于所关心的信号所在之处。它首先是凭经验预先设置(通常 ¹H 谱开始是 20×10^{-6} mol/L),然后根据不同溶剂优化,最后对特定样品条件进行调节。选择定量核磁谱图窗口时通常包含较宽的范围,谱图窗口两端的信号强度会发生衰减,将激发中心位置设置为内标和样品定量峰的中间位置,可以最大限度地消除衰减带来的测量误差。随着仪器的进步,当今大部分的核磁共振仪中,可使用数字滤波提高基线响应。

当内标的纯度值可以追溯到国际标准单位时,定量核磁法可以建立分析物纯度值的可追溯性,并且不需要与目标分析物相同的标准参考。具有样品需要量少的优点,不需确定无机杂质,故操作简便。它已用于天然产物、食品和饮料、药物、环境污染物、代谢组学等的纯度评估。但这些化合物通常具有高纯度和相对分子质量低于 500 的特点。对于纯度较低或相对分子质量较高的化合物,定量核磁法存在纯度误差的风险,因为杂质峰可能与选定的定量峰不完全分离,影响结果的准确性。

第七节　联用技术

一、液相色谱－质谱联用技术

LC-MS/MS 是以高效液相色谱为分离手段,以质谱为鉴定工具的一种分离分析技术。它将液相色谱(LC)的高分离能力与串联质谱(MS/MS)的结构鉴别功能结合起来。

HPLC 一直是分析中药活性成分首选的分离技术,适合分离不同极性的化合物,具有重现性好、线性范围宽、自动操作简便、中药多种组分能够同时分析的优势。随着技术的发展,出现了粒径小于 2μm 的固定相填料以及能承受高压的超高效液相色谱(UPLC)。UPLC 在更大程度上改善物质间的分离选择性,从而提高方法灵敏度,缩短了分析时间,其最低检出限较 HPLC 降低 1/210,更有利于与高分辨质谱联用来分析成分复杂的单味中药中的活性成分。

质谱有多种扫描方式,其中全扫描(full scan)是指对指定质荷比范围内的离子均进行扫描,获得待测物的母离子信息,通过搜索数据库进行定性分析；也可以根据已知化合物的母离子质荷比进行定量分析。选择离子监测（selected ion monitoring，SIM）是全扫描的一种形式，其通过对特定的已知化合物进行监测实现定量分析。通过二级质谱（MS/MS）与多级质谱（MS）可获得所有化合物在不同碰撞能下的碎片离子信息，包括子离子的质荷比及其强度。其中平行反应监测（parallel reaction monitoring，PRM）是先由全扫描确定好母离子质荷比后，经过碰撞室发生诱导解离，再从二级质谱图中选择质荷比的特征子离子，通过母离子、子离子两步选择可以降低分析时基质和背景的干扰以提高灵敏度，它是目前HPLC-MS中最常用的定量方法之一。

中药分析中常用的串联质谱包括三重四级杆质谱和四级杆串联飞行时间质谱等。这些串联质谱各有特点，结合同位素标记等技术，在药物分析领域发挥重要作用。

三重串联四级杆（triple tandem quadrupole，QqQ）质谱的优势在于灵敏度高，可对已知化合物进行定量分析，也可得到相对分子质量和二级碎片等信息，由于使用方便，所以经常用作中药活性成分分析和质量控制。然而，它的高检测灵敏度只在多级反应监测模式（MRM）下才被保留，无法阐释样品中未知代谢物的结构信息。四级杆飞行时间（quadrupole-time of flight，Q-TOF）质谱由四级杆质谱和飞行时间质谱串联组成，四级杆在MS模式下有离子导向作用，在MS/MS状态下有质量分选功能，能同时在MS和MS/MS模式下分析，提供母离子和碎片离子的精确质量，相比较三重四级杆，它具有更高的分辨率、更高效的质量鉴定和更好的选择性，在中药未知活性成分研究中是一项强而有力的技术，具有广阔的前景。

随着LC-MS/MS技术的出现和发展，能够同时测定中药中多种活性成分并得到灵敏的定性定量结果而受到越来越多的重视。

目前关于LC-MS/MS技术在中药各类活性成分中的应用研究主要集中在两个方面：①识别新化合物，并对中药活性成分进行定性定量研究；②建立快速、同时测定中药多种化学成分的分析方法，填补越来越先进的LC-MS/MS技术在某种中药应用方面的空白。

二、高效液相色谱－质谱联用技术

高效液相色谱-质谱联用技术（HPLC-MS）也是分析小分子化合物的有力工具。与HPLC相比，HPLC-MS具有更好的选择性，不需要将目标分析物与样品中结构相似的其他成分完全分离，只要根据分析物的质荷比过滤出相应的提取离子峰即可,可以高效地消除血清、尿液等生物基质中的某些干扰物质或共洗脱物质。HPLC-MS/MS 则为复杂样品分析提供了最大限度的特异性,可在短时间内同时检测多种化合物并进行定量分析,该方法操作简便、可靠、灵敏,已成为众多领域不可或缺的重要分析手段。

与其他传统检测方法相比,HPLC-MS 具有明显的优势,主要表现在特异性、灵敏度、样品通量等方面。该方法适用范围广,能够满足多个领域的定性、定量要求,因此得到越来越广泛的应用。比如药物成分的测定分析,Martano 等报道了一种快速检测、定量不同厂家生产的葡甲胺的HPLC-MS 方法,并进行了方法验证和杂质分析。也有研究者使用 HPLC-MS 技术分析天然粗产物混合物中的成分,以确定目标化合物的存在,有文献报道了一种基于磁珠的多目标亲和选择目标物的方法,结合 HPLC-MS 技术,快速、高效地从复杂天然产物中筛选出具有活性的化合物。近年来,HPLC-MS/MS 在药物监测方面也成为一项重要技术,已应用于免疫抑制剂(依维莫司、环孢素、霉酚酸酯和西罗莫司)、肾移植治疗药物等药物的分析检测。

三、气相色谱 – 串联质谱法

气相色谱 - 串联质谱法主要是由 GC、接口、MS 和计算机控制单元组成。样品组分经 GC 分离后,通过接口进入 MS 的离子源进行电离,产生的特征碎片离子由它们的质量决定。使用电荷比(m/z)质谱仪进行尺寸分离后,通过检测器响应获得质谱图。MS 的核心是离子源。目前,电子轰击(EI)离子源是应用最广泛的电离方法,GC-MS 的光谱都是从离子源获得的标准质谱。此外,当电子冲击能量恒定时,获得的质谱具有高度的重现性,因此即使在没有标准产品的情况下,也可以使用相似性搜索功能与标准光谱进行比较,实现对化合物的定性分析,实现 GC-MS 强大的定性功能。GC-MS 通过接口技术直接连接 GC 和 MS,接口技术是 GC-MS 组合的核心。在 GC-MS 的开发中应用毛细管色谱柱,可以同时保证 GC 分离系统的高柱压。而 MS 检测系统的高真空度极大地促进了该技术的实现。GC-MS 作为单步质谱仪,在检测灵敏度和抗干扰能力方面略逊于串联质谱和高分辨率质谱,但由于串联质谱和高分辨质谱价格昂贵,对仪器操作要求较高,在满足检测灵敏度的前提下选择 GC-MS 进行检测分析。因此,GC-MS 的应用在我国检测行业最为流行。

（一）气相色谱－串联质谱法的应用特点

气相色谱-串联质谱将气相色谱和串联质谱两种检测方法结合使用，有效结合二者的优势。气相色谱具有分离能力强的特点，串联质谱可以有效避免基质成分的干扰，提高测量的准确性。

（二）GC-MS 在中药分析中的应用

1.GC-MS 对中药脂肪酸类成分的分析

中药中的脂肪酸具有高效的药理活性，对心脑血管疾病具有显著的疗效。研究人员分析了五倍子的脂肪酸组成，采用索氏提取法对脂肪酸进行提取和甲基化，分析 GC-MS 的结果，将每种油的质谱图与标准图进行比较，相似度为 92% ~ 97%。同时，使用峰面积归一化方法确定样品中每种成分的相对峰面积。

2. 检测中药杂质成分和毒性成分

杂质是指在药物的生产和储存过程中，由于药物的性质和合成方法而产生的特定杂质，通常指有机杂质，包括毒性较低的残留溶剂和手性化合物。它们的来源主要是初始原料、本身的杂质、生产过程中的中间产物、副反应产物以及存储过程中草药产物的分解产物。如果草药产品中含有杂质，会影响草药的功效和稳定性，并危害人体健康。因此，测试草药质量和控制草药纯度可以有效地保证中药制品的有效性。若药物中杂质较多，则必须进行定量分析，对于含量大于 0.1% 的杂质，则需要进行毒性研究。

四、液相色谱－定量核磁联用法

为结合液相色谱法的分离性能与定量核磁法不需目标分析物标准品的优势，开发了最初的液相色谱-定量核磁联用法，但是使用氘代溶剂作为液相色谱-定量核磁流动相的高昂成本意味着该技术尚不能得到广泛应用。

为节省成本，Zhang 等设计了一种通过液相色谱以普通溶剂分离目标分析物和其他杂质的方法，可以通过收集目标分析物和内标物去除杂质，干燥洗脱液，并将目标分析物和内标重新溶于氘代溶剂后，可以通过核磁进行测量。但该方法需要评估在收集和重新溶解过程中目标分析物和内标的损失,通过建立回收率校正因子来评估制备过程中的损失,开发了一种离线方法即内标校正因子 - 液相色谱 - 定量核磁法。在该方法中,分析物和内标物被一起收集,这也导致收集到大量的洗脱液,意味着需要大量的时间来干燥洗脱液。此外,还有其他用于确定响应因子以确定纯度的液相色谱 - 定量核磁联用方法。

　　Kitamaki 等根据相对灵敏度和样品溶液中添加的参考标准物的量确定了有机溶液中分析物的浓度,该方法的核心是确定分析物相对于参比的相对灵敏度值。Liu 等通过定量核磁确定了头孢唑林杂质的相对响应因子,以量化《中国药典》中列出的头孢唑林候选材料中的杂质,该方法侧重于确定头孢唑林杂质的相对响应因子。Masumoto 等开发了一种具有相对灵敏度的单参考方法,该方法侧重于在没有目标化合物参考物质的情况下进行含量测定。

参考文献

[1] 裴瑾,孙志蓉.中药资源学 [M].2 版.北京：人民卫生出版社,
2021.

[2] 魏升华,杨武德.中药材规范化生产概论 [M].北京：中国中医药
出版社,2021.

[3] 崔瑛,张一昕.中药学 [M].北京：人民卫生出版社,2020.

[4] 董诚明,谷巍.药用植物栽培学 [M].上海：上海科学技术出版社,
2020.

[5] 张重义,李明杰,古力.地黄连作障碍的形成机制 [M].北京：科学
出版社,2021.

[6] 黄璐琦,王升,郭兰萍.优质中药材种植全攻略 [M].北京：中国农
业出版社,2021.

[7] 黄璐琦,姚霞.新编中国药材学 [M].中国医药科学技术出版社,
2020.

[8] 陈士林,徐江.人参农田栽培学研究 [M].北京：中国医药科技出
版社,2020.

[9] 郑平汉.淳六味道地药材栽培实用新技术 [M].咸阳：西北农林科
技大学出版社,2019.

[10] 易鹊.中药材栽培技术与开发 [M].北京：中国林业出版社,
2019.

[11] 王文全,赵中振.百药栽培 [M].北京：中国中医药出版社,2019.

[12] 李典友.常见中草药高效种植与采收加工 [M].郑州：河南科学
技术出版社,2019.

[13] 巢建国,张永清.药用植物栽培学 [M].北京：人民卫生出版社,
2019.

[14] 罗永明,饶毅.中药化学成分分析技术与方法 [M].北京：科学出

版社,2018.

[15] 张亚洲. 中药成分分析方法与技术 [M]. 北京:知识产权出版社,2018.

[16] 匡海学. 中药化学 [M]. 北京:中国协和医科大学出版社,2020.

[17] 梁生旺,贡济宇 [M]. 中药分析. 北京:中国中医药出版社,2016.

[18] 孔令义. 天然药物化学 [M]. 北京:中国医药科技出版社,2019.

[19] 贾安. 中药分离技术及实例分析 [M]. 郑州:郑州大学出版社,2021.

[20] 胡立宏,杨炳友,邱峰. 中药化学 [M].3 版. 北京:人民卫生出版社,2021.

[21] 韩继红. 中药提取分离技术 [M]. 北京:化学工业出版社,2020.

[22] 刘丽芳. 中药分析学 [M]. 北京:中国医药科技出版社,2019.

[23] 贡济宇. 中药分析学 [M]. 北京:人民卫生出版社,2019.

[24] 张莹莹. 提高无公害中药栽培质量的措施分析 [J]. 南方农业,2019,13（32）:15-16.

[25] 孟祥才,郭慧敏,丛薇. 中药材栽培生产存在的问题与发展策略 [J]. 中药材,2017,40（04）:992-996.

[26] 胡青青,王咏菠,胥炟勋,等. 天麻栽培技术与品种选育研究进展 [J]. 中国药学杂志,2021,56（11）:868-874.

[27] 郭怡博,张悦,陈莹,等. 天麻人工栽培模式调查分析及发展建议 [J]. 中国现代中药,2021,23（10）:1692-1699.

[28] 王凯. 丹参工厂化育苗及其产业化基础研究 [D]. 南京:南京中医药大学,2021.

[29] 郭兰萍,康传志,周涛,等. 中药生态农业最新进展及展望 [J]. 中国中药杂志,2021,46（08）:1851-1857.

[30] 李丹,李爱平,李科,等. 液质联用技术在中药化学成分定性分析中的研究进展 [J]. 药物评价研究,2020,43（10）:2112-2119.

[31] 袁海梅,邱露,宋雨,等. 花椒属植物苯丙素类成分及其药理活性研究进展 [J]. 中国中药杂志,2021,46（22）:5760-5772.

[32] 张子东,付冬梅,张威鹏,等.HPLC 法同时测定不同生长年限不同部位杜仲中 5 种苯丙素类成分 [J]. 食品科学,2019,40（08）:186-191.

[33] 程敏,汤俊,李姗姗. 紫草萘醌类成分的药理活性及其定量分析方法研究进展 [J]. 药学学报,2018,53（12）:2026-2039.

[34] 毛艳,蔡晓翠,古丽白热木·玉素因,等. 一测多评法同时测定新疆软紫草中 6 种萘醌类成分 [J]. 中草药,2019,50（17）:4170-4175.

[35] 丁玉莲,林李雁,陈丹青,等.一测多评法结合双波长法分析不同产地、栽培和加工铁皮石斛黄酮类成分的含量 [J]. 中国中药杂志,2021,46（14）: 3605-3613.

[36] 刘海帆,崔洁,王文全.甘草地上部分黄酮类成分的代谢物及药代动力学参数研究概述 [J]. 天津中医药大学学报,2022,41（01）: 90-101.

[37] 曾慧婷,张媛媛,陈超,等.不同生长期粉葛不同部位中黄酮类成分动态积累分析与评价 [J]. 江西中医药,2022,53（02）: 65-68.

[38] 高振华.中药生物碱类组分与单体纯化制备 [D]. 恩施:湖北民族大学,2020.

[39] 喻瑛瑛,邵佳,魏金霞,等.北豆根中生物碱类成分及其药理作用研究进展 [J]. 中药材,2019,42（10）: 2453-2461.

[40] 史丽颖,陈瑶,卢轩,等.麻黄中生物碱类成分富集新方法及化学成分分析 [J]. 中国实验方剂学杂志,2018,24（21）: 56-61.

[41] 杨炳友,许振鹏,刘艳,等.甾体生物碱定量分析方法的研究进展 [J]. 中国实验方剂学杂志,2018,24（16）: 221-234.

[42] 高琳.天冬中甾体皂苷的分离鉴定 [D]. 天津:天津中医药大学,2020.

[43] 张泽君,崔秀明,陈丽娟,等.一测多评法在含皂苷类成分中药质量控制中的应用 [J]. 中国实验方剂学杂志,2019,25（08）: 210-218.

[44]Klesper E, Corwin A, Turner D. High pressure gas chromatography above critical temperatures[J]. Journal of Organic Chemistry, 1962（27）: 700-701.

[45]Novotny M, Springston S R, Peaden P A, et al. Capillary supercritical fluid chromatography[J]. Analytical Chemistry, 1981（53）: 407-414.

[46]Gere D R, Board R, Mcmanigill D. Supercritical fluid chromatography with small particle diameter packed-columns[J]. Analytical Chemistry, 1982（54）: 736-740.

[47]Carneiro P A, Umbuzeiro G A, Oliveira D P, et al. Assessment of water contamination caused by a mutagenic textile effluent/dyehouse effluent bearing disperse dyes[J]. Journal of Hazardous Materials, 2010,（174）: 694-699.

[48]Singh K, Arora S. Removal of synthetic textile dyes from wastewaters: a critical review on present treatment technologies[J]. Critical Reviews in Environmental Science and Technology,2011（41）: 807-878.

[49]Weber E J, Adams R L. Chemical-mediated and sediment-mediated reduction of the azo-dye disperse blue 79 [J]. Environmental Science & Technology, 1995,（29）: 1163-1170.

[50] 王波, 周围, 刘小花, 等 . 基于超高效液相色谱对黄药中 5 种主要黄酮类化合物的快速检测 [J]. 分析化学, 2016, 44（5）: 731-739.

[51] 袁云, 辛华夏, 彭子悦 . 离线二维反相液相色谱 / 超临界流体色谱在瓜蒌子分离中的应用 [J]. 色谱, 2017, 35（7）: 683-687.

[52]Ito R, Ushiro M, Takahashi Y, et al. Improvement and validation the method using dispersive liquid-liquid microextraction with in situ derivatization followed by gas chromatography mass spectrometry for determination of tricyclic antidepressants in human urine samples[J]. Journal of Chromatography A, 2011, 879: 3714-3720.

[53] 陈敏儿 . 原位衍生化 - 分散液液微萃取 - 气相色谱法测定环境水样中酚类物质的含量 [J]. 食品工业科技, 2016, 15: 300-303.

[54]Brede C, Skjevrak I, Herikstad H. Determination of primary aromaticamines in water food simulant using solid-phase analytical derivatization followed by gas chromatography coupled with mass spectrometry[J]. Journal of Chromatography A, 2003, 983: 35-42.

[55]Eshaghi A, Baghernejad M, Bagheri H. In situ solid-phase microextraction and post on-fiber derivatization combined with gas chromatography-mass spectrometry for determination of phenol in occupational air[J]. Analytica Chimica Acta, 2012, 742: 17-21.

[56]Kowalczyk E, Sieradzki Z, Kwiatek K. Determination of pyrrolizidine alkaloids in honey with sensitive gas chromatography-mass spectrometry method[J]. Food Analytical Methods, 2018, 11: 1345-1355.

[57]Singh D K, Sanghi S K, Gowri S, et al. Determination of aliphatic amines by gas chromatography-mass spectrometry after in-syringe derivatization with pentafluorobenzoyl chloride[J]. Journal of Chromatography A, 2011, 1218: 5683-5687.

[58] 艾斯凯尔·艾尔肯, 孙力扬, 谢辉, 等 . 气相色谱 - 质谱联用（GC-MS）法检测人体血液、尿液中大麻及其主要代谢物的含量 [J]. 新疆医科大学学报, 2016, 8: 1020-1025.

[59]Saraji M, Bakhshi M. Determination of phenols in water samples by single drop microextraction followed by in-syringe derivatization and gas chromatography-mass spectrometric detection [J]. Journal of

Chromatography A，2005，1098：30-36.

[60]Zhang S，Wang H，Zhu M J. A sensitive GC/MS detection method for analyzing microbial metabolites short chain fatty acids in fecal and serum samples[J]. Talanta，2019，196：249-254.

[61]Shi Y，Shen B H，Xiang P，et al. Determination of ethyl glucuronide in hair samples of Chinese people by protein precipitation（PPT）and large volume injection-gas chromatography-tandem mass spectrometry（LVI-GC-MS/MS）[J]. Journal of chromatography B，2010，878：3161-3166.

[62]Pereira V L，Fernandes J O，Cunha S C. Comparative assessment of three cleanup procedures after QuEChERS extraction for determination of trichothecenes（type A and type B）in processed cereal-based baby foods by GC-MS[J]. Food Chemistry，2015，182：143-149.

[63]Aydin S，Aydin M E，Beduk F，et al. Analysis of diclofenac in water samples using in situ derivatization-vortex-assisted liquid-liquid microextraction with gas chromatography-mass spectrometry[J]. Acta Pharmaceutica，2018，68：313-324.

[64]Alexis M V，Merce B，Jordi Eras，et al. Dispersive liquid-liquid microextraction and injection-port derivatization for the determination of free lipophilic compounds in fruit juices by gas chromatography-mass spectrometry[J]. Journal of Chromatography A，2017，1495：12-21.

[65]Casal S，Mendes E，Fernandes J O，et al. Analysis of hetero cyclic aromatic amines in foods by gas chromatography-m ass spectrometry as their tert-butyldimethylsilyl derivatives[J]. Journal of Chromatography A，2004，1040：105-114.

[66]Saraji M，Mousavinia F. Single-drop microextraction followed by in-syringe derivatization and gas chromatography-mass spectrometric detection for determination of organic acids in fruits and fruit juices[J]. Journal of separation science，2006，29：1223-1229.

[67]Rodriiguez I，Carpinteiro J，Quintana J B，et al. Solid-phase microextraction with on-fiber derivatization for the analysis of anti-inflammatory drugs in water samples[J]. Journal of Chromatography A，2004，1024：1-8.

[68]Li Z，Sun H W. Detection of perfluoroalkyl carboxylic acids with gas chromatography optimization of derivatization approaches and method

validation[J]. Environmental Research and Public Health，2017，17：100.

[69]Dufour P，Pirard C，Charlier C. Validation of a novel and rapid method for the simultaneous determination of some phenolic organohalogens in human serum by GC-MS[J]. Journal of Chromatography B，2016，1036-1037：66-75.

[70]Almeida C，Fernan des J O，Cunha S C. A novel dispersive liquid-liquid microextraction（DLLME）gas chromatography-mass spectrometry（GC-MS）method for the determination of eighteen biogenic amines in beer[J].Food Control，2012，25：380-388.

[71]Farajzadeh M A，Khorram P，Ghorbanpour H，et al. Simultaneous derivatization and solid-based disperser liquid-liquid microextraction for extraction and preconcentration of some antidepressants and an antiarrhythmic agent in urine and plasma samples followed by GC-FID[J]. Journal of chromatography B，2015，983-984：55-61.

[72]Peña J，Casas-Ferreira A M，Morales-Tenorio M，et al. Determination of polyamines and related compounds in saliva via in situ derivatization and microextraction by packed sorbents coupled to GC-MS[J]. Journal of Chromatography B，2019，1129：121821.

[73]Mudiam M K R，Jain R，Dua V K，et al. Application of ethyl chloroform ate derivatization for solid-phase microextraction-gas chromatography-mass spectrometric determination of bisphenol：a in water and milk samples[J]. Analytical and Bioanalytical Chemistry，2011，401：1695- 1701.

[74]Luoa S，Fanga L，Wanga X，et al. Determination of octylphenol and nonylphenol in aqueous sample using simultaneous derivatiation and dispersive liquid-liquid microextraction followed gas chromatography-mass spectrometry[J]. Journal of Chromatography B，2010，1217：6762-6768.

[75]Monika S，Katrin S. Dispersive solid-phase extraction followed by triethylsilyl derivatization and gas chromatography mass spectrometry for perfluorocarboxylic acids determination in water samples[J].Journal of Chromatography A，2019，1597：1-8.

[76]龙剑英，刘祥云 . 气相色谱法测水质中的苦味酸 [J]. 辽宁化工，2016，11：1465-1466.

[77]Malaei R，Ramezani A M，Absalan G. Analysis of malon-dialdehyde in human plasma samples through derivatization with